Theorie und Praxis der Nachhaltigkeit

Reihe herausgegeben von

Walter Leal Filho, Faculty of Life Sciences, Hochschule für Angewandte Wissenschaft, Hamburg, Deutschland

Das Thema Nachhaltigkeit hat eine zentrale Bedeutung, sowohl in Deutschland – aufgrund der teilweisen großen Importabhängigkeit Deutschlands für bestimmte Rohstoffe und Produkte – als auch weltweit. Weshalb brauchen wir Nachhaltigkeit? Die Nutzung natürlicher und knapper Ressourcen und die Konkurrenz um z. B. Frischwasser, Land und Rohstoffe steigen weltweit. Gleichzeitig nehmen damit globale Umweltprobleme wie Klimawandel, Bodendegradierung oder Biodiversitätsverlust zu. Ein schonender, also ein nachhaltiger Umgang mit natürlichen Ressourcen ist daher eine zentrale Herausforderung unserer Zeit und ein wichtiges Thema der Umweltpolitik. Die Buchreihe Theorie und Praxis der Nachhaltigkeit beleuchtet Fragestellungen zu sozialen, ökonomischen, ökologischen und ethischen Aspekten der Nachhaltigkeit und stellt dabei nicht nur theoretische, sondern insbesondere praxisnahe Ansätze dar. Herausgeber und Autoren der Reihe legen besonderen Wert darauf, die Nachhaltigkeitsforschung ganzheitlich darzustellen. Die Bücher richten sich nicht nur an Wissenschaftler, sondern auch an alle in Wirtschaft und Politik Beschäftigten. Sie werden durch die Lektüre wichtige Denkanstöße und neue Einsichten gewinnen, die ihnen helfen, die richtigen Entscheidungen zu treffen.

Weitere Bände in der Reihe http://www.springer.com/series/13898

Walter Leal Filho
(Hrsg.)

Digitalisierung und Nachhaltigkeit

Hrsg.
Walter Leal Filho
Fakultät Life Sciences, Hochschule für
Angewandte Wissenschaften Hamburg
Hamburg, Deutschland

ISSN 2366-2530   ISSN 2366-2549   (electronic)
Theorie und Praxis der Nachhaltigkeit
ISBN 978-3-662-61533-1   ISBN 978-3-662-61534-8   (eBook)
https://doi.org/10.1007/978-3-662-61534-8

Die Deutsche Nationalbibliothek verzeichnet diese Publikation in der Deutschen Nationalbibliografie; detaillierte bibliografische Daten sind im Internet über http://dnb.d-nb.de abrufbar.

© Springer-Verlag GmbH Deutschland, ein Teil von Springer Nature 2021
Das Kapitel 1 wird unter der Creative Commons Namensnennung 4.0 International Lizenz (http://creativecommons.org/licenses/by/4.0/deed.de) veröffentlicht. Weitere Details zur Lizenz entnehmen Sie bitte der Lizenzinformation im Kapitel.
Das Werk einschließlich aller seiner Teile ist urheberrechtlich geschützt. Jede Verwertung, die nicht ausdrücklich vom Urheberrechtsgesetz zugelassen ist, bedarf der vorherigen Zustimmung des Verlags. Das gilt insbesondere für Vervielfältigungen, Bearbeitungen, Übersetzungen, Mikroverfilmungen und die Einspeicherung und Verarbeitung in elektronischen Systemen.
Die Wiedergabe von allgemein beschreibenden Bezeichnungen, Marken, Unternehmensnamen etc. in diesem Werk bedeutet nicht, dass diese frei durch jedermann benutzt werden dürfen. Die Berechtigung zur Benutzung unterliegt, auch ohne gesonderten Hinweis hierzu, den Regeln des Markenrechts. Die Rechte des jeweiligen Zeicheninhabers sind zu beachten.
Der Verlag, die Autoren und die Herausgeber gehen davon aus, dass die Angaben und Informationen in diesem Werk zum Zeitpunkt der Veröffentlichung vollständig und korrekt sind. Weder der Verlag, noch die Autoren oder die Herausgeber übernehmen, ausdrücklich oder implizit, Gewähr für den Inhalt des Werkes, etwaige Fehler oder Äußerungen. Der Verlag bleibt im Hinblick auf geografische Zuordnungen und Gebietsbezeichnungen in veröffentlichten Karten und Institutionsadressen neutral.

Planung/Lektorat: Stefanie Wolf
Springer Spektrum ist ein Imprint der eingetragenen Gesellschaft Springer-Verlag GmbH, DE und ist ein Teil von Springer Nature.
Die Anschrift der Gesellschaft ist: Heidelberger Platz 3, 14197 Berlin, Germany

Vorwort

Digitalisierung und Nachhaltigkeit
Digitale Technologien wie das Internet, Mobiltelefone und Apps sowie andere Mittel, mit denen Informationen generiert, gesammelt, gespeichert und analysiert werden, haben die Informationsgrundlagen dramatisch erweitert, Informationskosten gesenkt und einige Informationsgüter neu geschaffen.
Die Digitalisierung bringt viele Chancen und Perspektiven für Hochschulen in Deutschland, die weltweit einen hervorragenden Ruf -auch im Bereich Nachhaltigkeit- genießen. Sie bringt auch einige Herausforderungen. Doch es müss auf dem Gebiet Digitalisierung und Nachhaltigkeit noch viel getan werden, um an internationale Trends anschließen zu können. Dabei geht es nicht nur darum Gedanken der Nachhaltigkeit im Digitalisierungsprozess zu verankern, sondern auch zu sehen, wie die Digitalisierung die Verfolgung der ökonomischen, sozialen und ökologischen Ziele der Nachhaltigkeit unterstützen kann.

Trotz der Tatsache dass die Digitalisierung für Hochschulen eine zentrale Bedeutung hat, und dass Hochschulen in Deutschland und im deutschsprachigen Raum davon sehr profitieren können, herrscht gegenwärtig noch immer ein Mangel an Initiativen im Bereich Digitalisierung und Nachhaltigkeit. Es gibt zwar einige Maßnahmen, Projekte und Leuchttürme aber das Thema ist noch nicht so präsent, wie es sein sollte.

Vor diesem Hintergrund wird das Band „Digitalisierung und Nachhaltigkeit: Chancen und Perspektiven für deutsche Hochschulen" seitens des „European School of Sustainability Science and Research" und „Inter-University Sustainable Development Research Programme", in Kooperation mit zahlreichen höheren Bildungseinrichtungen, erstellt. Das Symposium Buch einbezieht Lehrenden/Forscher einer Vielzahl unterschiedlicher Disziplinen, von den Sozial- und Wirtschaftswissenschaften, zu Mode und Kunst, Umweltwissenschaften, bis hin zu den Sprach-und Medienwissenschaften.

Im Fokus des Bandes stehen die Mittel und Wege, um die Digitalisierung in der Lehre und Forschung im Bereich Nachhaltigkeit zu fördern, und das Engagement der Hochschulen in den Bemühungen zur Umsetzung der Digitale Agenda der Bundesregierung zusammenzuführen. Das Band wird darüber hinaus zu der allgemeinen Weiterentwicklung des zentralen Themas „Umsetzung der SDGs" beitragen.

Das Buch verfolgt folgende Ziele:

i) den Lehrender/Forscher, die im Bereich Nachhaltigkeit aktiv beteiligt und/oder interessiert sind, Gelegenheit zu bieten, sich über Arbeiten im Bereich Digitalisierung und Nachhaltigkeit zu informieren (z. B. neuentwickelten Curricula, empirische Arbeiten, Aktivitäten, und Fallstudien und sonstigen Projekte);
ii) die Verbreitung von Informationen, Ideen und Erfahrungen aus erfolgreichen Initiativen und der bewährten Praxis im Bereich Digitalisierung und Nachhaltigkeit;
iii) methodische Herangehensweisen und Projekte aufzuzeigen, die zu einem besseren Verständnis darüber führen, wie die Digitalisierung im Bereich Nachhaltigkeit grundsätzlich in der Forschung und in der Lehre berücksichtigt werden kann.

Last but not least ist ein weiteres Ziel des Bands den Reichtum der Erfahrungen heute zu dokumentieren und zu verbreiten.

Wir hoffen, dass dieses Buch weitere Initiativen im Bereich Digitalisierung im Bereich Nachhaltigkeit anstoßen wird.

Walter Leal Filho

Inhaltsverzeichnis

1 Digitalisierung und Nachhaltigkeit durch internationale Ansätze – Beispiele der HAW Hamburg 1
   Walter Leal Filho, Franziska Wolf und Jennifer Pohlmann

2 Digitalisierung und nachhaltiges Wirtschaften zusammendenken – Eine Herausforderung für die Lehre 23
   Benjamin Nölting und Nadine Dembski

3 Veränderung durch Veränderung: Nachhaltige Entwicklung von Hochschulen im Huckepack der Digitalisierung 45
   Bror Giesenbauer

4 Inner Transition in our Universities – Entwicklung digital vernetzter Lehr- und Lernräume 65
   Otmar Iser und Petra Schweizer-Ries

5 Transformation durch Digitalisierung gestalten: Die plattform n als Vernetzungs- und Kollaborationsplattform für nachhaltige Hochschulen 83
   Michael Flohr

6 Formatentwicklung, Betreuungsmodell und Organisationsstrukturen: Ebenen und Erfolgsfaktoren für Nachhaltigkeit in digitalen Lernarrangements 99
   Felix C. Seyfarth, Franziska Wolf und Ellen Pflaum

7 Digitale Ansätze zur Vermittlung der SDGs in der Hochschullehre im deutschsprachigen Raum 129
   Oliver Ahel und Katharina Lingenau

8　**Angewandtes Text Mining im Kontext der Nachhaltigkeitsforschung am Beispiel der deutschen Forschungslandkarte der Hochschulrektorenkonferenz**................................... 147
Manuel W. Bickel und Christa Liedtke

9　**Maschinenbaustudium im Spannungsfeld von Ingenieurskompetenzen, Digitalisierung und Nachhaltiger Entwicklung**...................... 165
Alexander Landfester, Sven Linow und Florian van de Loo

10　**Hochschule als digitale Heterotopie: (Organisations-) Bildung für nachhaltige Entwicklung**............................. 187
Susanne Maria Weber, Marc-André Heidelmann und Tobias Klös

Digitalisierung und Nachhaltigkeit durch internationale Ansätze – Beispiele der HAW Hamburg

Walter Leal Filho, Franziska Wolf und Jennifer Pohlmann

Einführung

Digitale Technologien wie das Internet, Mobiltelefone und Apps sowie andere Mittel, mit denen Informationen generiert, gesammelt, gespeichert und analysiert werden, haben die Informationsgrundlagen dramatisch erweitert, Informationskosten gesenkt und einige Informationsgüter neu geschaffen (World Bank 2016).

Die Agenda 2030 der Vereinten Nationen (UN Agenda 2030) würdigt das große Potenzial der Kommunikationstechnologien und der globalen Vernetzung für die Verbreitung von Informationen, um die digitale Lücke zwischen Wissenschaft und Gesellschaft zu schließen und Wissensgesellschaften zu entwickeln (United Nations 2015). Die Vorteile der digitalen Technologien für die globalen Nachhaltigkeitsziele der Vereinten Nationen (die sogenannten *Sustainable Development Goals,* kurz: SDGs) sind verbunden mit dem verstärkten Einsatz von Grundlagentechnologien, insbesondere von Informations- und Kommunikationstechnologien. So können die Rolle von Frauen gefördert (SDG 5, Zielindikator 5.b), der Zugang zu Informations- und Kommunikationstechnologien erheblich verbessert und bis 2030 in den am wenigsten entwickelten Ländern ein universeller und erschwinglicher Zugang zum Internet gewährleistet werden (SDG 9, Zielindikator 9.c); außerdem können für die 2017 am wenigsten entwickelten Länder die Technologiebank vollständig eingeführt und Mechanismen für den Aufbau wissenschaftlicher, technologischer und Innovationskapazitäten entwickelt werden sowie der Einsatz von Grundlagentechnologien, insbesondere von Informations-

---

W. Leal Filho (✉) · F. Wolf · J. Pohlmann
Forschungs- und Transferzentrum „Nachhaltigkeit und Klimafolgenmanagement", Hochschule für Angewandte Wissenschaften Hamburg, Hamburg, Deutschland
E-Mail: walter.leal2@haw-hamburg.de

© Der/die Autor(en) 2021
W. Leal Filho (Hrsg.), *Digitalisierung und Nachhaltigkeit,* Theorie und Praxis der Nachhaltigkeit, https://doi.org/10.1007/978-3-662-61534-8_1

und Kommunikationstechnologien verstärkt werden (SDG 17, Zielindikator 17.8; Vereinte Nationen 2019a).

Digitale Technologien tragen im Bereich Wissenschaft, Technologie und Innovation (*Science, Technology and Innovation,* kurz: STI), dem wichtigsten Instrument zur Umsetzung einer nachhaltigen Entwicklung, und im Technologieerleichterungsmechanismus der Vereinten Nationen (*Technology Facilitation Mechanism,* kurz: TFM) dazu bei, die Zusammenarbeit und Partnerschaften zwischen den Beteiligten durch den Austausch von Informationen, Erfahrungen in bewährten Verfahren und in der Politikberatung zwischen den Mitgliedstaaten, der Zivilgesellschaft, dem Privatsektor, der Wissenschaft, den Einrichtungen der Vereinten Nationen und anderen Beteiligten zu erleichtern (United Nations 2019b).

Digitale Technologien sind von zentraler Bedeutung für das Monitoring von Fortschritten bei den SDGs, da dieses eine systematische Erhebung, Verarbeitung und Analyse einer großen Menge von Daten und Statistiken auf subnationaler, nationaler, regionaler und globaler Ebene erfordert. Dazu gehören auch diejenigen Daten, die aus offiziellen statistischen Systemen und aus neuen und innovativen Datenquellen stammen (United Nations 2018).

Digitale Expertise, die geschickt mit Nachhaltigkeitskonzepten kombiniert wird, kann dazu genutzt werden, den Klimawandels auf andere Art zu bewältigen, beispielsweise indem Vorhersagen bei Energiesystemen, die Gebäudeplanung und Verkehrsströme optimiert werden oder indem die kommunale und industrielle Abfallwirtschaft kosteneffizienter gestaltet wird (Naujok et al. 2018; PwC 2018).

Digitale Technologien und nachhaltige Entwicklung an Universitäten

Universitäten erleben einen signifikanten Wandel sowohl in der Forschung und im Bereich Innovation (Leal Filho 2016, 2017), der zum Teil durch digitale Technologien ausgelöst wird, der die Beziehung zwischen den Universitäten und ihren Studierenden und Mitarbeitenden verändert hat (Henderson et al. 2015). Bildungseinrichtungen beziehen heute neue Technologien in ihre Lern- und Lehrsysteme ein, um vom zunehmenden Einsatz mobiler Technologien zu profitieren (Delcker et al. 2018).

Das in unterschiedliche Hochschulsysteme integrierte mobile Lernen (M-Learning), das Lernen jederzeit und überall ermöglicht, ist zu einem wichtigen technischen Faktor in der Hochschulbildung geworden (Al-Emran et al. 2016). Henderson et al. (2015) benennt unterschiedliche digitale „Vorteile" wie die Flexibilität von Zeit und Ort sowie die einfache Organisation und Verwaltung von Studienaufgaben durch die Möglichkeit, Lehrmaterialien mehrfach auszuspielen und wieder zu benutzen, und in visuelleren Formen zu lernen (Henderson et al. 2015). Ein solcher Ansatz unterstützt insbesondere Studierende, die erwerbstätig oder körperlich oder geistig benachteiligt sind, und kann sie motivieren, am Unterricht mit Hilfe ihrer mobilen Geräte aus der Ferne teilzunehmen (Al-Emran et al. 2016).

Derzeit sind eine Mehrzahl an Laborarbeiten auch online verfügbar. So bietet das OpenScience Laboratory, eine Initiative der Open University und der Wolfson Foundation, Untersuchungen auf Basis von On-Screen-Instrumenten, Fernzugriffsexperimenten und virtuellen Szenarien mit realen Daten an (OpenScience Laboratory 2019).

Virtuelle Praktika können Studierenden helfen, ihre Arbeitsfähigkeit zu verbessern. Die Studierenden erhalten eine Rolle (z. B. in einem Unternehmen) in einer Online-Simulationsumgebung und arbeiten mit Online-Teams zusammen, um aktuelle Herausforderungen zu lösen. Studien zeigen, dass diese Art von Praktika, die Fachleute in ihrem Bereich modellieren, dazu beigetragen hat, dass mehr Frauen und Minderheiten Ingenieursqualifikationen erwerben (Universities Canada 2015). Virtuelle Praktika begünstigen auch diejenigen, die es sich nicht leisten können, die Vorlaufkosten für einen notwendigen Umzug zu übernehmen, um in die Nähe eines Unternehmens zu ziehen, für das sie sich für ein Praktikum entschieden haben (Golden 2016).

Die zunehmende Popularität des Online-Lernens kann Hochschulen und Universitäten helfen, ein breiteres Publikum zu erreichen, sei es durch die Unterstützung der Ausbildung vor Ort oder durch die Expansion in internationale Märkte (Jisc 2019). Massive Open Online Courses (MOOCs) machen Universitätsvorlesungen für Zehntausende von Studierenden gleichzeitig zugänglich und ermöglichen es Lehrenden, mehr Zeit mit Diskussion und Interaktion zu verbringen (Waldrop 2013; World Bank 2016). MOOCs bieten auch ressourcenarmen Regionen und Einzelpersonen direkten Zugang zu erstklassigen Bildungsinhalten. Mit kostengünstiger Replikation von anerkannten Inhalten und Bildung, interaktiven datengesteuerten Benutzeroberflächen sowie personalisierten und selbstgesteuerten Lerninhalten haben Studierende damit potenziell Zugang zu Lernmaterialien, die bisher unzugänglich waren (United Nations 2016).

Online-Lernen ist auch eine mögliche Option für Bildung für nachhaltige Entwicklung (BNE) unter Berücksichtigung der Aufbau von interdisziplinäre und gegenwärtige Kompetenzen (Azeiteiro et al. 2015). Das Online-Lernen bietet auch Instrumente, um das Lehren und Lernen über nachhaltige Entwicklung auf eine innovative, alternative Weise zu Präsenzunterricht zu vermitteln und zu fördern (Otto und Becker 2018). Viele Universitäten bieten und nutzen noch innovativere Formen der digitalisierten Lehre. So nutzt z. B. die Universität Graz intensiv eine interaktive Plattform für den wissenschaftlichen Umgang mit einer Programmiersprache. Vorlesungsunterlagen werden den Studierenden über eine E-Learning-Plattform zur Verfügung gestellt, die es ermöglicht, komplexe Sachverhalte anschaulich zu erlernen und gleichzeitig durch Variationen oder sogar kleine Experimente zu testen. Die Universität verwendet auch ein Online-Lehrbuch mit interaktiven Elementen. Das Buch ist nichtlinear aufgebaut, indem es bestimmte Themen immer wieder, aber aus wechselnden Perspektiven, in den Fokus rückt (Brudermann et al. 2019).

Online-Plattformen werden nicht nur innerhalb einer einzigen Universität entwickelt und genutzt. Das United Nations Sustainable Development Solutions Network (SDSN) startete eine globale Initiative: die „massive open online – SDG Academy". Die Plattform bringt weltweit führende Experten zusammen, um umfassende, vollständig interaktive Kurse zu Themen anzubieten, die für die Nachhaltigkeit von zentraler Bedeutung sind, z. B. Bildung, Klimawandel, Gesundheit, Landwirtschaft und Ernährungssysteme, nachhaltige Investitionen usw. (Sustainable Development Solutions Network 2019). Ein weiteres Beispiel für eine Online-Bildungsplattform, die zur Erreichung nachhaltiger Entwicklungsziele beiträgt, ist die Online-Plattform der Peoples Open Access Education Initiative (Peoples-uni). Diese Plattform zielt darauf ab, die Gesundheit der Bevölkerung in Ländern mit niedrigem und mittlerem Einkommen zu verbessern, indem sie Kapazitäten im Bereich der öffentlichen Gesundheit durch E-Learning zu sehr niedrigen Kosten aufbaut. Es bietet ein zuverlässiges Bildungsprogramm in Bezug auf den Masterstudiengang Public Health. Die Peoples-Uni wird als eines der Instrumente zur Erreichung des SDG 4 „Hochwertige Bildung" wahrgenommen (Sridharan et al. 2018).

Digitale Technologien spielen auch eine wichtige Rolle bei der Fähigkeit von Institutionen zur transnationalen Zusammenarbeit für Nachhaltigkeit, die den Einsatz solcher Technologien für globale Kommunikation und Zusammenarbeit mit Erfahrungen und Engagement in lokalen Kontexten kombinieren (Caniglia et al. 2017). Ein solcher Ansatz, der von den Autoren als „glocal" für Lehren und Lernen in Nachhaltigkeit bezeichnet wird, bringt lokales Lernen, Engagement und Wirkung mit globaler Kommunikation und Zusammenarbeit zusammen (Caniglia et al. 2018). Universitäts-, Wissenschafts- und Forschungsbibliotheken stellen weltweit sicher, dass die Informationen und die Fähigkeiten, sie zu nutzen, für jeden zugänglich sind. Es macht sie zu wichtigen Institutionen für alle im digitalen Zeitalter (United Nations 2019c). Digitale Technologien haben die Praktiken und Prozesse in Bibliotheken verändert und den Zugang zu relevanten, präzisen und zeitnahen Informationen ermöglicht. Bibliotheken überbrücken so die digitale Kluft und tragen unter anderem zur Erreichung der SDGs bei, indem sie Dienste wie E-Referenzdienste, E-Book-Dienste, Laptop-Verleihdienste und weitere E-Services anbieten (Anasi et al. 2018).

Letztlich ist der heutige Smart Campus das Upgrade eines digitalen Campus. Er nutzt eine Kombination aus neuartiger Informationstechnologie, Cloud Computing, Internet der Dinge, mobilem Internet, Big Data, IntelliSense, Business Intelligence, Wissensmanagement und Social Networking (Xiong 2016). Ein intelligenter Campus ist ein nachhaltiger und intelligenter Campus, der innovative Lehrmittel, Sensoren und Systeme für Kommunikation, Speicherung, Standort und Simulation vereint (Gleizes et al. 2018). Der physische und der virtuelle Campus sind zunehmend untrennbar miteinander verbunden, Universitätslehrer und Studentenaktivitäten wurden in einem physischen und digitalen Raum zusammengeführt. Er verändert auch die Art und Weise, wie mit den Schulressourcen und der Umwelt umgegangen wird, und implementiert eine menschenorientierte, personalisierte Dienstleistungsinnovation (Xiong 2016). Der Verbrauch von Ressourcen und Materialien, die in den Universitätsgebäuden und außerhalb verwendet werden, hat auch Auswirkungen auf die Lebensqualität der Nutzer wie etwa die Hochschulangehörige und Studierenden (Gleizes et al. 2018).

Studien zeigen, dass Studierende nachhaltige Entwicklung unter Verbesserung, Erhaltung und Minimierung von Schäden, Ausbeutung und Ressourcenschonung im Hinblick auf zukünftige Generationen verstehen. Studierende erkennen, dass die am höchsten bewerteten digitalen Werkzeuge, die für die Nachhaltigkeit verwendet werden, diejenigen sind, die mit der Minimierung von Druck, traditioneller Post und Transport, der Einsparung von Energie, Zeit und Geld zusammenhängen (Ali et al. 2014).

Das Programm „Digital Learning for Sustainable Development (DL4SD)"

Im Jahr 2017 hat das Forschungs- und Transferzentrum „Nachhaltigkeit und Klimafolgenmanagement (FTZ-NK)" der Hochschule für Angewandte Wissenschaften Hamburg das neue, internetbasierte Weiterbildungsprogramm „Digital Leaning for Sustainable Development (DL4SD)" aufgesetzt. Angelehnt insbesondere an das globale Nachhaltigkeitsziel #4, das inklusive, gleichberechtigte und hochwertige Bildung fordert, bietet das Programm den vollständig offenen Zugang *(open access/open education)* zu einer Vielzahl an virtuellen, hochwertigen englischsprachigen Bildungsangeboten – immer mit Bezug zu Nachhaltigkeit. Neben einer Reihe von Onlinekursen zu Themen wie nachhaltige Energieerzeugung, nachhaltige Mobilität oder auch nachhaltigem Tourismus, ist auch eine CO2-neutrale Onlinekonferenzserie (CLIMATE) in das DL4SD-Programm eingebunden (Abb. 1.1). Eine Materialsammlung für Lehrende, die die globalen Nachhaltigkeitsziele *(sustainable development goals, SDGs)* in ihre Lehre einbinden möchten, wird ebenfalls auf der Lernplattform angeboten (siehe hierzu auch 3.).

Abb. 1.1 Die offene Lernumgebung „Digital Learning for Sustainable Development (dl4sd.org)" bietet unterschiedliche Lernformate, orientiert an den globalen Nachhaltigkeitszielen

Eine wesentliche Eigenschaft der angebotenen Lerninhalte bezieht sich auf deren Nutzungskonzept, das ebenfalls von Nachhaltigkeitsüberlegungen geleitet ist: Alle Inhalte sind als sogenannte Open Educational Resources konzipiert und unter einer entsprechenden CC-Lizenz veröffentlicht, sodass sie ohne Weiteres weiter- und wiederverwendet werden können, also eine maximale Verwertbarkeit ermöglichen.

Über die zentrale Lernplattform www.dl4sd.org erreichen Lernende die englischsprachigen Lernangebote. Um die internationalen, in der Regel oftmals heterogenen Zielgruppen bestmöglich erreichen zu können, wurden verschiedenste Lerndesigns vom Selbstlernformat bis zu begleiteten Kursen entwickelt. Unterschiedlichste Medientypen werden eingesetzt, um die Lernenden optimal in ihrem Lernprozess zu unterstützen. Kollaboratives, problem-basiertes und feedback-gestütztes Lernen ist ein wesentliches Merkmal der Lernangebote.

Die Lernangebote entstehen in der Regel in Ko-Produktion: Gemeinsam mit internationalen Partnern entwickelt das Digital Learning Team des Forschungs- und Transferzentrums FTZ-NK Inhalte, die sich an lokalen Bedürfnissen vor Ort orientieren und praxisnahe Aufgabenstellungen einbeziehen. Ziel ist, den Anteil an qualifizierten, nach Bildung strebenden Menschen, die nachhaltige Praktiken nicht nur verstehen, sondern auch umsetzen können, durch entsprechende offen zugängliche, kostenfreie Bildungsangebote zu erhöhen und so auf globaler Ebene Bildungschancen zu verbessern. Alle Lernangebote ermöglichen gleichzeitig den Aufbau internationaler Communities und unterstützen durch ihren Multi-Stakeholder-Ansatz nicht nur ein weiteres globales Nachhaltigkeitsziel, das Ziel #17 (globale Partnerschaften für nachhaltige Entwicklung), sondern auch ganz konkret die zunehmend internationalere Ausrichtung *(third mission)* und die Digitalisierungsaktivitäten der Hochschule für Angewandte Wissenschaften Hamburg.

Entstehungsgeschichte

Eines der zentralen Aufgabengebiete des Forschungs- und Transferzentrums FTZ-NK ist die Entwicklung und Implementierung von Technologietransferprojekten. Seit 2007 unterstützt das Zentrum durch seine Arbeit die internationale Entwicklungs- und Forschungszusammenarbeit und verfügt heute über ein weltweites Netz an Partnern. Die oftmals internationalen drittmittelgeförderten Projekte zielen im Rahmen der Entwicklungszusammenarbeit auf die Aus- und Weiterbildung von Akademikern, Studierenden, aber auch Praktikern. In der Regel werden hierfür Präsenzangebote für eine ausgewählte, anzahlmäßig begrenzte Zielgruppe konzipiert, die dann oftmals vor Ort trainiert wird. Je nach Konzeption ermöglichen Onlineangebote eine Skalierbarkeit, sodass eine weitaus größere Zielgruppe mit Lernangeboten erreichen und so die erhoffte Projektauswirkung *(project impact)* deutlich gesteigert werden kann.

Fernunterricht bzw. Fernstudien sind an sich nichts Neues. Begünstigt durch den technologischen Fortschritt entstanden in den vergangenen Jahren dann eine Vielzahl an internetbasierten, oft auch kostenfreien Lernangeboten, die – abgesehen vom Entwicklungsaufwand – ermöglichen, mit vergleichsweise wenig Aufwand geografisch weit entfernte, aber auch bisher nicht erreichte Zielgruppen zu erreichen. Vor diesem Hintergrund begann das FTZ-NK im Rahmen des EU-geförderten Projekts „L3EAP – Lifelong learning for Energy Access, Security and Efficiency in Small Island Developing States" mit der Entwicklung eines ersten internetbasierten Lernangebots für Praktiker und Studierenden der Partneruniversitäten in Mauritius und Fiji zum Thema nachhaltige Energieerzeugung und -nutzung, relevant insbesondere für kleine, geographisch weit verstreute Inselentwicklungsstaaten. Der finale Onlinekurs, ein sogenannter cMOOC *(customized massive open online course),* erreichte in zweifacher Iteration mehr als 1000 Lernende, und seine OER-Inhalte wurden von Universitätsdozenten weiterverwendet (L3EAP 2017).

Aus diesem ersten internetbasierten Lernangebot, das internationale Aufmerksamkeit erregte, entwickelten sich in Folge eine Reihe von Spinoff-Projekten, die in Zusammenarbeit mit neuen Partnern implementiert wurden. Diese eine Weiterentwicklung und den Ausbau der digitalen Lernangebote ermöglichten und so dem Nachhaltigkeitsgedanken Rechnung trugen (siehe auch Beitrag Seyfarth et al. 2019, zu Nachhaltigkeit von digitalen Lernarrangements). Damit gelang es dem Digitalisierungsteam des FTZ-NK, ein längerfristigeres, tragfähigeres Fundament zu legen als die ursprünglich zeitlich begrenzte Projektförderung es zuließ.

Eine zentrale Rolle kommt der **Hamburg Open Online University** (HOOU) zu, die dem Team des FTZ-NK bei der Entwicklung der digitalen Lernangebote von Beginn an Unterstützung zukommen ließ und so zum schnellen Aufbau von entsprechenden Kapazitäten des Digital Learning Teams und folglich zur schnelleren Entwicklung und Produktion von digitalen *state-of-the-art* Onlinekursen beitrug. Die HOOU, ein Zusammenschluss aus staatlichen Hamburger Hochschulen, Dienstleistern und Bildungsbehörden, fördert als Netzwerkorganisation die Veröffentlichung und Verbreitung von Open Educational Resources (OER). Neben finanzieller Unterstützung im Rahmen von Projektausschreibungen ermöglicht diese gemeinsame organisatorische und technische Plattform Akteuren der digitalen Lehre ein unterstützendes institutionelles Umfeld für das Erproben und nachhaltige Verwerten digitaler Lerndesigns und -inhalte (HOOU 2016). Damit unterstützt die HOOU die Digitalisierung der wissenschaftlichen Lehre, gleichzeitig werden auch wissenschaftliche Inhalte für die Zivilgesellschaft erarbeitet (HAW Hamburg 2019a): Auf ihrer Plattform stellt sie frei zugängliche und verwendbare Lehr- und Lern-Materialien – die sogenannten Open Educational Resources (OER) – zur Verfügung für eine partizipativere Form der Bildung (HAW Hamburg 2019b). Seit mittlerweile gut drei Jahren unterstützt die HOOU die Umsetzung von innovativen, spannenden und gesellschaftlich relevanten Projekten, die die digitale Lehre und das lebenslange Lernen voranbringen.

Das interdisziplinäre HOOU Team der Hochschule für Angewandte Wissenschaften unterstützt durch seine hochschulweiten wie seit neuestem auch – übergreifenden Verantwortlichkeiten fortwährend weit die Entwicklung von digitalen Lernangeboten von fünf Hamburger Hochschulen und stellt damit einen wesentlichen Erfolgsfaktor für die Weiterentwicklung und des Ausbaus der digitalen Lehre in der Metropolregion Hamburg wie auch insbesondere an der Hochschule für Angewandte Wissenschaften Hamburg und des Forschungs- und Transferzentrums „Nachhaltigkeit und Klimafolgenmanagement" dar.

Das mittelfristige Ziel des FTZ-NNK ist nun, das Programm „Digital Learning for Sustainable Development" nachhaltig in seinem Arbeitsfeld wie auch der Hochschule für Angewandte Wissenschaften zu verankern, nicht zuletzt, um auch die mit hohem Aufwand produzierten bisherigen Lernangebote im Sinne der Nachhaltigkeit weiter zu nutzen. Damit dies gelingt, wurden zum einen alle digitalen Lernangebote in eine eigene Lernplattform mit dem Titel „Digital Learning for Sustainable Development" (www.dl4sd.org) integriert, um einen zentralen Zugang zu den offenen Angeboten zu ermöglichen. Gleichzeitig wurden und werden aktiv neue Drittmittel eingeworben, wodurch Weiter- und Neuentwicklungen ermöglicht werden.

Sustainable Energy for SIDS (policy-maker edition)

Note: You can still register and access all content, yet this course was implemented in 2018.
This course lets you explore and assess the opportunities that sustainable energy technologies offer for SIDS. This course will help you to think carefully and critically about current energy regimes and energy policies. It illustrates through practical examples how policy-making can improve energy access, energy security and/or energy efficiency in the main SIDS regions. This interdisciplinary course is a stand-alone course for policy-makers and master students from related disciplines (e.g. policy or development economics). It can be taken parallel to work or study over a period of five weeks (spring 2018). Prior to the active phase, learners can already register, make themselves familiar with the learning environment and browse through some content.

Work load: Equivalent to an estimated 2-3 hours per course week, depending on how deep you indulge in the material, discussion and interaction with other learners. By passing the final assignment, a certificate of completion will be awarded.

Requirements: To get the most out of this course, it is helpful if you have a B.A./BSc. level degree in a related field of study, e.g. political sciences, development policy or similar. As the course is held in English, you will need fluent English skills.

Arno Boersma is the Manager of this Course's Co-Producer, the Aruba Centre of Excellence (COE) for the Sustainable Development of SIDS. Listen to him welcoming you to the free online course 'Sustainable Energy for SIDS (policy-maker

Abb. 1.2 Einstiegsseite des cMOOC „Sustainable Energy for SIDS (*policy-maker edition*)", mit Laufzeit über insgesamt fünf Wochen unter Wieder- und Weiterverwertung bestehender Lerninhalte

1 Digitalisierung und Nachhaltigkeit durch internationale Ansätze ...

Digitale Nachhaltigkeitsbildungsangebote der HAW Hamburg

Im Rahmen der Digitalisierungsstrategie der Hochschule für Angewandte Wissenschaften Hamburg entstehen auf vielen Ebenen der Gesamtinstitution neue digitale Lehr- und Lernangebote. Auf Ebene des Forschungs- und Transferzentrums wurde eine eigene digitale Lernplattform ins Leben gerufen, um die eigenen, zuvor individuellen Projekten zugeordneten Lernangebote effizient und öffentlichkeitswirksam an einer einzigen Stelle zu bündeln und leichter auffindbar zu machen. Die nachfolgenden Abschnitte stellen drei der verfügbaren Lernangebote vor. Gemäß Open Access Policy des Forschungs- und Transferzentrums ist der Zugriff auf alle Inhalte weiterhin möglich.

Der Onlinekurs „Sustainable Energy for SIDS (*policy-maker edition*)"

Dieser Kurs ist eine Weiterentwicklung des allerersten Onlinekurses „Sustainable Energy Production and Use for Small Island Developing States", der vom Digital Learning Team des Forschungs- und Transferzentrums von 2015–2016 entwickelt und 2016 und 2017 in zwei Iterationen mit über 1000 Lernenden über 7 Wochen durchgeführt wurde. Konzipiert als cMOOC war es das Ziel des Lernarrangements, einen möglichst großen Teil der weit verstreuten Zielgruppe (Bewohner kleiner Inselentwicklungsstaaten) über-

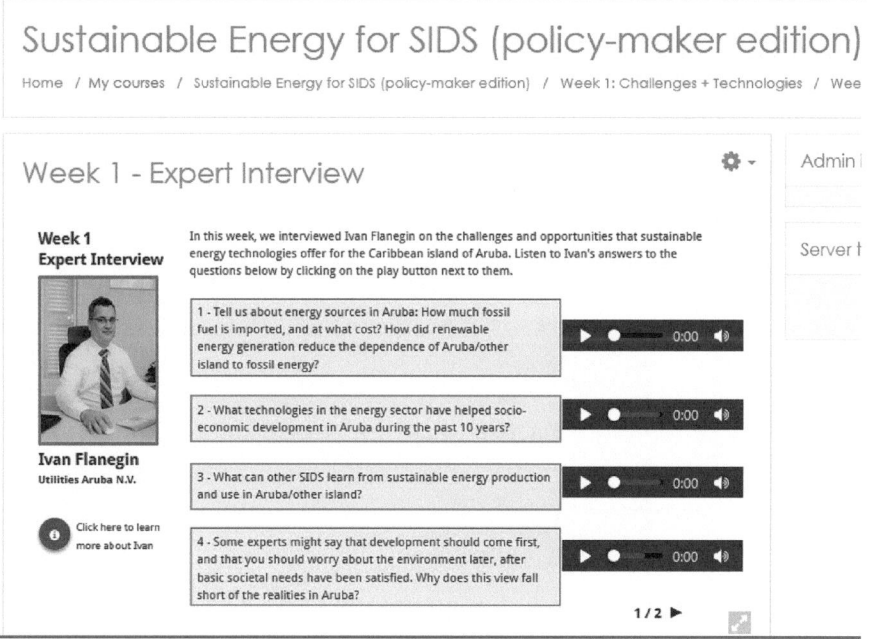

Abb. 1.3 Contentseite des cMOOC „Sustainable Energy for SIDS (*policy-maker edition*)", hier Beispiel eines durch Lernende selbstzusteuernden Experteninterviews mit einem Energieversorger aus Aruba

haupt erreichen zu können und zugleich den Lernprozess aktiv begleiten zu können, um einen nachhaltigeren Lerneffekt zu erzielen (Abb. 1.2 und 1.3).

Im Rahmen der Weiterentwicklung wurde das bestehende Material an die Lernbedarfe einer neuen Zielgruppe – Politikgestaltende und Entscheidungstragende aus kleinen Inselentwicklungsstaaten – angepasst und der Kurs in 2018 als 5-wöchiger cMOOC erneut durchgeführt. Der weiterentwickelte Kurs entstand in Zusammenarbeit mit dem UN-geförderten Aruba Centre of Excellence (COE) for the Sustainable Development of SIDS und der Hamburg Open Online University (HOOU).

Der Onlinekurs „Sustainable Tourism for Small Island Developing States"

Dieser Kurs entstand angelehnt ans Kursdesign des vorherigen Onlinearrangements als 7-wöchiger cMOOC und widmete sich Nachhaltigkeitsfragen im globalen Tourismus. Der Online-Kurs richtet sich vorrangig an politische EntscheiderInnen kleiner Inselentwicklungsstaaten und zivile EntscheiderInnen im Tourismus-Bereich. Im Kursverlauf ergab sich eine umfangreiche Interaktion innerhalb der Lerncommunity, die sich nach Kursende eigenständig über Social Media organisierte, um weiterhin im Austausch zu bleiben. Dieser Kurs entstand in Zusammenarbeit mit der Nichtregierungsorganisation Sustainable Travel Internatioal (STI) und der Hamburg Open Online University (HOOU) (Abb. 1.4 und 1.5).

Die Onlineklimakonferenz „CLIMATE2020"

Das neueste digitale Lernangebot geht neue Wege und setzt die digitale Lernplattform DL4SD.org vorrangig als Wissenstransfer- und Kommunikationsplattform ein. Das Digital Learning Team des FTZ entwickelt ein neuartiges Onlinekonferenzdesign, um

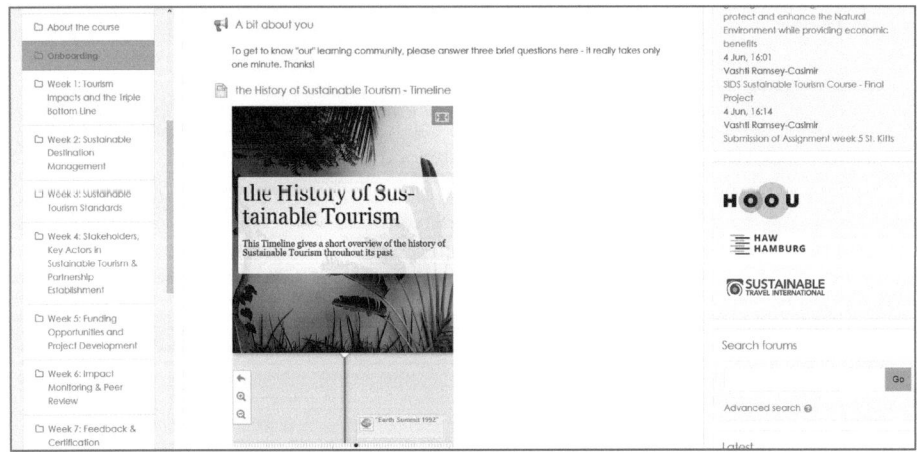

Abb. 1.4 Der cMOOC „Sustainable Tourism for Small Island Developing States" verlief über insgesamt sieben Wochen unter Verwendung verschiedenster interaktive Inhalte (siehe H5P-Beispiel einer Sustainable Tourism Timeline)

Abb. 1.5 Der cMOOC „Sustainable Tourism for Small Island Developing States" verlief über insgesamt sieben Wochen unter Verwendung verschiedenster interaktive Inhalte (siehe Beispiel des Expertenvideos von Dr Stephen Pratt über die Fidschi Inseln)

aktuellste Forschungsergebnisse zum Klimawandel und seinen Folgen zu vermitteln und besonders Nachwuchswissenschaftlern/-innen aus aller Welt eine Chance zu bieten, ihre Forschung auf weltweiter Bühne zu präsentieren (Abb. 1.6 und 1.7).

Der virtuelle Event trägt durch sein umfangreiches Programm zur Erfüllung des globalen Nachhaltigkeitszieles 13 „Climate Action" (*sustainable development goal*, SDG 13) bei: Die Onlinekonferenz bietet 24 h 7 Tage die Woche uneingeschränkten, kostenlosen Zugang zu hochwertigen wissenschaftlichen Artikeln, Klimaprojekten und Onlinekursen. Außerdem bietet CLIMATE 2020 bietet die einzigartige Möglichkeit

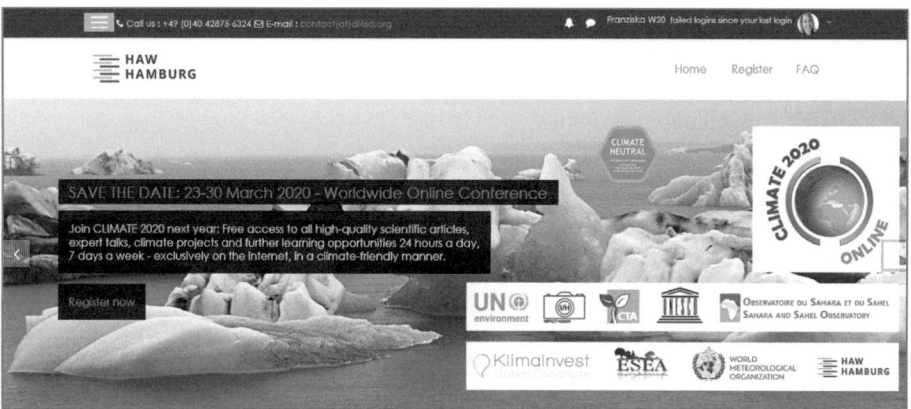

Abb. 1.6 Die Landing Page der weltweiten Onlineklimakonferenz CLIMATE2020, die weit im Vorfeld der eigentlichen Veranstaltung freigeschaltet und kontinuierlich mit ausgewählten Preview-Inhalten ergänzt wird

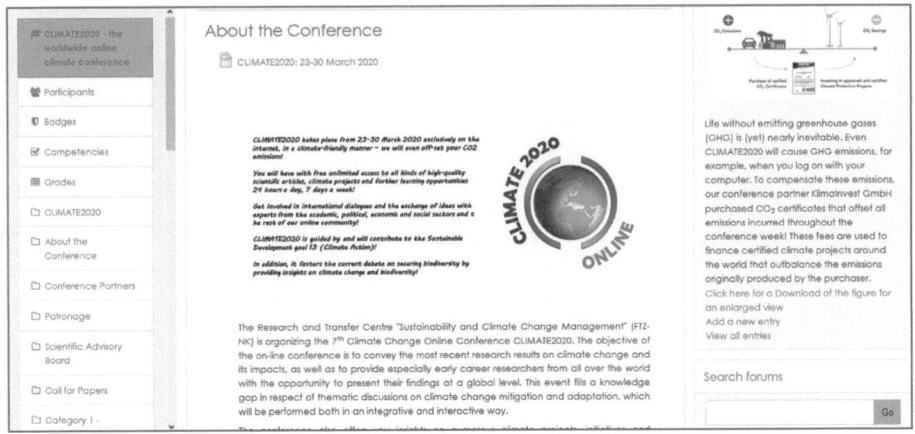

Abb. 1.7 Die Einstiegsseite der weltweiten Onlineklimakonferenz CLIMATE2020, die neben wissenschaftlichen Beiträgen ein interaktives Begleitprogramm bestehend aus Webinaren, Podcasts, Videos und weiteren OER-Lernmaterialien anbieten wird

eines weltweiten Dialogs und Ideenaustauschs mit involvierten Wissenschaftlern/-innen, Fachleuten aus Politik, Wirtschaft und Gesellschaft und der teilnehmenden Konferenzcommunity.

Die virtuelle Konferenz, die vom 23.–30. März 2020 ihre virtuellen Türen öffnet, informiert auch über zahlreiche konkrete Projekte, Initiativen und Strategien, die aktuell auf fünf Kontinenten umgesetzt und durchgeführt werden und präsentiert damit jüngste Beispiele für weltweite Aktivitäten, um das Klima zu schützen. Dies schließt eine Wissenslücke in den Themenfeldern Klimaschutz *(mitigation)* und Anpassung *(adaptation)*, die integrativ und interaktiv auf der Plattform sowie in begleitenden Social Media Foren diskutiert werden können.

Die Onlinekonferenz entsteht in Zusammenarbeit mit einer Vielzahl von internationalen und nationalen Partnern, bspw. dem Umweltprogramm der Vereinten Nationen, dem EU-finanzierten ACP Technical Center for Rural and Agricultural Cooperation, aber auch Unternehmen wie der KlimaInvest GmbH und der edudip GmbH, die mit Klimaneutralstellung und technische Infrastruktur beitragen.

Case Study: Die digitale Einführung der Nachhaltigkeitsziele in der Lehre

Am 25. September 2015 einigten sich 193 Staats- und Regierungschefs der Vereinten Nationen einstimmig auf die Annahme eines ehrgeizigen und zielgerichteteren Aktionsplans, der nach Ablauf des Mandats der Millennium Development Goals (MDGs) in Kraft getreten ist. Diese neue Agenda „Transforming our world: the 2030 Agenda for Sustainable Development" (Sustainable Development Knowledge Platform 2017) ist universell und transformativ und beinhaltet 17 globale Nachhaltigkeitsziele (SDGs), mit 169 untergeordneten Zielindikatoren, die bis 2030 erreicht werden sollen. Die Themen reichen von Armut, über Gesundheit, Bildung, Energie, bis hin zu Innovation und Frieden (siehe https://www.bmz.de/de/ministerium/ziele/2030_agenda/17_ziele/index.html für Informationen zu den konkreten Zielen). Die Nachhaltigkeitsziele versuchen, nachhaltige Entwicklung zu einer gelebten Realität für alle zu machen. Dieser langfristige, strategische Ansatz zur Bewältigung globaler Herausforderungen ist ein wichtiger Faktor dieser Ziele, wie auch der Fokus auf partnerschaftliches Handeln der Länder, um zum Gelingen beizutragen.

Mit der Umsetzung der Agenda 2030 sollen die Menschenrechte aller Völker verwirklicht, die Gleichstellung der Geschlechter erreicht, die Armut verringert und eine bessere Lebensqualität für alle gewährleistet werden. Hierfür müssen die Ziele eine harmonische Zusammenarbeit auf den drei Ebenen erreichen: wirtschaftlich, sozial und ökologisch. Dafür wurden fünf Kernaspekte in den Mittelpunkt gestellt. So spielen die Würde des Menschen *(People)*, der Schutz unserer Erde *(Planet)*, Wohlstand für alle *(Prosperity)*, der Frieden *(Peace)* sowie der Aufbau globaler Partnerschaften *(Partnership)* die zentralen Rollen. Die aktuellen Herausforderungen sind daher nicht nur lokal oder national angesiedelt, sondern erfordern eine kollektive und partnerschaftliche Herangehensweise. Die meisten Regierungsprogramme und Nationalen Aktionspläne sind an Regierungsperioden gebunden, die Nachhaltigkeitsziele verfügen aber explizit über langfristige Ziele, die bis zum Jahr 2030 weltweit erreicht werden sollen. Dies voranzubringen, erfordert auch das individuelle Engagement jedes Einzelnen. Hierzu trägt das Kursangebot „Die digitale Einführung der Nachhaltigkeitsziele in die Hochschullehre" bei.

Damit möglichst viele Lehrende und Studierende einen Zugang zu den SDGs erhalten und mit ihrem erworbenen Wissen als Multiplikatoren wirken können, hat das Forschungs- und Transferzentrum Nachhaltigkeit und Klimafolgenmanagement (FTZ-NK) eine digitale englischsprachige Materialiensammlung zu sechs der siebzehn SDGs veröffentlicht. Die folgenden Inhalte sind seit Juni 2019 online: *SDG 3* – Gesundheit und Wohlergehen; *SDG 4* – Hochwertige Bildung; und *SDG 5* – Geschlechter Gleichheit, *SDG 7* – Bezahlbare und saubere Energie; *SDG 13* – Maßnahmen zum Klimaschutz. *SDG 6* – Sauberes Wasser und Sanitäreinrichtungen kommt bis August 2019 hinzu.

Dieses Projekt wird durch die Hamburg Open Online University (HOOU) gefördert und befindet sich sowohl auf der FTZ-NK-eigenen Lernplattform www.dl4sd.org (siehe auch 2.) als auch auf der Plattform der HOOU.

Mit der Materialiensammlung zu den Nachhaltigkeitszielen der Vereinten Nationen sollen vor allem Lehrende angesprochen werden, die ihre Studierenden an das Thema Agenda 2030 bzw. die Nachhaltigkeitsziele der Vereinten Nationen heranführen wollen, aber keine Kapazitäten haben, die Fülle an Materialien selbst zu bearbeiten und zu strukturieren (Abb. 1.8). In dieser Toolbox finden sie für jedes der sechs zur Verfügung gestellten SDGs eine einleitende Information wie die Materialien eingesetzt werden

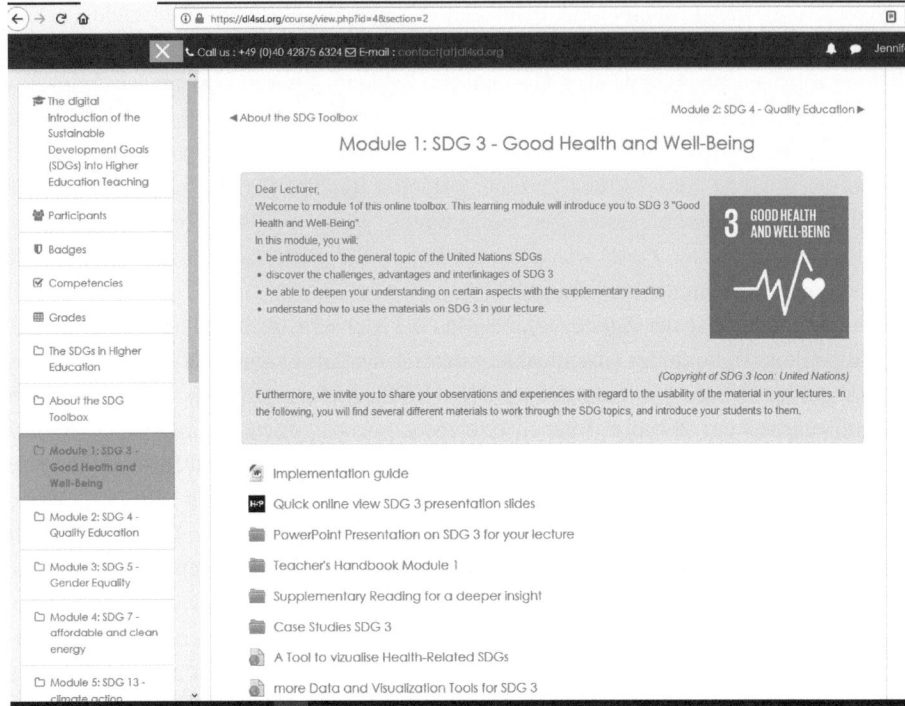

Abb. 1.8 Übersicht der zur Verfügung stehenden Materialien pro Modul – hier exemplarisch für SDG 3

können (Implementation Guide), ein Handbuch, eine PowerPoint Präsentation, Fallbeispiele (Case Studies), weitere und vertiefende Lektüre zu dem Thema (Supplementary Reading) sowie Links zu online Tools, die bei der Bearbeitung der Aufgaben helfen können (Abb. 1.9). Über das Feedback-Element sind Rückmeldungen zu Material und Anregungen, dieses stetig zu verbessern, möglich. Zudem sind Nutzer und Nutzerinnen der Materialien eingeladen, ihre Erfahrungen und abgewandelten Materialien ebenfalls als Open Educational Resources zur Verfügung zu stellen, um weitere Anwendungsmöglichkeiten aufzuzeigen und damit das weitere Ziel eines partizipativen Lernens voranzubringen.

Alle Module folgen demselben Aufbau, was die Erarbeitung mehrerer SDGs erleichtert, bzw. auch eine gemeinsame Erarbeitung mehrerer Ziele zugleich ermöglicht. Die Module sind so angelegt, dass eine Einführung in das Thema bereits mit einer 90-min Vorlesung möglich ist. Erfahrungsgemäß sind Lehrpläne eng gestrickt, sodass für vermeintlich extracurriculare Themen kaum Zeit bleibt. Die Inhalte sind zugleich modular angelegt, dass ausreichend Inhalt auch für drei oder vier Doppelstunden (à 90 min) bereitsteht (Abb. 1.9).

1 Digitalisierung und Nachhaltigkeit durch internationale Ansätze ... 15

Abb. 1.9 Beispiel der Interdependenzen, hier aus der Präsentation von SDG 4, zwischen SDG 4 und 3. Im Verlauf der weiteren Präsentation (links im Bild) sind weitere Beispiele zu sehen

Mit dem Handbuch wird auf gut 20 Seiten ein grundlegendes Verständnis zum jeweiligen SDG-Thema geschaffen. Dort werden neben der Definition und Wichtigkeit des jeweiligen Ziels vor allem auch die Interdependenzen zwischen den einzelnen Zielen sowie Praxisbeispiele, die zur Gruppenarbeit genutzt werden können, dargelegt (als Beispiel hierfür siehe Abb. 1.10). Dieses Dokument kann die/der Lehrende in Vorbereitung nutzen, aber auch ihren/seinen Studierenden (im Vorwege) bereitstellen, wenn sie oder er dies für zielführend hält.

Das Handbuch (eine Übersicht der Themen findet sich in Abb. 1.10), zusammen mit der PowerPoint Präsentation (siehe Abb. 1.8), legen den Grundstein zum Verständnis über das jeweilige Ziel. Das Literaturverzeichnis des Handbuches verweist auf weiteres Lesematerial.

Die PowerPoint Präsentation folgt demselben Aufbau wie das Handbuch und dient der Visualisierung in der Lehre. Hier finden sich Links zu Videos sowie mehrere Aufgaben, die im Plenum, als Einzel- oder Gruppenarbeit und ggfs. als Hausarbeitsthema, bearbeitet werden können (Abb. 1.11).

Mit vielen unterschiedlichen Aufgabenstellungen (siehe Abb. 1.12) können sich Studierende inter- und transdisziplinär mit dem Handlungsfeld auseinandersetzen. Die Aufgaben vermitteln praktische Handlungskompetenzen, da zum Beispiel direkt vor Ort Daten erhoben, diese mit anderen Regionen verglichen und so noch bestehende Lücken für ihren Fall ersichtlich werden. Die Themen Messbarkeit und Datenerhebung sind zentrale Elemente, um die Wirksamkeit der Umsetzung der Agenda zu prüfen, daher sind hierzu unterschiedliche Aufgaben sowie weitere Links zu finden. Die Erarbeitung von Lösungsansätzen und deren kritische Diskussion spielt eine zentrale Rolle bei den zur Verfügung gestellten Materialien.

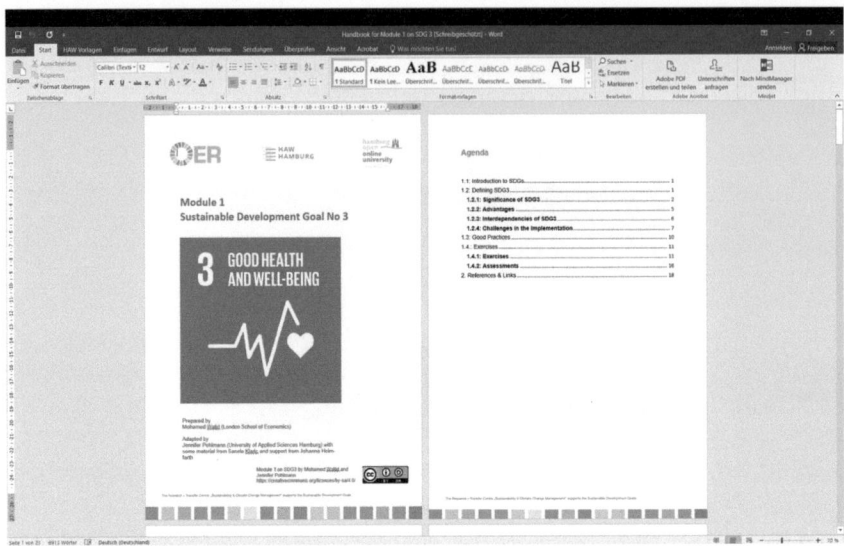

Abb. 1.10 Handbuch samt Inhaltsverzeichnis anhand des Beispiels von SDG 3

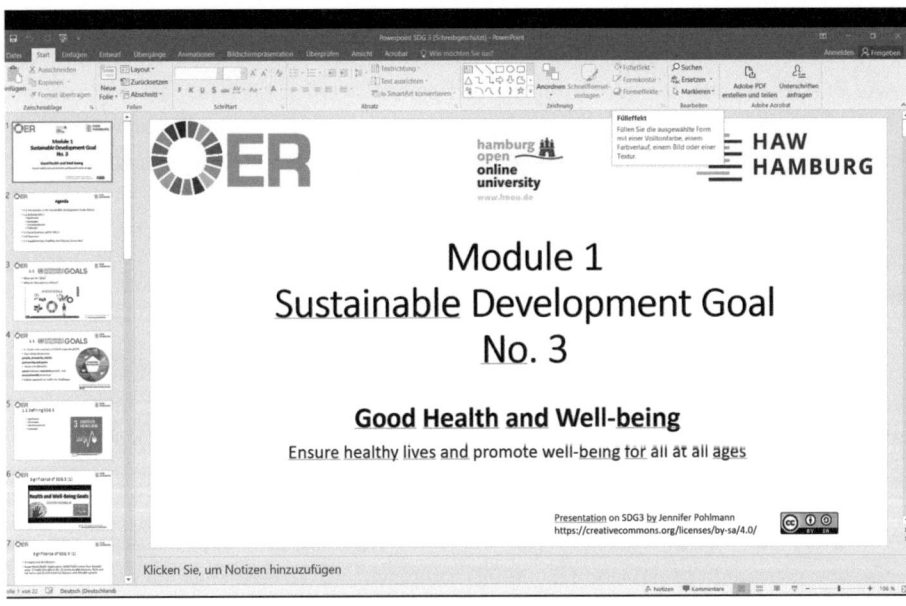

Abb. 1.11 Übersicht einiger der PowerPoint Folien anhand des Beispiels von SDG 3

1 Digitalisierung und Nachhaltigkeit durch internationale Ansätze … 17

Abb. 1.12 Ausgewählte Beispiele der Aufgaben aus der PowerPoint Präsentation am Beispiel von SDG 5

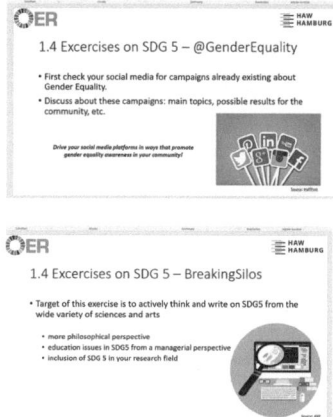

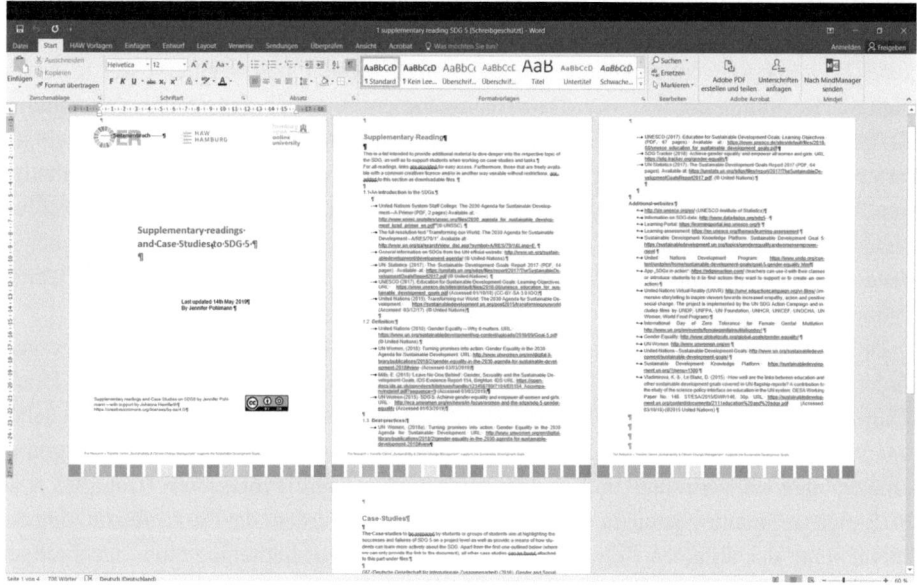

Abb. 1.13 Übersicht über die vertiefende Literatur, in diesem Fall von SDG 5

Das „Supplementary Reading" (Übersicht hierzu in Abb. 1.13) bietet über die im Handbuch genannten Referenzen hinaus Literaturverweise und auch Links an, mit denen Lehrende wie auch Studierende tiefer in die Materie des jeweiligen Ziels eintauchen können. Auch hier folgt die Untergliederung der des Handbuches, sodass schnell zum jeweiligen Punkt weitere Quellen genutzt werden können. Dort findet sich ebenfalls die Übersicht zu den Fallstudien.

Neben den Lehrenden bietet die Materialiensammlung auf der frei-zugänglichen digitalen Plattform auch am Thema Interessierten die Möglichkeit, sich einen Einblick in die Nachhaltigkeitsziele der UN zu verschaffen. Alle Materialien sind auf Englisch erstellt, um so einer möglichst großen Anzahl an Menschen Zugang zu ermöglichen. Durch das digitale Medium sind Interessierte nicht abhängig von Ort und Zeit und können sich zu ihren Bedingungen mit den Materialien auseinandersetzen. Auch hierdurch wird die von möglichst allen mitzutragende Umsetzung der Agenda 2030 unterstützt.

Durch das öffentliche Kursforum „News and Announcements", das übergeordnet in der Toolbox zu finden ist, können Nutzer und Nutzerinnen in den Austausch miteinander gehen. Hier können Fragen gestellt, Diskussionen angeregt, als auch Materialien und Erfahrungen ausgetauscht werden.

Schlussfolgerungen und zukünftige Entwicklungsperspektiven

Neue Technologien entwickeln sich exponentiell schnell und schneller als je zuvor. Digitale Technologien wie Big Data-Technologien; Internet der Dinge; 5G-Handys; 3D-Druck und -Fertigung; Cloud-Computing-Plattformen; offene Datentechnologie; kostenlose und Open-Source; massive offene Online-Kurse; Mikrosimulation; Handy-, Satelliten-, GIS- und Fernerkundungsdaten; Datenaustauschtechnologien, einschließlich Technologien zur Förderung der Wissenschaft; Social-Media-Technologien und so weiter, wurden als entscheidende neue Technologien für die SDGs bis 2030 (United Nations 2016) identifiziert.

Die Integration solcher Technologien in die universitäre Lehre erleichtert das Lernen, fördert die aktive Beteiligung der Studierenden und erhöht die Nachhaltigkeit an Hochschulen (Delcker et al. 2018; Otto and Becker 2018; Daniela et al. 2018). Es entstehen unterschiedliche Lehr-Lernumgebungen, in denen Universitätsstudenten mit digitalen Umgebungen oft vertrauter und kompetenter sind als ihre Professoren (Caniglia et al. 2018). Diese Situation kann zu einem kritischen Punkt werden, der die Unterstützung der Entwicklung der digitalen Kompetenz von Professoren zur Sicherung einer nachhaltigen Hochschulbildung erforderlich macht (Daniela et al. 2018).

Hochschulen müssen parallel zur Suche nach technologischen Lösungen, die Studierenden im Lernprozess unterstützen, auch nach Möglichkeiten suchen, ihre Ausgaben zu reduzieren. Dies kann durch eine Anpassung von Inhalte eines solchen Transformationsprozesses beeinflussen (Daniela et al. 2018).

Die Entwicklung und Produktion von digitalen Lernarrangements nicht nur ressourcenaufwändig, sondern erfolgt oftmals auch unter einem zeitlich begrenzten Projekthorizont. Nach Projektende versiegt das Budget und das Personal wird anderweitig eingesetzt. Aus Nachhaltigkeitsperspektive betrachtet ist es daher sinnvoll, für produzierte Lerninhalte und erfolgreiche Konzepte eine nachhaltige Verwertungsstrategie gleich von Beginn an mitzudenken. Dabei muss an verschiedenen Enden angesetzt werden: Inhalte können heute so gestaltet werden, nämlich als OER, dass sie mit nur wenig Aufwand weiter- und wiederverwertet werden können. Eine nachhaltige Finanzierung, um bestehende offener und kostenloser Lernangebote weiterhin anbieten zu können, bedarf weitaus mehr Anstrengungen. Hier wäre sinnvoll, verschiedene Finanzierungsmöglichkeiten anzudenken, von Sponsoring über Zusammenarbeit mit internationalen Partnern, Projektquerfinanzierung wie auch engere Einbindung an die Lehre bzw. eine Institutionalisierung der Lernangebote und somit möglicher Zugang zu universitären Budgets.

Das Forschungs- und Transferzentrum „Nachhaltigkeit und Klimafolgenmanagement" der HAW Hamburg stellt sich als interdisziplinäres Team diesen Herausforderungen der nachhaltigen Implementierung von digitalen Lernangeboten und verfolgt mit seinem flexiblen Herangehe, und einem insgesamt integrativen Ansatz die Strategie, die nachhaltige Nutzung der bestehenden Angebote zu ermöglichen.

Literatur

Al-Emran, M., Elsherif, H. M., & Shaalan, K. (2016). Investigating attitudes towards the use of mobile learning in higher education. *Computers in Human Behavior, 56,* 93–102. https://doi.org/10.1016/j.chb.2015.11.033

Ali, A., Murphy, H. C., & Nadkarni, S. (2014). Hospitality students' perceptions of digital tools for learning and sustainable development. *Journal of Hospitality, Leisure, Sport and Tourism Education, 15,* 1–10. https://doi.org/10.1016/j.jhlste.2014.02.001

Anasi, S. N., Ukangwa, C. C., & Fagbe, A. (2018). University libraries-bridging digital gaps and accelerating the achievement of sustainable development goals through information and communication technologies. *World Journal of Science, Technology and Sustainable Development, 15*(1), 13–25. https://doi.org/10.1108/WJSTSD-11-2016-0059

Azeiteiro, U. M., Bacelar-Nicolau, P., Caetano, F. J. P., & Caeiro, S. (2015). Education for sustainable development through e-learning in higher education: Experiences from Portugal. *Journal of Cleaner Production, 106,* 308–319. https://doi.org/10.1016/j.jclepro.2014.11.056

Brudermann, T., Aschemann, R., Füllsack, M., & Posch, A. (2019). Education for sustainable development 40: Lessons learned from the University of Graz, Austria. *Sustainability, 11*(2347). https://doi.org/10.3390/su11082347

Caniglia, G., John, B., Leoie, B., Laubichler, M., & Lang, D. J. (2018). Technologies for transnational collaboration: A glocal approach from sustainability education. In H. Casper-Hehne & T. Reiffenrath (Hrsg.), *Internationalisierung der Curricula and Hochschulen: Konzepte* (S. 145–156). Maßnahmen: Initiativen.

Caniglia, G., Luederitz, C., Groß, M., Muhr, M., John, B., Withycombe Keeler, L., et al. (2017). Transnational collaboration for sustainability in higher education: Lessons from a systematic review. *Journal of Cleaner Production, 168*(1), 764–779. https://doi.org/10.1016/j.jclepro.2017.07.256

Daniela, L., Visvizi, A., Gutiérrez-Braojos, C., & Lytras, M. D. (2018). Sustainable higher education and Technology-Enhanced Learning (TEL). *Sustainability, 10*(3883). https://doi.org/10.3390/su10113883

Delcker, J., Honal, A., & Ifenthaler, D. (2018). Chapter 3 mobile device usage. In D. Sampson, D. Ifenthaler, J. M. Spector, P. Isaías (Hrsg.), Higher education in digital technologies: Sustainable innovations for improving teaching and learning (S. 45–55). https://doi.org/10.1007/978-3-319-73417-0.

Gleizes, M. P., Boes, J., Lartigue, B., & Thiébolt, F. (2018). neOCampus: A demonstrator of connected, innovative, intelligent and sustainable campus. In G. De Pietro, L. Gallo, R. Howlett, L. Jain (Hrsg.), Intelligent interactive multimedia systems and services. KES-IIMSS-18 2018. Smart innovation, systems and technologies (Bd. 76). Cham: Springer, https://doi.org/10.1007/978-3-319-59480-4_48.

Golden, B. (2016). The rise of virtual internships: Universities, students and companies can benefit from this new form of engagement. https://www.universityherald.com/articles/44344/20161015/rise-virtual-internships-universities-students-companies-benefit-new-form-engagement.htm. Zugegriffen: 31. Mai. 2019.

HAW Hamburg. (2019a). https://www.haw-hamburg.de/qualitaet-in-der-lehre/hoouhaw.html. Zugegriffen: 12. Juni 2019.

HAW Hamburg. (2019b). https://www.haw-hamburg.de/qualitaet-in-der-lehre/hoouhaw/open-educational-resources.html. Zugegriffen: 12. Juni 2019.

Henderson, M., Selwyna, N., & Aston, R. (2015). What works and why? Student perceptions of 'useful' digital technology in university teaching and learning. *Studies in Higher Education, 42*(8), 1567–1579. https://doi.org/10.1080/03075079.2015.1007946

HOOU. (2016). Synergie: Fachmagazin für Digitalisierung in der Lehre. 1(2). https://doi.org/10.1007/978-3-658-11613-2_3

Jisc. (2019). Horizons report on emerging technologies and education, S. 1–48. https://repository.jisc.ac.uk/7284/1/horizons-report-spring-2019.pdf.

L3EAP. (2017). Strengthening human capacity for the development of energy access, security and efficiency in SIDS. Final Report. https://project-l3eap.eu/downloads/Results/haw_l3eap_final-report.pdf. Zugegriffen: 4. Juli 2019.

Leal Filho, W. (Hrsg.). (2016). *Forschung für Nachhaltigkeit an deutschen Hochschulen*. Berlin: Springer.

Leal Filho, W. (Hrsg.). (2017). *Innovation in der Nachhaltigkeitsforschung- Ein Beitrag zur Umsetzung der UNO Nachhaltigkeitsziele*. Berlin: Springer.

Naujok, N., Le Fleming, H., & Srivatsav, N. (2018). Digital technology and sustainability: Positive mutual reinforcement. *Energy and Sustainability*. https://www.strategy-business.com/article/Digital-Technology-and-Sustainability-Positive-Mutual-Reinforcement. Zugegriffen: 31. Mai. 2019.

OpenScience Laboratory. (2019). The openscience laboratory an initiative of the open university and the Wolfson Foundation. https://learn5.open.ac.uk/course/format/sciencelab/about.php?id=2. Zugegriffen: 31. Mai. 2019.

Otto, D., & Becker, S. (2018). E-Learning and sustainable development. In: Encyclopedia of sustainability in higher education. Springer, Cham. https://doi.org/10.1007/978-3-319-63951-2_211-1.

PwC. (2018). Fourth industrial revolution for the earth harnessing artificial intelligence for the earth, S. 1–52. https://www.pwc.com/gx/en/sustainability/assets/ai-for-the-earth-jan-2018.pdf?utm_campaign=sbpwc&utm_medium=site&utm_source=articletext.

Seyfarth, F. C., Wolf, F., & Pflaum, E. (2019). Formatentwicklung, Betreuungsmodell und Organisationsstrukturen: Ebenen und Erfolgsfaktoren für Nachhaltigkeit in digitalen Lernarrangements. In W. Leal (Hrsg.), *Digitalisierung und Nachhhaltigkeit*. Berlin: Springer.

Sridharan, S., Bondy, M., Nakaima, A., & Heller, R. F. (2018). The potential of an online educational platform to contribute to achieving sustainable development goals: A mixed-methods evaluation of the Peoples-uni online platform. *Health Research Policy and Systems, 16*(106). https://doi.org/10.1186/s12961-018-0381-2.

Sustainable Development Solutions Network. (2019). The SDG academy. Educational resources from the world's leading experts on sustainable development. https://unsdsn.org/what-we-do/education-initiatives/. Zugegriffen: 31. Mai 2019.

Sustainable Development Knowledge Platform. (2017). https://sustainabledevelopment.un.org/post2015/transformingourworld. Zugegriffen: 4. Juni 2019.

United Nations. (2015). Transforming our world: The 2030 Agenda for sustainable development. Resolution adopted by the general assembly on 25 September 2015. A/RES/70/1, S. 1–35. https://www.un.org/ga/search/view_doc.asp?symbol=A/RES/70/1&Lang=E.

United Nations. (2016). Global sustainable development report 2016. Department of economic and social affairs, New York, S. 1–153. https://sustainabledevelopment.un.org/content/documents/2328Global%20Sustainable%20development%20report%202016%20(final).pdf.

United Nations. (2018). The sustainable development goals report 2018, New York, S. 1–40. https://unstats.un.org/sdgs/files/report/2018/TheSustainableDevelopmentGoalsReport2018-EN.pdf.

United Nations. (2019a). Global indicator framework for the sustainable development goals and targets of the 2030 Agenda for sustainable development. A/RES/71/313 E/CN.3/2018/2 E/CN.3/2019/2. https://unstats.un.org/sdgs/indicators/Global%20Indicator%20Framework%20after%202019%20refinement_Eng.pdf.

United Nations. (2019b). Technology facilitation mechanism. https://sustainabledevelopment.un.org/TFM. Zugegriffen: 31. Mai 2019.

United Nations. (2019c). Contribution of libraries to the SDGs. https://sustainabledevelopment.un.org/partnership/?p=10909. Zugegriffen: 31. Mai 2019.

Universities Canada. (2015). Canadian universities and our digital future, S. 1–13. https://pseupdate.mior.ca/links/category/ontario-government-review-postsecondary-education-/5/.

Waldrop, M. M. (2013). Education online: The virtual lab. *Nature, 499,* 268–270.

World Bank. (2016). World development report 2016: Digital dividends, S. 1–359. https://doi.org/10.1596/978-1-4648-0671-1.

Xiong, L. (2016). A study on smart campus model in the era of big data. *Advances in Social Science, Education and Humanities Research,* Vol. 87, 2nd International Conference on Economics, Management Engineering and Education Technology (ICEMEET 2016). https://doi.org/10.2991/icemeet-16.2017.191.

Open Access Dieses Kapitel wird unter der Creative Commons Namensnennung 4.0 International Lizenz (http://creativecommons.org/licenses/by/4.0/deed.de) veröffentlicht, welche die Nutzung, Vervielfältigung, Bearbeitung, Verbreitung und Wiedergabe in jeglichem Medium und Format erlaubt, sofern Sie den/die ursprünglichen Autor(en) und die Quelle ordnungsgemäß nennen, einen Link zur Creative Commons Lizenz beifügen und angeben, ob Änderungen vorgenommen wurden.

Die in diesem Kapitel enthaltenen Bilder und sonstiges Drittmaterial unterliegen ebenfalls der genannten Creative Commons Lizenz, sofern sich aus der Abbildungslegende nichts anderes ergibt. Sofern das betreffende Material nicht unter der genannten Creative Commons Lizenz steht und die betreffende Handlung nicht nach gesetzlichen Vorschriften erlaubt ist, ist für die oben aufgeführten Weiterverwendungen des Materials die Einwilligung des jeweiligen Rechteinhabers einzuholen.

Digitalisierung und nachhaltiges Wirtschaften zusammendenken – Eine Herausforderung für die Lehre

Benjamin Nölting und Nadine Dembski

Verortung von Digitalisierung und nachhaltiger Entwicklung als Themen für Wissenschaft und Lehre

Digitalisierung ist in aller Munde, weil sich immer deutlicher abzeichnet, dass sie Wirtschaft und Gesellschaft verändern wird. Wie diese Veränderungen aussehen werden, ist offen. Unzweifelhaft wird sich Digitalisierung auf nachhaltige Entwicklung auswirken. Forschung und Lehre zu nachhaltiger Entwicklung sollten sich also mit Digitalisierung und deren Auswirkungen befassen. Dabei ist es wichtig, das Verhältnis dieser beiden Megatrends zu justieren, um die Herausforderungen für Nachhaltigkeitswissenschaften abschätzen zu können.

Dieser Beitrag setzt sich mit der Frage auseinander, wie diese Trends in der Hochschullehre aufgegriffen und mit welchen Lehr-Lern-Konzepten Gestaltungskompetenzen für nachhaltige Entwicklung vermittelt bzw. angeeignet werden können. Diese großen Fragen lassen sich nicht abstrakt und umfassend beantworten. Daher werden in der Einführung zunächst in allgemeiner Form mögliche Bezüge und Wechselwirkungen beider Felder knapp ausgelotet. In den nachfolgenden Abschnitten werden aus diesen Vorüberlegungen Anforderungen an die Hochschullehre für eine konkrete Lehrveranstaltung abgeleitet und deren mögliche didaktische Umsetzung beschrieben. Ein Schwerpunkt der Lehrveranstaltung sind die Bedarfe, die sich aus dem Zusammenspiel von Digitalisierung und nachhaltigem Wirtschaften für kleine und mittlere Unternehmen

---

B. Nölting (✉)
Hochschule für nachhaltige Entwicklung Eberswalde, Eberswalde, Deutschland
E-Mail: benjamin.noelting@hnee.de

N. Dembski
Hochschule für nachhaltige Entwicklung Eberswalde & Carl von Ossietzky Universität Oldenburg, Oldenburg, Deutschland

(KMU) ergeben. Die Erkenntnisse aus diesem Fallbeispiel sind damit nicht auf die Hochschullehre in ihrer thematischen und fachlichen Breite übertragbar. Die Vorgehensweise bei der Operationalisierung dieser großen Themen kann aber Hinweise darauf geben, ob Hochschullehre spezifische Zugänge zu diesem neuen Themenfeld benötigt und wenn ja, wie diese gestaltet werden könnten.

Im nachfolgenden Abschnitt „Konzeptionelle Überlegungen zur Verknüpfung von nachhaltiger Entwicklung und Digitalisierung in KMU" wird dargelegt, wie beide Themenfelder konzeptionell aufeinander bezogen werden. Danach wird im Abschnitt „Didaktische Umsetzung: Digitalisierung und Nachhaltigkeit in der Lehre vermitteln" das Lehr-Lern-Konzept für den Kurs vorgestellt. Abschließend werden die Erfahrungen mit der Lehrveranstaltung mit Blick darauf reflektiert, ob sich Studierende bei der gewählten Herangehensweise Gestaltungskompetenz aneignen können.

Nachhaltige Entwicklung und Digitalisierung als Trends mit hoher Dynamik

Nachhaltigkeitsforschung hat sich als ein spezialisierter Strang an Universitäten und Hochschulen für angewandte Wissenschaften etabliert. Mit transdisziplinärer Nachhaltigkeitsforschung und (Hochschul-)Bildung für nachhaltige Entwicklung liegen Ansätze vor, zu denen seit über zwei Dekaden Erfahrungen gesammelt wurden. Mit den Sustainable Development Goals (SDGs) und politischen Nachhaltigkeitsprogrammen der EU, des Bundes, von Ländern und Gemeinden gibt es einen politischen Rahmen, der Orientierung bietet. Da es sich bei nachhaltiger Entwicklung um ein normatives, gesellschaftspolitisch begründetes Konzept handelt, das eine Vielzahl teilweise konkurrierender Ziele verfolgt, sind sowohl das Konzept an sich als auch dessen jeweilige konkrete Ausgestaltung immer wieder gesellschaftlich umstritten. Nachhaltigkeitswissenschaft muss sich in diesem Spannungsfeld positionieren und ihre Annahmen und Werturteile transparent und damit wissenschaftlich kritisierbar machen. Ein Beispiel für eine solche transparente Positionierung ist das Nachhaltigkeitsverständnis, das im Forschungsverbund HOCH^N entwickelt wurde (Vogt et al. 2020).

Dagegen steht die wissenschaftliche Auseinandersetzung beim Thema Digitalisierung noch am Anfang, einmal abgesehen von technologiebezogenen Disziplinen wie Informatik und den damit verbundenen Ingenieur- und Naturwissenschaften. Der derzeitige Diskurs zu Digitalisierung ist stark technologie- und marktgetrieben. Und die Entwicklung ist so rasant, dass bisher gemachte Erfahrungen nur bedingt dazu taugen, die weitere Dynamik abzuschätzen oder gar gezielt zu gestalten. Sozial- und geisteswissenschaftliche Forschung zu den bisherigen Entwicklungen, möglichen Auswirkungen und Gestaltungsmöglichkeiten der Digitalisierung stecken meist noch in den Anfängen.

Digitalisierung wird in diesem Beitrag in einem breiten Sinne verstanden als ein Prozess, bei dem (analoge) Informationen und Daten so umgewandelt werden, dass sie in digitaler Form vorliegen und dann von Maschinen und Systemen in unterschiedlichster Form verarbeitet und genutzt werden können. Im Kern geht es um digitale Daten, die durch elektronische Informationsverarbeitung erzeugt, gemanagt und anwendungsbezogen ausgewertet werden. Die technischen Möglichkeiten erlauben die Generierung und Verarbeitung riesiger Datenmengen in sehr kurzer Zeit, was zu ganz neuen Kombinationen von Prozessen und Angeboten sowie einer enormen Beschleunigung von Abläufen führen kann (Klinkow 2017; Peuckert und Petschow 2017).

Ein Merkmal von Digitalisierung ist, dass digitale Informationen direkt mit dem Internet der Dinge verknüpft werden können. So lässt sich beispielsweise in der Produktion digitale Hardware (u. a. Sensoren, Aktuatoren, Prozessoren, Sender, Empfänger) in vormals analoge Prozesse integrieren. Dies ermöglicht eine Vernetzung von Maschinen, Geräten, Sensoren und Menschen und die Verarbeitung der dabei anfallenden Daten, die durch „die Befähigung zur bruchlosen und echtzeitfähigen Ad-hoc-Vernetzung, Kommunikation und Interaktion mittels digitaler Lösungen in den spezifischen Anwendungsfeldern" charakterisiert ist (Klinkow 2017, S. 16).

Digitalisierung beschränkt sich aber nicht nur auf technologische Datenverarbeitung, sondern wirkt auf die Gestaltung von Produktion, Kommunikation und Alltag; es handelt sich um einen sehr breiten Prozess gesellschaftlichen Wandels. Dies greift der Wissenschaftliche Beirat der Bundesregierung Globale Umweltveränderungen (WBGU) in seinem aktuellen Hauptgutachten „Unsere gemeinsame digitale Zukunft" auf und formuliert eine entsprechend weite Definition, der wir uns anschließen:

Digitalisierung wird „umfassend als die Entwicklung und Anwendung digitaler sowie digitalisierter Techniken verstanden, die sich mit allen anderen Techniken und Methoden verzahnt und diese erweitert. Sie wirkt in allen wirtschaftlichen, sozialen und gesellschaftlichen Systemen tiefgreifend und entfaltet eine immer größere transformative Wucht, die den Menschen, den Gesellschaften und den Planeten zunehmend fundamental beeinflusst und daher gestaltet werden muss." (WBGU 2019, S. 1).

Die Handlungsfelder Nachhaltigkeit und Digitalisierung zeichnen sich jeweils durch eine hohe Komplexität und Dynamik aus. Eine Verknüpfung oder ein Zusammendenken beider Themen erhöht die Komplexität zusätzlich, führt zu Unübersichtlichkeit und bringt Unsicherheit mit sich. Ein enger kausaler Zusammenhang lässt sich auf dieser Grundlage und auf diesem Abstraktionsniveau nicht beschreiben oder gar theoretisch entwickeln. Gleichwohl sollen und müssen mögliche Bezüge und Zusammenhänge, gegebenenfalls sogar Wechselbeziehungen zwischen beiden Themen näher betrachtet werden. Digitalisierung scheint sich derzeit weitgehend ohne Bezug auf Nachhaltigkeit zu entwickeln, bislang ist kaum erkennbar, dass nachhaltige Entwicklung einen maßgeblichen Einfluss auf die Entwicklungstrends der Digitalisierung ausübt. Aber es zeichnen sich erste grobe Themen und Debatten ab, die eine Verbindung zu nachhaltiger Entwicklung aufweisen wie Datenschutz und Verfügungsrechte über Daten, ein möglicher Verlust vieler Arbeitsplätze, eine zunehmend ungleiche Verteilung von Einkommen oder der rasant steigende Energiebedarf der digitalen Infrastruktur einschließlich des Internets (Lange und Santarius 2018).

Umgekehrt dagegen greift der Diskurs zu nachhaltiger Entwicklung das Thema Digitalisierung seit kurzem auf. Zwar sind die SDGs der Vereinten Nationen von

2015 und die Deutsche Nachhaltigkeitsstrategie von 2016 noch ohne Bezug auf Digitalisierung formuliert worden. Aber in den letzten Jahren gibt es erste Nachhaltigkeitsforschungen dazu, wie z. B. Digitalisierung nachhaltig gestaltet (Lange und Santarius 2018) oder wie Digitalisierung für nachhaltiges Wirtschaften genutzt werden könnte (vgl. Beier und Pohl 2017 und andere Beiträge aus dem Schwerpunktheft). Als einflussreiche Nachhaltigkeitsorganisation hat der Rat für Nachhaltige Entwicklung Ende 2018 die Empfehlungen „nachhaltig_UND_digital. Nachhaltige Entwicklung als Rahmen des digitalen Wandels" formuliert (RNE 2018). Noch grundlegender hat sich der WBGU in seinem aktuellen Hauptgutachten mit den Folgen der Digitalisierung für nachhaltige Entwicklung beschäftigt und versucht, einen Rahmen für gesellschaftliches und politisches Handeln zu skizzieren (WBGU 2019).

Digitalisierung entsprechend des obigen Begriffsverständnisses bietet machtvolle Instrumente der „Reichweitenvergrößerung" und der „(instrumentellen und/oder rationalen) Weltbeherrschung" des Menschen in modernen Gesellschaften (Rosa 2016, S. 28). Entsprechend der Terminologie von Rosa kann Digitalisierung zumindest potenziell die Ressourcenausstattung als Modus der Weltaneignung im Sinne einer „Jagd nach Ressourcen" (Rosa 2016, S. 17) vorantreiben. Dies bietet beispielsweise für den individuellen Konsum ganz neue Möglichkeiten (Frick und Pohl 2018). Dies lässt sich zeitlich an der sozialen Beschleunigung in modernen Gesellschaften (Rosa 2012, S. 185–223) zeigen, die durch Digitalisierung einen enormen Schub erhält. In räumlicher Hinsicht können Wertschöpfungsketten über den gesamten Globus hinweg immer einfacher koordiniert werden. Die Folge ist, dass individuelle Konsummuster Auswirkungen in großer räumlicher Entfernung haben. Digitalisierung ermöglicht also eine erhebliche zeitliche, räumliche und funktionale Erweiterung menschlicher Zugriffs- und Eingriffsmöglichkeiten in Natur und Gesellschaft. „Die Digitalisierung stellt primär eine Befähigung dar – zu maßlosem ebenso wie zu nachhaltigem Konsum. Mehr denn je sind daher ein ökologisches Bewusstsein und verantwortungsvolles Handeln notwendig, seitens der Konsument_innen, unternehmerischer Produktion, aber auch politischer und zivilgesellschaftlicher Akteurinnen und Akteure." (Frick und Pohl 2018, S. 50)

Das eröffnet große Chancen für nachhaltige Entwicklung. Digitalisierung kann dazu beitragen, Ressourcenverbrauch zu minimieren, Stoffkreisläufe zu schließen (Beier et al. 2018) und neue, suffizientere Produktions- und Konsumformen zu ermöglichen. So können digitale Plattformen Tauschen und Teilen als Elemente eines konsistenteren und suffizienteren Lebensstils unterstützen (Behrendt et al. 2019). Neue Geschäftsmodelle und Organisationsformen ebenso wie alte Modelle wie Genossenschaften haben ein beträchtliches transformatives Potenzial (Reichel 2018b). Allerdings fallen erste Untersuchungen zur tatsächlichen Ausgestaltung der Ökonomie des Teilens eher ernüchternd aus (Scholl et al. 2019).

Zugleich werden Risiken der Digitalisierung deutlich wie ein weiterer ungebremster Ressourcenverbrauch, eine zunehmende gesellschaftliche Spaltung sowie Datenmonopole und –missbrauch. Nach allen bisherigen Erfahrungen seit dem Erdgipfel 1992 in Rio „ergibt" sich nachhaltige Entwicklung nicht spontan, sie setzt sich trotz guter

Ideen und schlagender Argumente nicht automatisch durch. Nach unserer Erfahrung aus Forschungen zum Landmanagement braucht es ein hartes, konfliktreiches Ringen um die Ziele und Priorität nachhaltiger Entwicklung (Nölting und König 2019). Vor diesem Hintergrund ist es unsere Vermutung, dass Digitalisierung entsprechend der bisherigen Entwicklungspfade und ohne weitere Regulierung bisherige soziale und ökologische Probleme und nicht-nachhaltigen Entwicklungstrends in der Tendenz weiter beschleunigt. Dies geht einher mit der ambivalenten Einschätzung des WBGU:

> „Die Digitalisierung der vergangenen Dekaden – das Internet, die vielfältigen Endgeräte, die zunehmende Produktionsautomatisierung und Produktvernetzung – ist einhergegangen mit immer weiter steigenden Energie- und Ressourcenverbräuchen sowie globalen Produktions- und Konsummustern, die die Ökosysteme noch massiver belasten. Die technischen Innovationsschübe übersetzen sich nicht automatisch in Nachhaltigkeitstransformationen, sondern müssen eng mit Nachhaltigkeitsleitbildern und -politiken gekoppelt werden." (WBGU 2019, S. 9)

Digitalisierung als Thema für die Wissenschaft

Wie geht die Wissenschaft mit diesen Aufgaben und Anforderungen um? Digitalisierung wird als Thema an Universitäten und Hochschulen bislang v. a. von einzelnen Disziplinen wie Informatik, Ingenieur- und Wirtschaftswissenschaften behandelt und vorangetrieben. Sozial- und Geisteswissenschaften befassen sich erst langsam mit den Auswirkungen von Digitalisierung. Die nachhaltige Gestaltung von Digitalisierung stellt dabei nur ein Randphänomen dar mit einigen Ausnahmen (u. a. Behrendt et al. 2019; Göpel et al. 2019; oekom e. V. 2018; Lange und Santarius 2018; WBGU 2019). Es winken aktuell jedoch Gelder für Forschungsprojekte und Professuren, was voraussichtlich die Verbreiterung des Forschungsfeldes beschleunigen wird. Derzeit wirkt es so, dass der Schwerpunkt überwiegend auf die Technologieentwicklung gelegt wird. Wie eine breiter angelegte Forschung in gesellschaftlicher Verantwortung aussehen kann und wie sich Nachhaltigkeitsforschung und Digitalisierungsforschung aufeinander zu bewegen können und sollten, das skizziert der WBGU ausführlich in seinen Handlungsempfehlungen (WBGU 2019).

In der Hochschul*lehre* wird Digitalisierung bislang vorrangig als Erweiterung der technischen und hochschuldidaktischen Möglichkeiten gesehen. Neue Formen, Formate, Medien und Techniken können für die Bereitstellung und Vermittlung von Wissen genutzt werden. Dazu gehören digitale Lernplattformen und Instrumente, die das didaktische Repertoire erweitern. Dies bietet insbesondere für Fernstudium und Blended Learning neue Möglichkeiten wie z. B. Massive Open Online Courses (MOOCs). Als konkretes Umsetzungsbeispiel kann hier u. a. die Virtuelle Akademie Nachhaltigkeit an der Universität Bremen (https://www.va-bne.de) genannt werden. Entsprechend fordert der WBGU Universitäten und Hochschulen auf „für ihre eigene Praxis Leitlinien für einen nachhaltigen Umgang mit digitalen Methoden und Werkzeugen im Universitäts-

und Hochschulbetrieb [zu] erarbeiten bzw. [zu] ergänzen und um[zu]setzen" (WBGU 2019, S. 25).

Das Thema Digitalisierung in der Hochschullehre wird unseres Erachtens jedoch verkürzt dargestellt, wenn es „nur" um den Umgang mit digitalen Methoden und Werkzeugen für die Lehre geht. Angesichts der gesellschaftlichen Dynamik und Tragweite von Digitalisierung sollte es darum gehen, die Herausforderungen, Chancen und Risiken, die mit Digitalisierung als Technologie und Treiber gesellschaftlichen Wandels für eine nachhaltige Entwicklung verbunden sind, breit zum Gegenstand in der Lehre zu machen.

Daher soll an dieser Stelle betont werden, dass das Thema Digitalisierung, abgesehen von eher technisch-instrumentellen Zugängen in den genannten einschlägigen Fachrichtungen, bislang in der Breite kaum als Inhalt gelehrt wird. Bei der Verbindung von Digitalisierung und nachhaltiger Entwicklung handelt es sich aber um eine Schlüsselfrage der zukunftsfähigen Gestaltung von Gesellschaften. Daher sollte diese Themenverknüpfung entsprechend breit und als Querschnittsthema Eingang in die Hochschullehre finden und deutlich über eine Auseinandersetzung mit den Technologien und eine Technikfolgeabschätzung hinausgehen. Nur so lässt sich die Bedeutung für nachhaltige Entwicklung ganzheitlich erfassen. Daran schließt sich die Frage an, wie dieses doppelte Querschnittsthema jeweils fachlich und methodisch auf die verschiedenen Studiengänge und Fachdisziplinen heruntergebrochen werden kann.

Thema Digitalisierung als Herausforderung für Hochschul-Bildung für nachhaltige Entwicklung

Die Herausforderung besteht darin, Handlungs- und Gestaltungskompetenz für die Handlungsfelder nachhaltige Entwicklung und Digitalisierung zu vermitteln. Der Fokus auf Kompetenzen lässt sich wie folgt begründen: Erstens stellt Kompetenzorientierung nach der Wende vom Lehren zum Lernen einen grundlegenden hochschuldidaktischen Anspruch dar. Zweitens sind beide Handlungsfelder sehr komplex und von hoher Unsicherheit und Nichtwissen gekennzeichnet. Daher kann nur in begrenztem Maße gesichertes Fach- und Methodenwissen vermittelt werden. Darüber hinaus ist gerade wissenschaftliches Wissen zu Digitalisierung zum derzeitigen Zeitpunkt vermutlich eher inselhaft, ein breites Überblickswissen wohl die Ausnahme. Falls es doch vermittelt werden kann, dann ist es mit hoher Wahrscheinlichkeit in kurzer Zeit wieder veraltet. Das kann jedoch kein Grund sein, den Themenkomplex Digitalisierung und Nachhaltigkeit aus der Lehre herauszulassen, denn Universitäten und Hochschulen sollen für den gesellschaftlichen Bedarf ausbilden. Der ist unzweifelhaft gegeben. Daher ist sorgfältig zu prüfen, über welche Kompetenzen Hochschulabgänger_innen für das jeweilige Handlungs- und Aufgabenfeld verfügen sollten. Dazu gehört der Umgang mit Instrumenten und Methoden, aber auch mit Komplexität und Widersprüchen. Die kann über Kompetenzen erfolgen. Drittens liegt es bei Lehr-Lern-Inhalten zu Nachhaltigkeit nahe, sich am Konzept der Hochschul-Bildung für nachhaltige Entwicklung (BNE) zu orientieren. Es stellt Gestaltungskompetenzen für nachhaltige Entwicklung in den Mittelpunkt des Ansatzes (de Haan 2008; Molitor 2018; Bellina et al. 2018). Die Aneignung von Schlüsselkompetenzen für nachhaltige Entwicklung (Wiek et al. 2011) bieten eine gute Orientierung für entsprechende Lehr-Lern-Konzepte.

Konzeptionelle Überlegungen zur Verknüpfung von nachhaltiger Entwicklung und Digitalisierung in KMU

Vor dem Hintergrund dieser allgemeinen Überlegungen stellen wir ein konkretes Beispiel zur Diskussion, wie in der Lehre Digitalisierung und nachhaltige Entwicklung miteinander verknüpft werden können. Es geht um einen berufsbegleitenden Kurs „Digitalisierung und Nachhaltigkeit – Potenziale für die Entwicklung von nachhaltigen Produkten und Geschäftsmodellen", der im Rahmen des Projekts „Entwicklung, Erprobung und Implementierung eines Qualifizierungsprogramms für KMU zum Thema ‚Nachhaltige Gebrauchsgüter'" für den berufsbegleitenden Masterstudiengang „Strategisches Nachhaltigkeitsmanagement" entwickelt und im Zeitraum Januar-Mai 2019 getestet wurde.

Zielgruppe des Kurses sind Mitarbeiter_innen von KMU, weil u. a. der WBGU (2019) und der RNE (2018) hier einen hohen Qualifizierungsbedarf sehen. Denn qualifiziertes Personal ist eher in der Lage, in einem dynamischen Feld mit hoher Unsicherheit tragfähige Entscheidungen zu treffen. Speziell für KMU „wird immer deutlicher, dass die digitale Transformation neue Kompetenzen bei den Mitarbeitern erfordert (z. B. Dialogorientierung), die am Arbeitsmarkt aber nur teilweise vorhanden sind" (Griese et al. 2019, S. 11).

Für die Kurskonzeption wurden folgende Annahmen getroffen: Die Teilnehmer_innen haben sehr wenig Zeit, daher sollte das Lehr-Lern-Konzept als Blended Learning mit Online-Lernen und Präsenzphasen möglichst flexibel gestaltet sein. Die Weiterbildung sollte anwendungsorientiert ausgerichtet sein, wobei die Teilnehmenden Themen und Aufgaben mit einem möglichst direkten Bezug zu ihren Unternehmen bearbeiten sollten. Um die Kompetenzvermittlung möglichst nah am Unternehmensalltag zu orientieren, wurden spezifische Formate wie kollegialer Austausch eingesetzt. Der Umfang des Kurses wurde für drei ECTS-Leistungspunkte konzipiert, dies entspricht einem Arbeitsumfang von insgesamt 90 h. Der Kurs wurde im Testlauf mit 16 Teilnehmenden kostenlos angeboten, von denen sieben den Kurs mit einer Hausarbeit abschlossen.

Ziel des Kurskonzeptes ist es, den Teilnehmenden eine überblicksartige Einführung sowie eine Vorgehensweise an die Hand zu geben, mit der sie in den unübersichtlichen Themenfeldern, Orientierung gewinnen können, um handlungsfähig zu werden. Leitend ist dabei die Frage, ob und wenn ja wie Digitalisierung für eine nachhaltige Unternehmensführung fruchtbar gemacht werden kann.

Zunächst werden die fachlichen Zugänge zu den beiden Themenfeldern Digitalisierung und nachhaltige Entwicklung jeweils unabhängig voneinander, aber bezogen auf KMU und nachhaltiges Wirtschaften vorgestellt. Für jedes Themenfeld wird eine zweistufige Einordnung von KMU angeboten, die sich in Einsteigerunternehmen und Fortgeschrittene unterteilt und den Teilnehmer_innen eine erste Verortung ermöglichen soll. Anschließend wird erläutert, wie diese beiden Stränge mittels einer Matrix zusammengeführt werden.

Einführung zum Themenfeld Digitalisierung in KMU

Die allgemeine Einschätzung zum Stand des Wissens über Digitalisierung spiegelt sich auch im konkreten Handlungsfeld von KMU wider: Der Wissensstand ist begrenzt (einen guten Einstieg bieten Griese et al. 2018, 2019; Schmidt et al. 2017). Um unter diesen Voraussetzungen Orientierung bieten zu können, wurden die Unternehmen der Teilnehmer_innen als Ausgangspunkt gewählt und typische Digitalisierungsherausforderungen für KMU dargestellt. Hierbei sind sowohl technologiebasierte Zugänge zum Thema (z. B. BMWi 2018), als auch mehrdimensionale Beschreibungen von Digitalisierungsprozessen in Unternehmen sowie Treiber, Chancen und Hemmnisse der Digitalisierung (Bloching et al. 2015) vorgestellt worden.

Digitalisierung wird in vielen KMU als technologiegetriebener Anpassungsprozess gesehen (Griese et al. 2019). So genannte „Enabler-Technologien" wie digitale Daten (z. B. Big Data, Internet der Dinge), eine Vernetzung von Marktakteuren (z. B. Cloud Computing, Breitband), die Automatisierung (z. B. Robotik, 3-D-Drucker) und der digitale Kundenzugang (z. B. soziale Netzwerke, Mobiles Internet) ermöglichen es den Unternehmen, Betriebsprozesse zu optimieren (Bloching et al. 2015). Technischer Fortschritt ist ein wichtiger Treiber, weil Rechengeschwindigkeit, Speicherkapazität, Übertragungsgeschwindigkeit und –kapazität rasch gesteigert werden. Hinzu kommen dezentrale Datenhaltung und – verarbeitung, Möglichkeiten zur Vernetzung von mobilen und stationären Systemen, was eine Reihe neuer Anwendungsbereiche ermöglicht (MWE 2018). Die Herausforderung für Unternehmen besteht darin, mit der technologischen Entwicklung mitzuhalten, um die eigene Wettbewerbsfähigkeit zu erhalten sowie mit neuen, agilen, softwaregetriebenen Wettbewerbern Schritt halten zu können (MWE 2018). Es bilden sich neue, digitale Kundenschnittstellen und neue Vernetzungen in Wertschöpfungsketten (Griese et al. 2019). Diese technologischen Treiber der Digitalisierung lassen sich in vier Themenfeldern zusammenfassen: a) digitale Daten, b) Automatisierung, c) Vernetzung und d) digitaler Kundenzugang (Bloching et al. 2015, S. 17–21).

Vor diesem Hintergrund bietet sich eine Auseinandersetzung mit Chancen und Vorteilen, die die Digitalisierung aus Sicht von Unternehmen mit sich bringen kann, an. Genannt werden hier eine direktere Kundenkommunikation und die Erschließung neuer Märkte, Kostensenkungen durch die Digitalisierung interner Prozesse und Arbeitsabläufe, eine Steigerung der Innovationsfähigkeit sowie die Entwicklung von neuen digitalen Diensten bis hin zu gänzlich neuen Geschäftsmodellen (BMWi 2018, S. 52).

Aber Digitalisierung kann auch Risiken für Unternehmen mit sich bringen. Viele KMU haben keine Strategie für den Umgang mit Digitalisierung. Ein Grund dafür ist, dass häufig die IT-Abteilung als Ansprechpartner für dieses Thema gesehen wird. Weitere Schwierigkeiten sind, dass in einem technologisch sehr dynamischen Umfeld das Risiko von Fehlinvestitionen als hoch eingeschätzt wird, dass Digitalisierung besondere Kompetenzen von den Mitarbeiter_innen erfordert und dass in Bezug auf rechtliche Fragen z. B. beim Datenschutz Unsicherheiten bestehen (Griese et al. 2019, S. 11). Vor diesem Hintergrund ist eine systematische Digitalisierung bei KMU keine Selbstverständlichkeit. Vielmehr haben sie mit einer Reihe von Hemmnissen zu kämpfen, die bei einer Analyse des Digitalisierungspotenzials mitberücksichtigt werden sollten, wie eine unzureichende technische Infrastruktur, fehlendes Know-how der Mitarbeiter_innen, Zeitmangel, zu hoher Investitionsbedarf, strikte Datenschutzregeln, fehlende Einbindung in die Unternehmensstrategie (BMWi 2018, S. 53).

Aus diesen ersten Einschätzungen lässt sich erstens schlussfolgern, dass viele KMU Digitalisierung nicht aktiv auf ihre Unternehmenszwecke ausrichten und in ihre strategische Perspektive einbeziehen. Zweitens ergibt sich keine „automatische" Verknüpfung mit nachhaltiger Unternehmensführung. Vor diesem Hintergrund soll eine Verortung des Digitalisierungsgrades von KMU den Kursteilnehmer_innen eine grobe Orientierung bieten. Für eine Konkretisierung bieten sich die Kategorien aus dem Monitoring-Report des Bundesministeriums für Wirtschaft und Energie zum Digitalisierungsstand der deutschen Wirtschaft an, der drei Aspekte betrachtet (BMWi 2017, S. 9, 2018, S. 15–16):

1. Geschäftserfolg auf digitalen Märkten:
   - Einfluss der Digitalisierung auf den Unternehmenserfolg
   - Umsatzanteil am Gesamtumsatz mit digitalen Angeboten
   - Digitalisierungsgrad bzw. Umfang digitalisierter Angebote und Dienste
2. Reorganisation der Unternehmen im Zeichen der Digitalisierung
   - Einbindung der Digitalisierung in die Unternehmensstrategie
   - Digitalisierung unternehmensinterner Prozesse
   - Investitionen in Digitalisierungsprojekte
   - Vernetzung von Wertschöpfungsketten
3. Nutzungsintensität von digitalen Technologien und Diensten
   - Nutzung digitaler stationärer Endgeräte
   - Nutzung digitaler mobiler Endgeräte
   - Nutzung digitaler Dienste (z. B. Cloud-Computing, Big Data)
   - Nutzung digitaler Infrastrukturen (z. B. mobiles bzw. stationäres Internet, Intranet)

Anhand dieser Kategorien kann eine Zuordnung entlang der vierstufigen Skala des Ministeriums für Wirtschaft und Energie des Landes Brandenburg (MWE) (MWE 2018, S. 9) vorgenommen werden:

- *Einsteigerunternehmen* sind gekennzeichnet durch eine geringe Bedeutung digitaler Geschäftsmodelle, „keine Digitalisierung" bzw. „keine Vernetzung" von IT-gestützten Lösungen und Unternehmensprozessen sowie einer geringen Nutzungsintensität digitaler Geräte und Dienste.
- *Fortgeschrittene Unternehmen* verfügen über nennenswerte digitale Angebote und Marktaktivitäten, über IT-gestützte Lösungen bei einer „bereichsinternen Vernetzung", bei der Prozesse eines ganzen Unternehmensbereiches verknüpft sind, oder betriebsintern und betriebsübergreifend „vollständig digitalisiert und vernetzt" sind sowie einen hohen Nutzungsgrad digitaler Technologien und Dienste.

Auch wenn diese Kategorien nicht vollständig operationalisiert sind, so ermöglichen sie eine erste pragmatische Einordung von KMU. Hier soll ausdrücklich betont werden, dass mit den beiden Kategorien keine Wertung verbunden ist. Ein niedriger oder hoher Digitalisierungsgrad sagt per se nichts über den Erfolg, die Strategie oder die Nachhaltigkeitsausrichtung eines Unternehmens aus.

Einführung zum Themenfeld nachhaltiges Wirtschaften von KMU

Unternehmen kommt eine wichtige Rolle bei einer nachhaltigen Entwicklung in Wirtschaft und Gesellschaft zu. Etliche Erfolgsbeispiele nachhaltiger KMU zeigen, dass sie für gesellschaftliche Veränderung in Richtung Nachhaltigkeit offen sind und sie zu den Innovatoren für eine umweltverträgliche, zukunftsfähige Wirtschaft zählen. Zum nachhaltigen Wirtschaften liegen bereits wissenschaftlich basierte Konzepte vor (z. B. Baumast und Pape 2013; Beckmann und Schaltegger 2014; Dyllick und Muff 2016), auf die bei der thematischen Einführung zurückgegriffen werden konnte. Bei KMU ist eine große Spannbreite an Ansätzen, Vorgehensweisen und Modellen nachhaltigen Wirtschaftens zu beobachten. Gandenberger et al. (2017) geben einen differenzierten Überblick über verschiedene strategische Ansatzpunkte, die jeweils unterschiedliche Ausprägungen haben können:

- Impuls für das Ergreifen der Nachhaltigkeitsinitiative
- Rolle des Unternehmens im Transformationsprozess hin zur Nachhaltigkeit
- Nachhaltigkeitsbezogene Marktstrategien
- Charakter der Nachhaltigkeitsinnovationen
- Nachhaltigkeitswirkungen

Diese unterschiedlichen Ansätze nachhaltigen Wirtschaftens können danach systematisiert werden, wie eng sie in das Kerngeschäft eines Unternehmens integriert sind. So ist auf einer ersten Stufe die *Nachhaltigkeitsorganisation* eines Unternehmens zwar auf Nachhaltigkeitsaufgaben wie Nachhaltigkeitsleitbild, -strategie, -management und –bericht fokussiert, sie kann aber auf spezialisierte Organisationseinheiten und

Abteilungen begrenzt und damit recht weit vom Kerngeschäft entfern sein. In einer zweiten Stufe geht es um ökologische, soziale, kulturelle und ökonomische *Nachhaltigkeitsaktivitäten* und deren tatsächliche Wirkungen, wobei insbesondere die Form der Produktion bzw. der Erstellung von Dienstleistungen und der damit verbundene negative wie positive Fußabdruck relevant ist. Auf einer dritten Stufe geht es um die *Integration von Nachhaltigkeit in das Geschäftsmodell* des Unternehmens und die Frage, inwiefern die Güter und Dienstleistungen zu nachhaltiger Entwicklung beitragen und einen gesellschaftlichen Nachhaltigkeitsbedarf decken oder eben nicht.

Weiterhin kann die Nachhaltigkeitsausrichtung eines Unternehmens danach bewertet werden, welche der drei Nachhaltigkeitsstrategien Effizienz („besser"), Konsistenz („anders" bzw. „verträglicher") und Suffizienz („weniger") mit welchem Anspruch verfolgt werden. Effizienz ist die am häufigsten genutzte Strategie, denn eine Steigerung der Ressourcenproduktivität, d. h. eine Steigerung der Stoffumlauf- und Energieeffizienz, kann sowohl ökonomisch kostendämpfend als auch ökologisch belastungsmindernd wirken. Damit sind in der Regel aber keine weitergehenden Umstellungen der Produktion oder gar des Geschäftsmodells verbunden. Um über Optimierungs- und Effizienzgedanken hinaus zu kommen, bietet Konsistenz die Perspektive, die Produktion an natürlichen Stoffströmen und -kreisläufen auszurichten und damit an natürlichen Gegebenheiten auszurichten. Dafür müssen Stoffströmen im ökologischen und im ökonomisch-technischen Raum sichtbar gemacht und verstanden werden. Über den „technischen Weg" (Paech 2006) von Effizienz und Konsistenz können Wachstum und Ressourcenverbrauch entkoppelt werden. Allerdings kommt es dabei häufig zu Rebound-Effekten, bei denen die Ressourceneinsparungen durch erhöhten oder ausgeweiteten Konsum wieder zunichte gemacht werden. Deswegen ist Suffizienz als dritte Nachhaltigkeitsstrategie der Versuch, über einen „kulturelle Weg" und die Konzentration auf Lebensqualität Wachstumszwänge abzubauen. Je mehr Strategien verfolgt und je höher der jeweilige Anspruch ist, desto stärker kann das jeweilige Unternehmen zu nachhaltiger Entwicklung beitragen.

Auch in Sachen nachhaltigen Wirtschaftens soll eine Vorortung der jeweiligen Unternehmen den Kursteilnehmer_innen eine erste Orientierung geben. Hierzu werden einerseits die Integration des Nachhaltigkeitsgedankens in das Kerngeschäft und andererseits die Wahl der Nachhaltigkeitsstrategien herangezogen. Diese beiden Systematisierungen können in die Typologie von unternehmerischer Nachhaltigkeit von Dyllick und Muff integriert werden, um danach den Nachhaltigkeitsgrad von KMU grob und pragmatisch in Einsteigerunternehmen und Fortgeschrittene unterscheiden zu können (vgl. Tab. 2.1).

Zusammendenken von Digitalisierung und nachhaltigem Wirtschaften

Wie bereits aufgezeigt, werden die Themen Digitalisierung und Nachhaltigkeit nicht zwangsläufig mit einander verbunden. So werden häufig Digitalisierungsthemen an

Tab. 2.1 Verortung von Typen unternehmerischer Nachhaltigkeit auf Basis von Dyllick und Muff (2016, S. 168)

Typologie unternehmerischer Nachhaltigkeit	Ausrichtung (was?)	Werte schaffen (wofür?)	Organisationsperspektive (wie?)
Nachhaltigkeit 3.0 (transformatives Unternehmen)	Startpunkt Nachhaltigkeitsherausforderung	Wertschöpfung fürs Gemeinwohl	Von außen – nach innen
Nachhaltigkeit 2.0 (Fortgeschritten)	Dreidimensionale Ausrichtung	Triple Bottom Line	Von innen – nach außen
Nachhaltigkeit 1.0 (Einsteiger)	Dreidimensionale Ausrichtung	Angepasster Shareholder Value	Von innen – nach außen
Business as usual	Ökonomische Ausrichtung	Shareholder Value	Von innen – nach außen

die IT-Abteilung und Nachhaltigkeitsthemen an das Nachhaltigkeits- oder Umweltmanagement delegiert, so dass sie in KMU häufig unverbunden nebeneinander stehen (Griese et al. 2019). Zugespitzt formuliert muss ein besonderes Augenmerk darauf gerichtet werden, diese beiden Themen zusammenzudenken und zu verbinden. Hierzu liegen bislang kaum konzeptionelle Überlegungen vor, die für die Praxis Orientierung und für die Weiterbildung Anknüpfungspunkte bieten können.

Im Kurs wurden die beiden Themen mittels einer Matrix zusammengeführt. Diese Idee beruht auf Studien von Griese et al. (Griese et al. 2019; Schmidt et al. 2017), die bei einer empirischen Untersuchung KMU quantitativ entlang der Dimensionen Digitalisierungsgrad und Nachhaltigkeitsgrad verortet haben. Die hier vorgeschlagene Orientierungsmatrix wählt einen qualitativen Zugang. Die Teilnehmer_innen des Kurses prüften anhand der oben skizzierten Kategorien jeweils den Stand ihrer Unternehmen, so dass insgesamt eine Einordnung in einen von vier Quadranten vorgenommen werden kann (vgl. Abb. 2.1).

Diese Orientierungsmatrix dient als Instrument mit dem sich Unternehmen in den beiden Themenbereichen Digitalisierung und Nachhaltigkeit verorten können, um so Hinweise auf mögliche Entwicklungspfade und Potenziale abzuleiten. Allerdings muss ausdrücklich betont werden, dass diese Orientierungsmatrix auf keinerlei kausalen oder konzeptionellen Zusammenhängen zwischen Digitalisierung und nachhaltigem Wirtschaften beruht und diese somit auch nicht widerspiegelt. Mehr Digitalisierung führt nicht zwangsläufig zu mehr Nachhaltigkeit oder einen größeren Unternehmenserfolg – und umgekehrt. Diese Matrix dient nur einer Verortung in zwei nebeneinander gestellten Dimensionen. Allerdings kann sie Einblicke in Handlungsoptionen von KMU über zwei sehr komplexe Handlungsfelder hinweg ermöglichen.

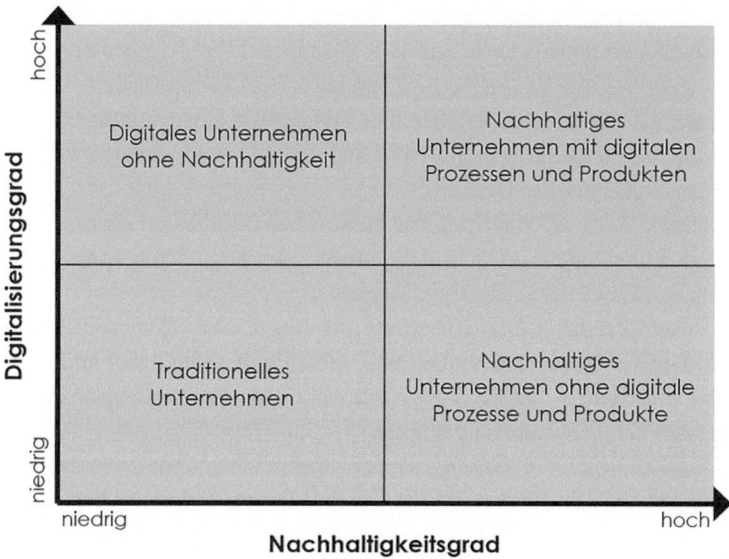

Abb. 2.1 Orientierungsmatrix in Anlehnung an Griese et al. 2019

Didaktische Umsetzung: Digitalisierung und Nachhaltigkeit in der Lehre vermitteln

Auf Basis dieses fachlich-konzeptionellen Gerüsts wird nun das Lehr-Lern-Konzept für den Kurs entwickelt. Nachhaltigkeitsprobleme sind komplex, weisen eine hohe Dringlichkeit auf und es gibt für sie keine optimale Lösung. Mittels Kompetenzen lässt sich beschreiben, was es braucht, um solche komplexen Probleme bearbeiten zu können. Diese können im Sinne von BNE als Gestaltungskompetenzen für nachhaltige Entwicklung beschrieben werden (de Haan 2008, S. 31): „Mit Gestaltungskompetenz wird die Fähigkeit bezeichnet, Wissen über nachhaltige Entwicklung anwenden und Probleme nicht nachhaltiger Entwicklung erkennen zu können." Wiek et al. (2011) formulieren dazu fünf Schlüsselkompetenzen für Nachhaltigkeit: systemisches Denken, vorausschauendes Denken, Strategiefähigkeit, normative Kompetenz sowie interpersonale Kompetenzen.

Gestaltungskompetenzen für nachhaltige Entwicklung und die genannten fünf Schlüsselkompetenzen können auf das Thema Digitalisierung in KMU und auf die Frage, ob und wenn ja wie Digitalisierung zu nachhaltigem Wirtschaften in KMU beitragen kann, übertragen werden. Hierbei wird deutlich, dass die Teilnehmenden nicht nur kognitives Fach- und Methodenwissen über Digitalisierung und Nachhaltigkeit benötigen, sondern das Erkennen von Problemen, die Auswahl angemessener Vorgehensweisen und Handlungsstrategien sowie die konkrete Entwicklung und Umsetzung von Lösungen auch sozial-kommunikative und personale Kompetenzen erfordern. Strategiefähigkeit, systemisches und vorausschauendes Denken sowie normative Kompetenz sind aktivitäts- und handlungsorientierte Kompetenzen für Nachhaltigkeit. Sie wurden für den Kurs operationalisiert und als Lernergebnisse formuliert: Die Teilnehmer_innen

- haben einen Überblick über Treiber und Dynamiken der Digitalisierung und deren Auswirkungen auf kleine und mittlere Unternehmen bzw. ihr eigenes Unternehmen (Fachwissen, systemisches Denken).
- haben gelernt, wie sie Vor- und Nachteile von Digitalisierungsprozessen für das nachhaltige Wirtschaften ihres Unternehmens grob abschätzen können (Fachwissen, vorausschauendes Denken, Strategiefähigkeit).
- können exemplarisch Digitalisierungsprozesse und Nachhaltigkeitsaktivitäten in ihrem Unternehmen verknüpfen und modellhaft eine erste praktische Lösung (Prototyp) mit einem engen Nutzer_innen- und Anwendungsbezug entwickeln (systemisches Denken, Strategiefähigkeit).
- können aufgrund dieser Erfahrung und der Reflexion mögliche strategische Ansatzpunkte für Projekte und Konzepte zur Digitalisierung in ihrem Unternehmen identifizieren, die einen Beitrag zum nachhaltigen Wirtschaften leisten können sowie eindeutig nicht-nachhaltige Auswirkungen von Digitalisierung vermeiden (interpersonale Kompetenz, Strategiefähigkeit, normative Kompetenz).

Lehr-Lern-Konzept zum Erwerb von Gestaltungskompetenz für Nachhaltigkeit in Bezug auf Digitalisierung in KMU

Zur Erreichung dieser Lernergebnisse wurde in dem Kurs eine Kombination aus einem deduktiven Zugang zur Vermittlung von System- und Orientierungswissen sowie einem induktiven, handlungsorientierten Zugang gewählt.

Beim *deduktiven Zugang* lag der Schwerpunkt darauf, angesichts der Komplexität und der Unsicherheit über das Wissen bezüglich nachhaltiger Entwicklung und Digitalisierung, eine erste grobe Orientierung zu geben. Diese soll durch eine allgemeine Übersicht zu den beiden Querschnittsthemen und eine Herangehensweise, die sich möglichst eng am Unternehmensalltag in KMU ausrichtet, erlangt werden. Der konzeptionelle Hintergrund für den deduktiven Zugang wurde im vorhergehenden Abschnitt dargelegt. Wissen zu Digitalisierung in KMU wurden durch einen Experten der Industrie- und Handelskammer möglichst erfahrungsbasiert und unternehmensnah präsentiert. Eine Einführung zu Nachhaltigkeit erfolgte überwiegend in der Online-Phase auf Basis von Texten und Aufgaben. Auch hier war das Ziel, die Teilnehmer_innen in die Lage zu versetzen, den Nachhaltigkeitsgrad ihres Unternehmens abzuschätzen. Die beiden inhaltlichen Themenstränge wurden mittels der Matrix (Abb. 2.1) zusammengeführt. Bei diesem Zugang standen Fach- und Methodenkompetenzen sowie als Schlüsselkompetenzen der Nachhaltigkeit systemisches Denken und vorausschauendes Denken im Mittelpunkt.

Der *problemorientierte, induktive Ansatz* zielte darauf ab, den Teilnehmenden – strategische – Ansatzpunkte für ihr konkretes Handeln in ihren Unternehmen zu vermitteln. Die Überlegung dahinter ist, dass das Überblickswissen allein nicht ausreicht für die Aneignung von Gestaltungskompetenz (Nölting et al. 2018). Vielmehr kann es sein, dass sich die Teilnehmer_innen von dem Wissen erschlagen fühlen und keine Verbindung zu ihren Handlungsmöglichkeiten herstellen können. Genau dies sollte mit dem induktiven Ansatz erreicht werden, indem sie dabei begleitet wurden, „ins Tun zu kommen". Didaktische Anknüpfungspunkte waren die Arbeit an konkreten Fällen und Problemen zu Nachhaltigkeit und Digitalisierung in den Unternehmen der Teilnehmenden und die exemplarische Bearbeitung dieser mit der Methode des Design Thinking an einem Präsenztag. Mittels Design Thinking entwickelten die Teilnehmenden erste Lösungen, so genannte Prototypen, wobei die Nutzer_innen im Fokus standen.

Design Thinking wird als Innovations- und Problemlösungsansatz verstanden, der sich mit drei Kernmerkmale beschreiben lässt:

1. Design Thinking ist eine ko-kreative Innovationsmethode und stützt sich auf die Vorteile von Teams bei der Entwicklung neuer Produkte, Dienstleistungen und Prozesse.
2. Es ist ein Prozess, der hilft, komplexe Probleme zu lösen, indem vielschichtige und scheinbar gegensätzliche Aspekte in einen Lösungsprozess produktiv einbezogen werden.
3. Die Methode bietet einen strukturierten, zielgerichteten Entwicklungsprozess, der die Bedürfnisse der Nutzer_innen konsequent in den Mittelpunkt stellt und daher eine hohe Anwendungsorientierung hat.

Im Verlauf des Kurses erfolgte eine *Zusammenführung* sowohl inhaltlicher Art für beide Themen als auch der beiden konzeptionellen Herangehensweisen. Erstens sollten die Teilnehmer_innen durch die inhaltliche Zusammenführung mittels der Matrix in die Lage versetzt werden, ihr Unternehmen einzuordnen und strategische Ansatzpunkte für nachhaltiges Wirtschaften zu identifizieren. Während zu Beginn des Kurses Digitalisierung und nachhaltige Entwicklung als zwei Anforderungen an KMU nebeneinander gestellt wurden und beide gleichermaßen als Anknüpfungspunkt für die Auseinandersetzung mit dem Thema dienten, wurde im Verlauf eine Prioritätensetzung vorgenommen. Es wurde die Leitfrage in den Mittelpunkt gerückt, welchen Beitrag Digitalisierung im Unternehmen zu nachhaltiger Entwicklung leisten kann? Dafür kann Digitalisierung Chancen bieten, sie kann aber auch eine Gefahr für nachhaltiges Wirtschaften bedeuten. Mehr Digitalisierung führt nicht automatisch zu mehr Nachhaltigkeit, sondern es muss jedes Mal abgewogen werden, wann Digitalisierung in welcher Form hilfreich ist und wann nicht.

Zweitens wurden der deduktive und der induktive Ansatz im Kursverlauf miteinander verzahnt. Zu einem recht frühen Zeitpunkt im Kurs entwickelten die Teilnehmer_innen in dem Design Thinking-Prozess Prototypen zu ausgewählten Problemen in ihren Unternehmen. Der Design Thinking-Prozess selbst und die Prototypen als dessen Ergebnisse wurden dann im Nachgang vor dem Hintergrund des konzeptionellen Wissens, das im deduktiven Ansatz vermittelt wurde, geprüft und hinterfragt. So befruchteten sich der konzeptionelle und der handlungsorientierte Zugang.

Wesentliches Element dabei war die Reflexion des eigenen Handelns vor dem Hintergrund des neu erworbenen Wissens und umgekehrt die Einordnung des Wissens über Nachhaltigkeit und Digitalisierung in den Kontext des eigenen Handelns. So wurde zum Ende des Kurses auf der Ebene der Fach- und Methodenkompetenzen diskutiert, ob die Matrix zur Verortung des Standes der Digitalisierung und der Nachhaltigkeit eines Unternehmens den Teilnehmenden hilft, ihr Unternehmen einzuordnen sowie Probleme und Aufgaben in den Bereichen Digitalisierung und Nachhaltigkeit zu identifizieren. Weiterhin reflektierten sie, ob die Orientierungsmatrix und/oder handlungsorientierte Ansätze wie Design Thinking sie dabei unterstützten, strategische Ansatzpunkte für die Gestaltung von nachhaltiger Entwicklung und bzw. durch Digitalisierung herauszuarbeiten. Auf diese Weise konnten eigene Erfahrungen und Nachhaltigkeitskonzepte aus dem Kurs schrittweise miteinander verknüpft werden. Dies mündete in der Konzeption eines Nachhaltigkeitsprojekts für das eigene Unternehmen gestützt durch Digitalisierung.

Kursgestaltung und Umsetzung

Vor dem Hintergrund dieser konzeptionellen, didaktischen und organisatorischen Überlegungen wurde folgendes Kursprogramm entwickelt (Tab. 2.2):

Die Prüfungsleistung bestand darin, dass die Teilnehmer_innen eine Vorgehensweise für die Entwicklung eines Digitalisierungsprojekts im Unternehmen, das nachhaltige Entwicklung fördert, konzipierten. Muster bzw. Anregung für Arbeitsschritte, Leitfragen und Instrumente war die Vorgehensweise der Methode Design Thinking. Die Leitfrage für dieses Konzept lautete: Wie würden Sie in Ihrem Unternehmen einen Konzeptions- und Entwicklungsprozess für ein Digitalisierungsprojekt für nachhaltige Entwicklung gestalten?

Fazit und Ausblick: Rückschlüsse für den Umgang mit dem Thema Digitalisierung in der Hochschullehre

Die Leitfrage dieses Beitrags ist, wie das Zusammenwirken der beiden Querschnittsthemen Digitalisierung und nachhaltige Entwicklung in der Hochschullehre fachlich und konzeptionell behandelt und gestaltet werden kann. Dafür wurden die folgenden Ansatzpunkte vorgeschlagen:

Tab. 2.2 Kurskonzept und Ablaufplan

Dauer	Format	Inhalt
1 h	Online Webinar	Auftakttreffen: Vorstellung des Kursverlaufs, Erläuterung der Arbeitsweise, kurzer Input zu Nachhaltigkeitsstrategien Effizienz, Konsistenz, Suffizienz bezogen auf langlebige Gebrauchsgüter
2 Wochen	Online Lernphase	Vorbereitung des Präsenztages mit Aufgaben: Webinar zu Digitalisierung in Unternehmen; Text lesen mit Transferaufgabe
1 Tag	Präsenzveranstaltung	Einführung in Digitalisierung und nachhaltige Unternehmensführung, Vorstellung der Matrix, Einführung der Methode und Durchführung eines Design Thinking Prozesses
6 Wochen	Online Lernphase	Vertiefung des Präsenztages: Reflexion der Methode Design Thinking, Anwendung der Orientierungsmatrix, Auswahl einer Aufgabe aus dem Unternehmen (Vorbereitung Prüfungsleistung)
1 Abend	Vernetzungstreffen der Teilnehmende	Freiwillig: gemeinsames Kochen, informelles Treffen von Teilnehmer_innen aus mehreren Kursen, kollegialer Austausch
½ Tag	Präsenzveranstaltung	Rückblick auf den Kurs, Bearbeitung der Aufgaben zur Vorbereitung der Prüfungsleistung, Auswertung der Ergebnisse, Reflexion der Kursinhalte, Rückmeldung zum Kurs an die Lehrenden
4 Wochen	Online Lernphase	Nachbereitung des Kurses, Erarbeitung der Prüfungsleistung: Inhaltliche Konzeption eines Vorgehens zur Bearbeitung eines konkreten Problems angelehnt an die Methode Design Thinking

a. Die Perspektive auf nachhaltige Entwicklung bzw. auf nachhaltiges Wirtschaften in KMU stellte die Leitperspektive dar, der Kurs verfolgte somit die Frage, wie Digitalisierung in KMU so gestaltet werden kann, dass sie einen Beitrag zu nachhaltiger Entwicklung leistet;
b. eine ganzheitliche Herangehensweise beim Thema Digitalisierung, die deutlich über eine enge technologische Orientierung hinausgeht;
c. eine konsequente Kompetenzorientierung der Lehre, die insbesondere auf Gestaltungskompetenzen für Nachhaltigkeit, wie sie von der BNE formuliert werden, abhebt;

d. angesichts großer Unsicherheiten beim Systemwissen sowohl zu Digitalisierung als auch zu Nachhaltigkeit sollte die didaktische Vermittlung neben einer – tendenziell eher deduktiven – Wissens- und Methodenvermittlung auch problem- und handlungsorientierte Zugänge wählen, die beim eigenen Entwickeln, Gestalten und Handeln der Teilnehmenden ansetzen, wobei Praxisbezüge hilfreich sein können;
e. eine Reflexion der behandelten Themen und insbesondere der selbst entwickelten Lösungs- und Handlungsansätze der Teilnehmer_innen durch einen Austausch untereinander auf Augenhöhe, die durch die Lehrenden angeleitet wird.

Die Auswertung des Testkurses ergab ein differenziertes Bild. Der handlungsorientierte Zugang und die interaktive Zusammenarbeit im Kurs wurde geschätzt. Der kollegiale Austausch untereinander und die Beispiele aus anderen Unternehmen wurden als sehr hilfreich angesehen. Die Orientierungsmatrix wurden von mehreren Teilnehmer_innen als nützlich angesehen, um das eigene Unternehmen verorten zu können. Zugleich wurde darauf hingewiesen, dass weitere inhaltliche Ergänzungen für eine fundierte Einordung wichtig wären. So bedürfen die Bewertungskriterien einer weiteren Operationalisierung und gegebenenfalls eines Benchmarks mit anderen Unternehmen. Trotz dieser Schwächen wurde der heuristische Wert der Matrix anerkannt, weil diese auf ein breites Spektrum an Unternehmen angewandt werden kann und den Austausch über die Querschnittsthemen Nachhaltigkeit und Digitalisierung unterstützt. Das hilft beim Erkennen von Schnittstellen, Defiziten und Widersprüchen zwischen beiden Themen.

Da die Matrix eine thematische, jedoch keine kausale Verknüpfung von Nachhaltigkeit und Digitalisierung darstellt, kamen einige Teilnehmer_innen zur Einschätzung, dass auch eine Analyse, die konsequent aus einer der beiden thematischen Perspektiven erfolgt, sinnvoll sein kann. Diese wäre dann durch die andere Perspektive zu ergänzen.

Als Fazit des Kurses lässt sich festhalten, dass die Orientierungsmatrix konzeptionell noch weiter unterfüttert werden sollte, sie aber geeignet ist, um Lernprozesse zu unterstützen, Diskussionen und eine Reflexion anzustoßen. Ausgehend von der Einordnung in die Matrix wurden weitergehende Fragen formuliert. So wurde aufgezeigt, dass Digitalisierung zu Effizienzgewinnen führen kann, aber gleichzeitig mögliche Rebound-Effekte durch Digitalisierung kritisch geprüft werden müssen. Es stellte sich auch die Frage, ob Digitalisierung generell zu nachhaltiger Unternehmensentwicklung führt oder ob sich beide Aspekte auch ausschließen können. Damit schließt die Diskussion unter den Kursteilnehmer_innen an die These des WBGU an, dass es keinen Automatismus zwischen Digitalisierung und Nachhaltigkeit gibt.

Die Auswertung weist auch auf Grenzen hin. So führte der zeitlich begrenzte Umfang des Kurses dazu, dass die beiden Themenstränge und die beiden didaktischen Zugänge jeweils für sich nur ansatzweise entwickelt werden konnten und die Umsetzung des Testkurses sowohl thematisch als auch didaktisch zwischen den verschiedenen Polen oszillierten. Das führte zu Unsicherheiten im Lernprozess, ließ aber auch produktive Spannungen entstehen, die durch die Anwendungsorientierung mit dem klaren Bezug auf Fragen aus den Unternehmen der Teilnehmenden und die gemeinsame Reflexion wichtige Impulse, neue Perspektiven und Denkanstöße vermittelten.

Dies weist über den Kurs hinaus auf Herausforderungen für die Hochschullehre hin. Durch die hohe Dynamik der Themen geht es immer auch um den Umgang mit Unsicherheit und Nicht-Wissen. Das sind prinzipiell keine neuen Fragen für die Lehre, aber die fachliche Umsetzung stellt eine Herausforderung dar. Bislang liegt der Schwerpunkt in der Lehre überwiegend auf der Vermittlung einer soliden (disziplinären) Wissens- und Methodenbasis, die als Instrumente für die Lösung von klar definierten Problemen dienen. Die Entwicklung von Lösungen unter Unsicherheit für unscharfe Problemlagen ist dagegen eher selten Thema in der Lehre.

So lässt sich als Ausblick festhalten, dass Digitalisierung immer mehr Möglichkeiten und Optionen bietet, die Vielfalt nimmt zu und die Komplexität nachhaltiger Entwicklung steigt. Hochschullehre sollte Studierende zum Umgang mit dieser Situation zu befähigen. Die Vermittlung von Gestaltungskompetenz für Nachhaltigkeit bietet auch für das Themenfeld Digitalisierung Ansätze. Hierbei ist es unseres Erachtens wichtig, die Spannungsfelder und mögliche Widersprüche zwischen nachhaltiger Entwicklung und Digitalisierung aufzuzeigen und auszuleuchten (Reichelt 2018a). Dieser Aspekt sollte nicht nur im vorgestellten Testkurs, sondern generell in der Hochschullehre noch weiterentwickelt und ausgebaut werden.

Danksagung Das Projekt „Entwicklung, Erprobung und Implementierung eines Qualifizierungsprogramms für KMU zum Thema ‚Nachhaltige Gebrauchsgüter'" wurde von der Deutschen Bundesstiftung Umwelt im Zeitraum 01/2018–07/2019 gefördert.

Literatur

Baumast, A., & Pape, J. (Hrsg.). (2013). *Betriebliches Nachhaltigkeitsmanagement*. Stuttgart: Ulmer (UTB).
Beckmann, M., & Schaltegger, S. (2014). Unternehmerische Nachhaltigkeit. In H. Heinrichs & G. Michelsen (Hrsg.), *Nachhaltigkeitswissenschaften* (S. 321–367). Berlin, Heidelberg: Springer.
Behrendt, S., Henseling, C., & Scholl, G. (Hrsg.). (2019). *Digitale Kultur des Teilens. Mit Sharing nachhaltiger Wirtschaften*. Wiesbaden: Springer Gabler.
Beier, G., & Pohl, J. (2017). Ökologische Nachhaltigkeit in der digitalen Produktion. *Ökologisches Wirtschaften, 32*(3), 18–20. https://doi.org/10.14512/OEW320318.
Beier, G., Niehoff, S., & Renn, O. (2018). Effizienzwunder oder Ressourcenschleuder? Industrie 4.0 auf dem Prüfstand. *Politische Ökologie, 36*(155), 64–69.
Bellina, L., Tegeler, M. K., Müller-Christ, G., & Potthast, T. (2018). Bildung für Nachhaltige Entwicklung (BNE) in der Hochschullehre (Betaversion) – BMBF-Projekt „Nachhaltigkeit an Hochschulen: Entwickeln – Vernetzen – Berichten (HOCH^N)". Bremen: HOCH^N.
Bloching, B., Leutiger, P., Oltmanns, T., Rossbach, C., Schlick, T., Remane, G., et al. (2015). *Die Digitale Transformation der Industrie – Eine europäische Studie von Roland Berger Strategy Consultants im Auftrag des BDI*. München: BDI.
BMWi (Bundesministerium für Wirtschaft und Energie). (2017). *Monitoring-Report. Kompakt Wirtschaft Digital 2017 – Kurzfassung*. Berlin: BMWi.

BMWi (Bundesministerium für Wirtschaft und Energie). (2018). *Monitoring-Report Wirtschaft DIGITAL 2018 – Wirtschaftsindex DIGITAL*. Berlin: BMWi.

de Haan, G. (2008). Gestaltungskompetenz als Kompetenzkonzept für Bildung für nachhaltige Entwicklung. In I. Bormann & G. de Haan (Hrsg.), *Kompetenzen der Bildung für nachhaltige Entwicklung* (S. 23–43). Wiesbaden: Springer.

Dyllick, T., & Muff, K. (2016). Clarifying the Meaning of Sustainable Business. Introducing a Typology From Business-as-Usual to True Business Sustainability. *Organization & Environment, 29*(2), 156–174.

Frick, V., & Pohl, J. (2018). Anything, anywhere, anytime. Konsum im digitalen Zeitalter. *Politische Ökologie, 36*(155), 46–51.

Gandenberger, C., Gotsch, M., & Miemiec, M. (2017). Strategische Elemente nachhaltigen Wirtschaftens. *UmweltWirtschaftsForum, 25,* 247–254.

Göpel, M., Leitschuh, H., Brunnengräber, A., Ibisch, P., Loske, R., Müller, M., Sommer, J., & von Weizsäcker, E. U. (Hrsg.). (2019). *Jahrbuch Ökologie 2019/20. Die Ökologie der digitalen Gesellschaft*. Stuttgart: S. Hirzel Verlag.

Griese, K.-M., Schmidt, A., & Baringhorst, S. (2018). Organisationale Resilienz im Unternehmen im Kontext von hohem Digitalisierungs- und Nachhaltigkeitsgrad. In J. Gausemeier (Hrsg.), *Vorausschau und Technologieplanung – 14. Symposium für Vorausschau und Technologieplanung in Kooperation mit der Deutsche Akademie der Technikwissenschaften, Berlin-Brandenburgische Akademie der Wissenschaften, Berlin, 08.–09. November 2018*. Paderborn: HNI Verlagsschriftenreihe.

Griese, K.-M., Hirschfeld, G., & Baringhorst, S. (2019). Unternehmen zwischen Digitalisierung und Nachhaltigkeit – eine empirische Untersuchung. *UmweltWirtschaftsForum, 27*(1), 11–21. https://doi.org/10.1007/s00550-018-0482-y.

Klinkow, S. (2017). Digitalisierung und Nachhaltigkeit: Eine Option für das nachhaltige Wirtschaften? *Ökologisches Wirtschaften, 32*(3), 16–17.

Lange, S., & Santarius, T. (2018). *Smarte grüne Welt? Digitalisierung zwischen Überwachung, Konsum und Nachhaltigkeit*. München: oekom verlag.

Ministerium für Wirtschaft und Energie des Landes Brandenburg. (2018). *Digitalisierung der Wirtschaft des Landes Brandenburg. Kurzfassung – Handlungsrahmen, Ziele und Maßnahmen*. Potsdam: MWE.

Molitor, H. (2018). Bildung für nachhaltige Entwicklung. In P. L. Ibisch, H. Molitor, A. Conrad, H. Walk, V. Mihotovic, & J. Geyer (Hrsg.), *Der Mensch im globalen Ökosystem. Eine Einführung in die nachhaltige Entwicklung* (S. 333–350). München: oekom Verlag.

Nölting, B., & König, B. (2019). Management ist nicht alles. Systemlösungen brauchen „radikale" Kritik und Reflexion – Ein Zwischenruf. In S. Schön, C. Eismann, H. Wendt-Schwarzburg, & T. Ansmann (Hrsg.), *Nachhaltige Landnutzung managen. Akteure beteiligen – Ideen entwickeln – Konflikte lösen* (S. 75–78). Bielefeld: wbv Media.

Nölting, B., Dembski, N., Pape, J., & Schmuck, P. (2018). Wie bildet man Change Agents aus? Lehr-Lern-Konzepte und Erfahrungen am Beispiel des berufsbegleitenden Masterstudiengangs „Strategisches Nachhaltigkeitsmanagement" an der Hochschule für nachhaltige Entwicklung Eberswalde. In W. Leal Filho (Hrsg.), *Nachhaltigkeit in der Lehre. Eine Herausforderung für Hochschulen* (S. 89–106). Berlin: Springer.

oekom e. V. – Verein für ökologische Kommunikation (Hrsg.). (2018). Smartopia. Geht Digitalisierung auch nachhaltig? *Politische Ökologie, 36,* 155.

Paech, N. (2006). Nachhaltigkeitsprinzipien. Jenseits des Drei-Säulen-Paradigmas. *Natur und Kultur, 7*(1), 42–62.

Peuckert, J., & Petschow, U. (2017). Industrie 4.0 und Maker Movement. Gegensatz oder Symbiose? *Ökologisches Wirtschaften, 32*(3), 24–25.

Rat für nachhaltige Entwicklung. (2018). *nachhaltig_UND_digital. Nachhaltige Entwicklung als Rahmen des digitalen Wandels. Empfehlung des Rates für Nachhaltige Entwicklung an die Bundesregierung.* Berlin: RNE.

Reichel, A. (2018a). Traut Euch! Vom Plattformkapitalismus zum Plattformkooperativismus? *Politische Ökologie, 36*(155), 78–83.

Reichel, A., et al. (2018b). Nachhaltige Digitalisierung, digitale Nachhaltigkeit? In H. Rogall (Hrsg.), *Jahrbuch Nachhaltige Ökonomie 2018/19 – Im Brennpunkt: Zukunft des nachhaltigen Wirtschaftens in der digitalen Welt* (S. 89–102). Marburg: Metropolis.

Rosa, H. (2012). *Weltbeziehungen im Zeitalter der Beschleunigung. Umgang mit einer neuen Gesellschaftskritik.* Frankfurt a. M.: Suhrkamp.

Rosa, H. (2016). *Resonanz. Eine Soziologie der Weltbeziehung.* Berlin: Suhrkamp.

Schmidt, A., Griese, K-M., & Bensberg, F. (2017). RaDiNa: Ein Rahmenwerk für die Entwicklung digital-basierter und nachhaltigkeitsorientierter Geschäftsmodelle. In J. Gausmeier (Hrsg.), *Vorausschau und Technologieplanung. 13. Symposium für Vorausschau und Technologieplanung* (S. 307–328). Paderborn: Verlagsschriftenreihe des Heinz Nixdorf Instituts, Universität Paderborn.

Scholl, G., Henseling, C., & Behrendt, S. (2019). Mit Sharing nachhaltiger Wirtschaften?! In S. Behrendt, C. Henseling, & G. Scholl (Hrsg.), *Digitale Kultur des Teilens. Mit Sharing nachhaltiger Wirtschaften* (S. 213–217). Wiesbaden: Springer Gabler.

Vogt, M., Lütke-Spatz, L., Weber, C., unter Mitwirkung von Bassen, A., Bauer, M., Bormann, I., Denzler, W., Geyer, F., Günther, E., Jahn, S., Kahle, J., Kummer, B., Lang, D., Molitor, H., Niedlich, S., Müller-Christ, G., Nölting, B., Potthast, T., Rieckmann, M., Schwart, C., Sassen, R., Schmitt C., & Stecker C. (2020). *Nachhaltigkeitsverständnis des Verbundprojekts HOCH^N.* München, Hamburg: LMU, Uni Hamburg.

Wiek, A., Withycombe, L., & Redman, C. L. (2011). Key competencies in sustainability: A reference framework for academic program development. *Sustainability Science, 6*(2), 203–218. https://doi.org/10.1007/s11625-011-0132-6.

WBGU, Wissenschaftlicher Beirat der Bundesregierung Globale Umweltveränderungen. (2019). *Unsere gemeinsame digitale Zukunft.* Berlin: WBGU.

Veränderung durch Veränderung: Nachhaltige Entwicklung von Hochschulen im Huckepack der Digitalisierung

3

Bror Giesenbauer

Einleitung: Die Transformationswellen von Digitalisierung und Nachhaltigkeit

Mindestens drei große, weltweite Transformationen verändern derzeit unsere Gesellschaft: Globalisierung, Digitalisierung und Nachhaltigkeit (Renn et al. 2019). Diese Transformationen prägen gleichzeitig und in Wechselwirkung unsere Zeit und die globalen Herausforderungen (vgl. Renn et al. 2019). In Zeiten des Umbruchs stehen dabei auch die Hochschulen unter Veränderungsdruck – und in der Pflicht, nachhaltige Entwicklung in ihrer Steuerung zu berücksichtigen (HRK 2018).

In diesem Beitrag soll das Verhältnis von zwei dieser Transformationswellen ausgelotet werden: In welchem Verhältnis stehen Digitalisierung und Nachhaltigkeit? Nach einer allgemeineren Annäherung soll die Frage auf den systemischen Wandel von deutschen Hochschulen übertragen werden – aufbauend auf dem Systemevolutionsmodell *Spiral Dynamics* nach Clare W. Graves (Beck und Cowan 2006; Graves 1971), sowie den Hochschulentwicklungskonzepten aus Otto Scharmers *Theorie U* (Scharmer und Käufer 2014; Scharmer 2018b). Dabei steht die Frage im Vordergrund, inwiefern Digitalisierung dazu beitragen kann, dass sich Hochschulen schrittweise systemisch weiterentwickeln und dadurch befähigt werden, sich der nachhaltigen Entwicklung zu widmen.

B. Giesenbauer (✉)
Universität Bremen, Bremen, Deutschland
E-Mail: giesenbauer@uni-bremen.de

© Springer-Verlag GmbH Deutschland, ein Teil von Springer Nature 2021
W. Leal Filho (Hrsg.), *Digitalisierung und Nachhaltigkeit,* Theorie und Praxis der Nachhaltigkeit, https://doi.org/10.1007/978-3-662-61534-8_3

Zum Verhältnis von Digitalisierung und Nachhaltigkeit

Im derzeit gültigen Koalitionsvertrag von CDU, CSU und SDP (2018) gibt es auf 177 Seiten ganze 290 Nennungen des Wortstamms „digital" und 73 Nennung des Wortstamms „nachhalt" (zur Einordnung: „wirtschaft" kommt auf 258, „deutsch" auf 391, „Wandel" auf 35 und „heimat" auf 9 Nennungen; vgl. Schleker und Giesenbauer 2019). Die Trends von Digitalisierung und Nachhaltigkeit sind somit in der gegenwärtigen deutschen Bundespolitik angekommen, wobei der Digitalisierung deutlich mehr Raum gegeben wird. Gleichzeitig hat das Thema der nachhaltigen Entwicklung durch die Verabschiedung der Sustainable Development Goals (SDGs) durch die Generalversammlung der Vereinten Nationen im September 2015 (United Nations 2015) ein sehr starkes politisches Gewicht erhalten.

Digitalisierung scheint somit stärker mit unmittelbaren Veränderungen unserer Gesellschaft und Wirtschaft verknüpft zu sein, während Nachhaltigkeit eher eine der zentralen Herausforderungen der Zukunft und der globalen Zusammenarbeit darstellt. In diesem Beitrag gehe ich davon aus, dass das Thema der Digitalisierung mehr Dynamik entfaltet und sich – auch ohne bewusste Gestaltung – schneller in unserem Alltag bemerkbar macht als das Thema der Nachhaltigkeit. Aus diesem Grund liegt der Fokus auf der Frage, ob die Dynamik und Omnipräsenz der Digitalisierung auch der Beschleunigung der Nachhaltigkeitstransformation dienen können.

Gleichwohl können Nachhaltigkeit und Digitalisierung auch aus anderen Blickwinkeln in Beziehung gesetzt werden – und neben der Möglichkeit von Win-win-Situationen besonders mögliche kritische Aspekte beleuchtet werden (Sühlmann-Faul und Rammler 2018; WBGU 2018). Hierzu zählt vor allem die Ökobilanz der Digitalisierung. Während durch digitale Formate beispielsweise Reisekosten, Zeit und Ressourcen wie Papier und Energie gespart werden können, benötigen digitale Lösungen immer auch physische Ressourcen wie eben Energie (für Produktion, Rechenzentren und Endgeräte) oder seltene Erden und andere Rohstoffe. Beispielsweise lohnen sich e-Reader als Buchersatz erst bei einem häufigen Gebrauch, da die Emissionen der Produktion im Vergleich deutlich höher liegen (Gensch et al. 2017). Zudem werden die seltenen Erden häufig unter menschenunwürdigen Bedingungen gefördert, sodass auch die soziale Nachhaltigkeit unter neuen technischen Entwicklungen leiden kann (Sühlmann-Faul und Rammler 2018).

Trotz ihrer hohen Relevanz (WBGU 2018) sollen diese *unnachhaltigen* Aspekte der Digitalisierung im folgenden Beitrag größtenteils ausgeklammert werden und stattdessen betrachtet werden, wie die Förderung von nachhaltiger Entwicklung an Hochschulen im „Huckepack" der Digitalisierung voran kommen könnte (Müller-Christ 2019, S. 13).

Nachhaltige Entwicklung an Hochschulen

Schon kurz nachdem im sogenannten Brundtland-Bericht der Vereinten Nationen (World Commission on Environment and Development) 1987 der Begriff der nachhaltigen Entwicklung geprägt wurde, etablierte sich der Begriff als Konzept und Haltung an Hochschulen (Leal Filho et al. 1996).

In den vergangenen drei Jahrzehnten hat der Begriff der nachhaltigen Entwicklung an Hochschulen viel Aufmerksamkeit erhalten und es wurden viele Bemühungen unternommen, Nachhaltigkeit an Hochschulen zu fördern (Lozano 2006; Rodrigo Lozano et al. 2015). Doch obwohl Nachhaltigkeit zu einem Trendbegriff wurde, hat es das Konzept bislang nicht in den Mainstream von Wissenschaft und Lehre geschafft (Blanco-Portela et al. 2017; Thomas 2004). Beispielsweise werden die SDGs bislang nur selten in die Curricula deutscher Hochschulen integriert (Müller-Christ et al. 2018), und das trotz der politischen Willensbekundung in Dokumenten wie der deutschen Nachhaltigkeitsstrategie (Die Bundesregierung 2017) oder dem Nationalen Aktionsplan Bildung für nachhaltige Entwicklung (Nationale Plattform Bildung für nachhaltige Entwicklung 2017). Dabei spielt auch eine Rolle, dass der Begriff der der Nachhaltigkeit zahlreichen Missverständnissen und Fehlinterpretationen unterliegt, was die Verbreitung von nachhaltiger Entwicklung an Hochschulen hemmt (Leal Filho 2000). Da die Umsetzung der Agenda 2030 mit den SDGs drängt, beleuchten die folgenden Abschnitte die Frage, inwiefern die Transformationswelle der Digitalisierung der Förderung von nachhaltiger Entwicklung an Hochschulen neuen Schub und neue Ansatzpunkte geben kann.

Systemevolution von Hochschulen

Sowohl Digitalisierung, als auch nachhaltige Entwicklung sowie die Entwicklung von Hochschulen sind sehr komplexe Themen. Aus diesem Grunde bietet es sich an, zunächst ein Ordnungsschema für die die allgemeine systemische Evolution von Hochschulen einzuführen. Sowohl Müller-Christ (2017) als auch Scharmer (2018b) beschreiben die Hochschulevolution in einem vier-Phasen Modell. Die gleiche Grundlogik findet sich auch bei Giesenbauer und Tegeler (2020) auf Basis des Systemevolutionsmodells *Spiral Dynamics,* welches im Folgenden kurz vorgestellt werden soll.

Hintergrund: Systemevolution

Ein besonders geeignetes Modell, um komplexe systemische Entwicklungen wie die von Hochschulen oder Staaten zu beschreiben und vorherzusagen, ist das unter dem Namen *Spiral Dynamics* bekannt gewordene Systemevolutionsmodell des Organisationspsychologen Clare W. Graves. Graves entwickelte das Modell empirisch (Graves und Lee 2002), litt jedoch unter einer schweren Krankheit, sodass sein Modell erst durch seine Schüler Beck und Cowan (2006) ausführlich festgehalten und einer breiteren Öffentlichkeit zugänglich gemacht wurde.

Spiral Dynamics beschreibt als biopsychosoziales Systementwicklungsmodell eine bestimmte Abfolge von Evolutionsstufen, welche Individuen, Organisationen und Gesellschaften durchlaufen und historisch durchlaufen haben (Giesenbauer und Müller-Christ 2018). Die einzelnen Phasen werden durch eine jeweils eigene Weltsicht und ein jeweils eigenes Wertesystem geprägt.

Die sich neu entwickelnden Stufen bauen dabei auf den vorhergegangen auf, wobei sie diese nicht nur beinhalten, sondern auch transzendieren und in ein neues Licht stellen (Wilber 2001). Es sind immer mehrere Wertesysteme gleichzeitig aktiv, wobei in der Regel jeweils eine Art zu Denken und zu Handeln im Vordergrund steht.

Grundsätzlich gibt es keine besseren oder schlechteren Bewusstseinsstufen, sondern nur eine unterschiedlich gute Passung einer Bewusstseinsstufe zu seinen Umweltbedingungen und Herausforderungen (Beck und Cowan 2006). Gleichwohl steigt mit jeder Evolutionsstufe auch die Fähigkeit, Komplexität zu bewältigen (Laloux 2014). Entwicklung entsteht dabei meist dadurch, dass dringende Umweltherausforderungen durch die jeweils aktuelle Weltsicht nicht zufriedenstellend bewältigt werden können oder eine Weltsicht selbst zu viele störende Nebenwirkungen produziert (Beck und Cowan 2006).

Meiner Ansicht nach bietet dieses Modell in seiner Klarheit viel Orientierung und hilft daher dabei, Komplexität zu verstehen und gestalten zu können. Gleichwohl muss es wie alle deterministischen Modelle mit Vorsicht betrachtet werden, da nicht gesichert ist, dass sich a) das Modell 1:1 auf andere gesellschaftliche Bereiche und auf andere Kulturen übertragen lässt und dass b) die Muster der Vergangenheit sich auch in Zukunft so zeigen werden. Zudem besteht die Möglichkeit, dass sich die einzelnen Phasen zwar wie beschrieben zeigen, dass jedoch die *Entwicklung* von einer Phase zur anderen nach anderen Prinzipien verläuft, als wir es uns bislang vorstellen.

Die neun bislang im Rahmen von Spiral Dynamics beschriebenen Weltsichten erweisen sich meiner Ansicht nach jedoch als valide und reliabel und lassen sich konzeptionell auf die Entwicklungslogiken von sowohl Individuen, Gruppen als auch Institutionen übertragen. Im Folgenden werden die vier aufeinander folgende Phasen (5–8, bzw. blau bis gelb in der Nomenklatur von Spiral Dynamics) herausgegriffen, welche für die Beschreibung der Hochschulentwicklung relevant sind.

Die gleichen Entwicklungsmuster finden sich auch in den Arbeiten von Otto Scharmer (2015) wieder, der in seiner *Theorie U* jedoch den Fokus auf den Prozess der Weiterentwicklung aus Sicht der integralen Phase legt, welche unten als Phase 4.0 beschrieben ist. Scharmer hat sein Modell in Internetartikeln auch ausführlicher auf Hochschulen übertragen und liefert daher wichtige Ergänzung zum eher allgemein gehaltenen Spiral Dynamics Modell (Scharmer 2018b, 2019).

Entwicklungsstufen von Hochschulen

Übertragen auf Hochschulen lassen sich vier unterschiedliche Entwicklungsphasen unterscheiden, die sich historisch nacheinander entwickelt haben und aufeinander aufbauen. Die Errungenschaften einer Phase bleiben also grundsätzlich bestehen, doch verschiebt sich der jeweilige Schwerpunkt. Mit jeder neuen Stufe öffnet sich das System weiter für seine inneren und äußeren Umwelten und integriert neue Problemlösungsmodi. In Tab. 3.1 sind die vier Phasen hinsichtlich der Anwendungsfelder Lehre, Forschung und Campus Management gegenübergestellt.

Phase 1.0: Universitäten gibt es seit Jahrhunderten. Gut 70 von ihnen, wie etwa Oxford, Salamanca oder die Universität Heidelberg, gehören zu den wenigen abendländischen Institutionen, welche seit über 500 Jahren in ihrer Form Bestand haben und dabei Königreiche, die Reformation des Christentums und Revolutionen überdauert haben (vgl. Kerr 2001). Diese lange Kontinuität konnten Universitäten nur als Hüterinnen von gesichertem Wissen und Tradition gewährleisten. Die Idee der Universität ist dabei eng mit der Idee von objektiver Wahrheit verknüpft – und zwar ursprünglich auf Basis der Idee einer absoluten christlichen Wahrheit (Fallis 2007).

Diese Haltung entspricht einer traditionellen Weltsicht, ausgerichtet auf den Input, auf Autorität und Hierarchie (Beck und Cowan 2006; Scharmer 2018b). Der in der Regel männliche Ordinarius liest dann in der buchstäblichen Vorlesung im Talar gekleidet seine erhabenen Gedanken vor, die von den Studierenden zunächst als Dogmen zu akzeptieren sind. Und auch die Campusgestaltung mit den palastartigen Bauten spiegelt den Fokus auf Größe und Ehrwürdigkeit wieder. Selbst im 21. Jahrhundert ist diese Weltsicht vielerorts noch zu spüren, wobei sie sich heutzutage selbstverständlich weniger plakativ äußert (Müller-Christ 2017).

Hochschulen der Phase 1.0 sind fokussiert auf die Trennung und Ausgestaltung der Disziplinen und daher in der Regel nicht offen für Querschnittsthemen wie Gesundheit, Gender, Diversity oder Nachhaltigkeit (Giesenbauer und Tegeler 2020). Lediglich sehr konkrete Nachhaltigkeitsthemen wie etwa Mülltrennung, Naturschutz oder Artenschutz spielen hier eine wichtigere Rolle – besonders wenn sie durch Gesetze oder auch durch religiöse oder moralphilosophische Gebote vorgegeben sind (Beck und Cowan 2006; Giesenbauer und Müller-Christ 2018). Zielkonflikte und Dilemmata, die durch die Berücksichtigung von nachhaltiger Entwicklung entstehen können, werden in der Phase 1.0 größtenteils ausgeblendet.

Phase 2.0: In der Phase 2.0 verschiebt sich der Fokus der Hochschulen von Wissensweitergabe auf Leistungserbringung und Professionalisierung. Altes Wissen wird immer wieder radikal infrage gestellt und muss durch die wissenschaftliche Methode im Sinne Karl Poppers geprüft werden. Der Mainstream der heutigen Wissenschaft agiert aus dieser Weltsicht heraus (Scharmer 2019). Der Fokus auf Output, Effizienz und Wettbewerb äußert sich dabei in standardisierten Methoden und quantitativer Erfolgsmessung, basierend z. B. auf der Menge an Publikationen, dem *impact factor* von

Tab. 3.1 Vier Phasen der Hochschulentwicklung. (Eigene Darstellung auf Basis von Giesenbauer und Tegeler 2020; Graves 1971, 1974; Müller-Christ 2017; Scharmer 2018b)

Phase	Lehre	Forschung	Campus Management
1.0 Traditionelles System. Ausgerichtet auf Input, Autorität und Hierarchie	• Der Wissenschaftler liest seine Bücher vor • Auswendig lernen von festem Wissenskanon • Lernen für die Anerkennung und den akademischen Titel	• Bestätigung von Dogmen • Herleitung von Theorien durch Logik und Beobachtung • Aufbau von Disziplinen	• Aufbau von Palästen des Wissens: Eindrucksvolle Gelände und Gebäude mit umfassenden Bibliotheken
2.0 Leistungsorientiertes System. Ausgerichtet auf Output, Effizienz und Wettbewerb	• Ergebnisorientierte Vermittlung von Faktenwissen und analytischen Strategien • Modularisierung und tw. Projektstruktur • Lernen für den Test • Lernen als ein Spiel, das man gewinnen will (für späteren Erfolg)	• Standardisierung des Forschungsprozesses inkl. Peer-review • Wettbewerb um Drittmittel • Exzellenzinitiativen • Erfolgsmessung durch Rankings, Impactfaktoren, etc. • Fokus auf analytische Problembeschreibung von außen	• Schneller Zuwachs an funktionalen Gebäuden, meist ohne Energiebewusstsein • Kontrolle der Geldflüsse und betrieblichen Abläufe • Einführung von Prozessmanagement
3.0 Dialogisches System. Ausgerichtet auf Stakeholder und Lernende	• Kompetenzorientierte Vermittlung von selbstreflexivem Wissen • Fokus auf Seminar- und Projektarbeit auf Augenhöhe • Lernen als persönliches Wachstum	• Inter- und Transdisziplinarität • Aktionsforschung • Dialogische Ergründung von Problemen und Lösungen	• Hochschule als Ort der Begegnung • Diversity Management • Klimaneutralität
4.0 Integrales System. Ausgerichtet auf co-kreatives Gestalten von systemischen Lösungen	• Forschendes Lernen • Blended Learning • Wissen ist kontext- und bewusstseinsabhängig • Co-kreatives Lernen mit Kopf, Geist, Herz und Hand	• Kollektive Kreativität nutzend • Globale Aktionsuniversität • Living Lab Ansätze mit Fokus auf realer Problemlösung	• Hochschule als Ort des Austauschs, der Gestaltung und der Besinnung • Physische und virtuelle Verflechtung mit anderen Systemen

Journals, der Höhe eingeworbener Drittmitteln oder der Anzahl von Studierenden. In der Phase 2.0 konkurrieren die Hochschulen und ihre Mitglieder daher jederzeit um Aufmerksamkeit, Fördersummen und Status (Müller-Christ 2017).

Wissenschaftler*innen müssen sich in der Phase 2.0 durch Quantität, Qualität und fachliche Spezialisierung profilieren. In der Folge gibt es nur wenig Raum für Querschnittsthemen wie Nachhaltigkeit, da diese Themen innerhalb der fachlichen Nischen kaum anerkannt werden und somit nicht der wissenschaftlichen Karriere dienen.

In den Bereichen Hochschulbetrieb und -governance führt die moderne Weltsicht der Phase 2.0 zu einer optimierten und zahlengetriebenen Verwaltung mit klaren und veränderbaren Prozessen. Nachhaltigkeit zählt dabei nicht zu den klassischen Entscheidungsprämissen und Handlungsfeldern – mit Ausnahme von Aspekten der Öko-Effizienz, vor allem wenn das Einsparen von Wasser, Energie und anderen Ressourcen auch zu einer Einsparungen von Kosten führt (Leal Filho 2010). Auch wenn schlanke Prozesse und ein Bewusstsein für Stoffströme und Kosten grundsätzlich im Sinne einer nachhaltigen Entwicklung sein können, sind Hochschulen 2.0 in der Regel zu fokussiert auf messbaren Erfolg um gleichzeitig gesellschaftliche Verantwortung in den Mittelpunkt ihres Handelns zu stellen. Scharmer (2018b) beschreibt diese Phase daher auch als ego-systemische Phase.

Phase 3.0: Wenn Forschende und Lehrende das Hochschulsystem als dialogisches System verstehen, verändert sich auch ihre Art zu forschen und lehren fundamental. In der Phase 3.0 sind ihnen globale Herausforderungen und Fragen der Nachhaltigkeit hochgradig bewusst, sodass sie versuchen, eine Vielzahl an Perspektiven in ihre Arbeit zu integrieren (Leal Filho 2010). Dies äußert sich auch in dem Anspruch, allen globalen und regionalen Stakeholdern Gehör zu verschaffen, besonders Studierenden, Minderheiten und marginalisierten Gruppen (vgl. bspw. Rio+20 Treaty on Higher Education 2012).

Die der Phase 3.0 zugrundeliegende Haltung der Rücksicht zeigt sich in der Forschung im Ansatz der Aktionsforschung und einem Fokus auf qualitative Methoden sowie auf Inter- und Transdisziplinarität. Der Ethos der Hochschulen verschiebt sich damit von einer Wissens- zu einer Beziehungsorientierung.

Lehrende der Phase 3.0 bevorzugen stärker dialogische Lehrformate wie Seminare und Projektphasen gegenüber klassischen Vorlesungen. Diese Lehrarrangements zielen weniger auf den Erwerb von standardisiertem Wissen als vielmehr auf den Erwerb von Kompetenzen und der Förderung von Selbstreflexion und Selbstorganisation (Rieckmann 2012). Darüber hinaus experimentieren Hochschulen 3.0 zunehmend mit online Tools und on-demand Vorlesungen, um den Bedürfnissen der Studierenden weiter entgegenzukommen (Giesenbauer und Tegeler 2020).

Im Bereich des Hochschulbetriebs zeigt sich die Weltsicht der Phase 3.0 im Bemühen um Klimaneutralität und der Vermeidung von unnötigem Ressourcenverbrauch (Müller-Christ 2017). Darüber hinaus reagieren Hochschulen 3.0 auch auf Studierendeninitiativen und bieten beispielsweise vermehrt veganes, vegetarisches und/oder biologisches Essen an oder kümmern sich um Themen der sozialen Nachhaltigkeit wie Inklusion, Gender oder Flüchtlingsintegration. Insgesamt versuchen Hochschulen 3.0 auf ihre internen Stakeholder Rücksicht zu nehmen und ihnen entgegen zu gehen. Diese Haltung der Rücksicht kann dabei zuweilen auch zu schwarz-weiß-Denken (z. B. böse Wirtschaft vs. gute Wissenschaft) und politischer Korrektheit führen, wodurch die eigentlich angestrebten Dialoge auf Augenhöhe deutlich erschwert werden (Beck und Cowan 2006).

Ein großer Teil der heutigen Lehrenden und Forschenden – insbesondere im Bereich der nachhaltigen Entwicklung – identifizieren sich meiner Einschätzung nach mit den Werten der Phase 3.0. Gleichzeitig müssen sie sich jedoch für ihre Karriere häufig auch den Regeln der Phase 2.0 unterwerfen, was auf der persönlichen Ebene zu Spannungen und Trade-offs führt (Giesenbauer und Tegeler 2020). Die Phase 3.0 ist meiner Wahrnehmung nach an den wissenschaftlichen Universitäten durch einzelne Fachbereiche stark vertreten, wobei die Hochschulen insgesamt eher aus der Phase 2.0 heraus agieren – in Kombination mit Aspekten von Hierarchie (1.0) und Rücksicht (3.0).

Phase 4.0: Wenn die Methoden der Phase 3.0 an ihre Grenzen stoßen und die drängenden Probleme unserer globalen Welt ungelöst bleiben, entsteht zunehmend eine Bewegung von Hochschulen in die Gesellschaft hinein. Die Wissenschaftler*innen der Phase 4.0 wollen dabei jedoch nicht als Missionare aus dem Elfenbeinturm wirken, sondern im gemeinsamen Austausch an co-kreativen Lösungen für reale Herausforderung arbeiten.

Für die integrale Hochschule 4.0 gibt es bislang wenige Beispiele. Basierend auf der Forschung über integrale Unternehmen (Laloux 2014) sollten solche Hochschulen Wert auf Selbstorganisation, Ganzheitlichkeit und Sinn legen. Lehrende und Forschende sind dann Teil einer größeren Evolution und Bewegung, wobei die Grenzen zwischen Subjekten und Objekten der Wissenschaft zunehmend verschwimmen – und auch die Grenze zwischen rationalen und non-rationalen Quellen des Wissens zunehmend verschwimmt (Brown 2012; Müller-Christ 2017).

Forschende, Lehrende, Studierende und Bürger*innen arbeiten dann gemeinsam in inter- und transdisziplinären Projekten an Lösungen für gesellschaftliche Herausforderungen, beispielsweise in sogenannten Living Labs (Bergvall-Kåreborn und Ståhlbröst 2009). Daher kann die Hochschule 4.0 auch als Bürgeruniversität verstanden werden (Schneidewind 2014). Integrale Hochschulen 4.0 bauen auf den Werten der Rücksicht der Phase 3.0 auf – gehen jedoch dann darüber hinaus in dem sie natürliche Hierarchien zulassen und auch den Raum dafür öffnen, Spannungen, Trade-offs und Dilemmata der nachhaltigen Entwicklung zu thematisieren (Giesenbauer und Tegeler 2020). Diese Entwicklung hängt von der Bereitschaft der Individuen ab, einerseits Verantwortung für nachhaltige Entwicklung zu übernehmen und andererseits gleichzeitig persönlich, authentisch und verletzlich zu agieren. Die Wissenschaftler*innen richten damit den Blick nicht nur aus dem Elfenbeinturm auf ein abgetrenntes Äußeres, sondern beobachten sich auch stets selbst, als Teil des Großen und Ganzen (Scharmer 2018b).

Scharmer und Käufer (2014) gehen davon aus, dass Hochschulen 4.0 unter anderem durch Global Classrooms, Action-Learning, Coaching Circles, Innovations-Hubs und lebenslangem, individualisiertem Lernen geprägt sein werden. Nachhaltige Entwicklung ist dann Teil der DNS von Hochschulen und nicht mehr ein Nischenthema, dass getrennt behandelt wird. Scharmer (2019) zufolge wird das Thema der sozialen Transformation dabei zum Kernthema von Universitäten, mit der Folge, dass die Ausbildung von systemischen Kompetenzen zu einer der Hauptaufgaben der universitären Ausbildung aufsteigt. Dazu zählt die Fähigkeit, unvoreingenommen und achtsam zuzuhören und zu beobachten.

Diese Veränderungen im Selbstverständnis der Hochschulen werden dabei nicht ohne Spannungen von sich gehen. Im Gegenteil: Der Wandel zu Phase 4.0 beinhaltet eine Öffnung für Spannungen und Bewältigung derselben – löst sie jedoch nicht auf. Denn die Notwendigkeit, die Spannungen unserer heutigen Zeit in ihrer Gesamtheit zu betrachten löst erst den Impuls aus, sich von der Phase 3.0 zur Phase 4.0 zu entwickeln. Wenn Wissenschaft und Gesellschaft mit ihren klassischen Problemlösungsmodi an ihre Grenzen stoßen, dann Bedarf es einem Wandel hin zu systemischeren Denk- und Handlungsweisen (Scharmer 2018a).

Öffnung für gesellschaftliche Transformation

Die soeben dargestellten vier Phasen sind alle grundsätzlich gleichberechtigt und weiterhin wichtig. Hochschulen 4.0 haben nach wie vor den Auftrag, gesichertes Wissen zugänglich zu machen und möglichst professionell und transparent die Welt mit robusten Methoden zu erforschen. Doch in Zeiten der SDGs und des globalen Umbruchs stehen die Universitäten auch vor der Aufgabe gesellschaftliche Transformation mitzugestalten – oder mindestens ihre Studierenden dazu zu befähigen, mit dem systemischen Wandel souverän umzugehen (Scharmer 2019).

Diese systemische Öffnung der Hochschulen für gesellschaftliche Transformation geschieht jedoch nicht von allein. Wie kommt also die Veränderung der Hochschulen in Schwung? Eine Möglichkeit besteht darin, dass die sich ausbreitende Digitalisierung unserer Gesellschaft auch zu der systemischen Veränderung der Hochschulen führt, zugunsten von nachhaltiger Entwicklung.

Veränderungspotenziale durch Digitalisierung

Wie kann die systemische Weiterentwicklung durch Digitalisierung so gefördert werden, dass Hochschulen besser an die Herausforderungen des 21. Jahrhunderts angepasst sind und der Aufgabe der nachhaltigen Entwicklung gewachsen sind? Im Folgenden werden einige Potenziale der Digitalisierung für nachhaltige Entwicklung vorgestellt und auf zwei Ebenen diskutiert: Ihrem Nutzen für Nachhaltigkeit an sich und ihrem Nutzen für die Evolution des Hochschulsystems.

Effizienzgewinne bewusst gestalten

Einer der offensichtlichsten Vorteile der digitalen Technologien liegt darin, Ressourcen zu sparen. Wenn sich eine Hochschule idealtypisch in der Phase 2.0 befindet, werden solche Effizienzvorteile möglicherweise als Selbstzweck angesehen. Im Sinne einer nachhaltigen Entwicklung liegt hier jedoch enormes Gestaltungspotenzial, da die eingesparten Ressourcen neue Freiräume schaffen, die bewusst gestaltet werden können:

- Wenn digitale Lösungen den Verwaltungen und Bibliotheken **Geld** einsparen, so kann dieses Geld prinzipiell auch für Nachhaltigkeitsprojekte eingesetzt werden, welche häufig Finanzierungsschwierigkeiten haben (Stärkung der Phasen 2.0 zu 3.0).
- Wenn Massenvorlesungen als digitale Vorlesungen vorliegen, so bleibt den Lehrenden mehr **Zeit,** um Studierende zu betreuen oder sich auf Seminare und Projektarbeiten zu konzentrieren (Entwicklung der Phase 2.0 zu 3.0 und 4.0). In diesem Sinne wirkt beispielsweise die Virtuelle Akademie Nachhaltigkeit (Schleker und Giesenbauer 2019).
- Wenn die Vermittlung von Grundlagenwissen über online Formate abgewickelt wird, dann können in Zeiten der Raumknappheit auch die physischen **Orte** neu genutzt werden, sodass sie vor allem der Begegnung, der Selbsterfahrung, dem Austausch und dem Handeln dienen, wodurch neue co-kreative Prozesse in Gang gesetzt werden können (Entwicklung der Phasen 1.0 und 2.0 zu den Phasen 3.0 und 4.0).

Digitalisierung kann insgesamt durch Standardisierung, Automatisierung und Skalierung zu vielen Effizienzgewinnen führen. Die dabei entstehenden Spielräume müssen meiner Ansicht nach jedoch bewusst für nachhaltige Entwicklung gestaltet werden. Zu groß ist die Gefahr, dass die Effizienzgewinne nicht zu bewusst gestaltbaren Freiräumen führen, sondern schnell gefüllt werden – ähnlich wie die effiziente und zeitunabhängige Kommunikation durch E-Mails tendenziell zu mehr Kommunikation insgesamt geführt hat.

Transparenz und Partizipation

Durch die Allverfügbarkeit und Zugänglichkeit von online Lösungen entstehen zudem neue Möglichkeiten der Transparenz und Partizipation, die förderlich für Aspekte der Nachhaltigkeit sein können. Im Gegensatz zum neuen Umgang mit Ressourcen muss hier weniger bewusst die Entwicklung hin zu einer nachhaltigen Entwicklung gesteuert werden:

- Digitalisierung ermöglicht eine erhöhte Transparenz und Qualitätskontrolle von Forschung (bspw. auch durch Plagiatserkennungssoftware), wodurch Betrug und Schluderei unwahrscheinlicher werden und eine Professionalisierung angeregt wird (Stärkung der Phase 2.0, Minimierung von negativen Auswüchsen der Phasen 1.0 und

2.0). Dies stärkt das Vertrauen in Wissenschaft, sodass wohlwollende Kollaboration erleichtert wird (Stärkung der Phasen 3.0 und 4.0).
- Durch die digitale Verfügbarkeit von Wissen und Lernmaterial sinkt die Wissensautorität der Lehrenden, sodass diese sich einer stärkeren Konkurrenz stellen müssen, wodurch starre, patriarchale Systeme in Bewegung kommen können (Entwicklung der Phase 1.0 zu 2.0 und hin zu 3.0 und 4.0).
- Hochschulen stehen im digitalen Zeitalter unter Druck, ihre positiven gesellschaftlichen Beiträge auf ihren Webseiten darzustellen. Prinzipiell kann sich dies als Greenwashing äußern, was durch erhöhte Transparenz jedoch unwahrscheinlicher wird. Durch die transparente öffentliche Darstellung der Nachhaltigkeitsbemühung können daher Initiativen erstens sichtbar gemacht und zweitens auch neu entstehen, sodass das Thema mehr Gewicht erhält (Stärkung von Phase 3.0).
- Digitale Fragebögen und Feedbacktools erleichtern massiv partizipative Prozesse, sodass der Einbezug von allen relevanten Stakeholdern gangbarer und selbstverständlicher wird (Stärkung von Phasen 3.0 und 4.0).
- Zudem können Betroffene leichter direkt und/oder öffentlich Feedback geben und Beschwerden äußern, sodass ihre Belange möglicherweise leichter Gehör finden (Entwicklung der Phasen 1.0 und 2.0 zu 3.0).
- Durch online Lehrveranstaltungen wird Teilhabe ermöglicht, da die Lernenden unabhängig von Ort und Zeit ihre Kurse belegen können, sodass beispielsweise Eltern ihren Studienplan besser auf den Familienrhythmus abstimmen können (Entwicklung der Phasen 1.0 und 2.0 zu 3.0).

Austausch und Kollaboration

Neue Software-Tools und das Internet ermöglichen in historisch einmalige Wege der Kollaboration. Im Sinne von SDG 17, Globale Partnerschaften, wird somit insbesondere die weltumspannende Zusammenarbeit erleichtert und der Weg zu Stakeholdern verkürzt.

- Digitale Textverarbeitung und Datenverarbeitung (inkl. Datenbanken) sorgen für einen verbesserten Workflow und Professionalisierung der Wissenschaft (Stärkung der Phase 2.0). Auswertungssoftware wie SPSS, SAS oder die Freeware R machen aufwendige Auswertungsmethoden einer breiten Masse zugänglich (Stärkung von Phasen 2.0 bis 4.0).
- Die Digitalisierung von Journals und Datenbanken demokratisiert den Zugang zu Wissen und erhöht die Transparenz des Publikationsprozesses (Stärkung der Phasen 3.0 und 4.0).
- Durch neue online Lösungen können Wissenschaftler*innen weltweit kollaborativ an Texten arbeiten, wodurch Orts-ungebundene, globale Partnerschaften erleichtert werden (Entwicklung der Phase 2.0 zu 3.0 und 4.0).

- Durch Kommunikationstools von unterschiedlicher Komplexität können sich Forschende untereinander besser national und international vernetzen – und ebenso leichter mit relevanten Stakeholdern ihrer Forschung in den Kontakt treten (Stärkung der Phasen 3.0 und 4.0). Im vom Bundesministerium für Bildung und Forschung geförderten Projekt HOCH-N (Bassen et al. 2017; Deutscher Bundestag 2017) soll beispielsweise eine digitale Landkarte der Vernetzung und Sichtbarmachung dienen (Denzler und Schmitt 2019). Darüber hinaus erleichtert bereits schlichte E-Mail-Kommunikation den Austausch.
- Durch Live-Videoformate können nahezu barrierefreie internationale Meetings und Konferenzen abgehalten werden (Stärkung der Phasen 3.0 und 4.0).
- Die neuen technischen Tools fördern das kollaborative Forschen und forschende Lernen, wodurch neue Formen der Daten- und Wissensgenerierung entstehen können, beispielsweise auch unter Einbezug von größeren Gruppen (Crowd Research) wie etwa Bürger*innen (Entwicklung der Phase 4.0).
- Die Weiterentwicklung von künstlicher Intelligenz wird vermutlich die Rolle des Menschen in Arbeitsprozessen verändern, sodass vor allem seine Fähigkeit, auf Basis von Emotionen, Werten und menschlicher Kommunikation Lösungen entwickeln zu können, in den Vordergrund tritt. Dies betont den Menschen als sinngebendes Subjekt (Entwicklung der Phasen 1.0, 2.0 und 3.0 hin zur Phase 4.0).

Insgesamt verkürzen digitale Tools die Kommunikationswege, was sowohl den Einbezug von internen Stakeholdern wie etwa Studierenden erleichtert, als auch neue Formen der Kollaboration mit Partner*innen weltweit ermöglicht. Wissenschaft wird dadurch demokratischer, transparenter und zugänglicher.

Veränderung durch Veränderung

All diese Veränderungspotenziale können auf nachhaltige Entwicklung ausgerichtet werden. Doch auch wenn nachhaltige Entwicklung nicht direkt mitgedacht wird, kann der systemische Wandel mittel- und langfristig positiv für Nachhaltigkeit sein. Denn die Digitalisierung führt an vielen Punkten zum einem Upgrade der Systeme von einer Phase zur nächsten, sodass prinzipiell mehr Komplexität bewältigt werden kann.

Jeder Schritt in diese Richtung beschleunigt den Befähigungsprozess, der für nachhaltige Entwicklung nötig ist. So führt die Prozessoptimierung durch Digitalisierung zu einer Entwicklung von stabilitätsorientierten 1.0 Hochschulen in Richtung 2.0 (Leistungs- und Prozessorientierung). Die digitalen Entwicklungen der Partizipation und Transparenz wiederum ermöglichen einen Wandel von 2.0 Hochschulen in Richtung 3.0 (Stakeholderorientierung). Durch neue Möglichkeiten der Vernetzung und transorganisationalen Kollaboration wird schließlich der Wandel von 3.0 zu 4.0 (Fokus auf systemische Lösungen und co-kreative Prozesse) gefördert. Hierbei spielt schließlich auch die menschliche Einordnung von künstlicher Intelligenz eine evolutionäre Rolle.

3 Veränderung durch Veränderung: Nachhaltige Entwicklung …

Mit jedem Schritt in Richtung der Entwicklungsphase 4.0 steigt dabei auch die Fähigkeit der Hochschulen, den Aspekt der Nachhaltigkeit in all seiner Komplexität zu berücksichtigen. In diesem Sinne kann Digitalisierung vermittelt über die systemische Weiterentwicklung der Hochschulen zu mehr nachhaltiger Entwicklung führen. In Abb. 3.1 wird diese Entwicklungslogik illustriert.

All diese Entwicklungen fördern die systemische Entwicklung von Hochschulen, wodurch diese auf komplexere Umweltphänomene angemessener reagieren können und sich so auch Nachhaltigkeitsfragen besser widmen können. Ich gehe darüber hinaus davon aus, dass der Handlungsdruck in Sachen Nachhaltigkeit in den nächsten Jahren gesellschaftlich weiter wachsen wird, sodass auch die ehemals stabilen Systeme wie Hochschulen 1.0 und 2.0 ins Wanken geraten und sich anpassen müssen (Beck und Cowan 2006). Die Veränderungen durch Digitalisierung können somit ein Trigger für die Veränderung hin zu einer nachhaltigen Hochschullandschaft sein – zumal Digitalisierung an sich größtenteils auf der Prozessebene eingreift und die inhaltliche Gestaltung offenlässt.

Gleichwohl ist dieser Entwicklungs- und Systemevolutionsprozess kein Selbstläufer: Vielmehr müssen die sich bietenden Chancen für nachhaltige Entwicklung auch bewusst gestaltet werden (WBGU 2018) – andernfalls droht die Digitalisierung eine Art nächster Kapitalismus zu werden, der neben den technischen Fortschritten auch für drastische Nebenwirkungen auf Mensch und Umwelt sorgt. Zudem ist nicht absehbar, welche Veränderungen die Digitalisierung mit sich bringt, mit denen wir bislang noch nicht rechnen, sowohl technisch als auch politisch und gesellschaftlich. Wenn beispielsweise die Freiheit des Internets weltweit so eingeschränkt würde, wie dies bereits heutzutage in einigen Diktaturen der Fall ist, dann verschlechtern sich selbstverständlich auch die Chancen für Transparenz, Kollaboration und Demokratisierung. Ebenso könnten neue

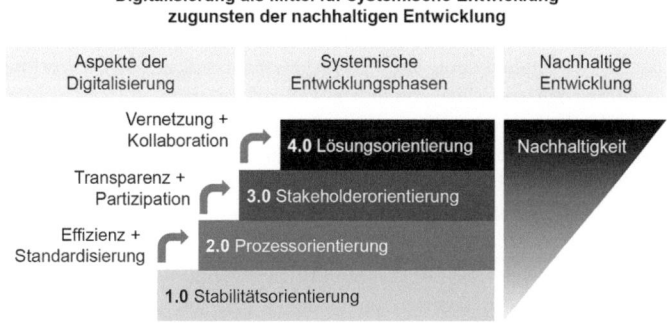

Abb. 3.1 Digitalisierung als Mittel für systemische Entwicklung zugunsten der nachhaltigen Entwicklung. Verschiedene Aspekte der Digitalisierung können die Weiterentwicklung des Hochschulsystems möglich machen und beschleunigen, wodurch die Hochschulen zunehmend befähigt werden, mit Komplexität umzugehen und sich dem Thema der nachhaltigen Entwicklung zu widmen. (Eigene Darstellung)

Algorithmen oder etwa die Blockchain-Technologie die Abläufe von Wissenschaft und Hochschulen stark verändern.

Bei aller Unklarheit der technischen Entwicklung und der prognostischen Reliabilität der hier verwendeten Systemtheorien ist dennoch klar, dass sich unsere Welt in einem fundamentalen Wandel befindet, der aus Sicht der nachhaltigen Entwicklung bewusst gestaltet werden muss. Wenn die SDGs umgesetzt werden sollen, so müssen daher die konstruktiven wie destruktiven Veränderungspotenziale der Digitalisierung stets mitgedacht, mitbeobachtet und mitgestaltet werden. Die gesellschaftliche Entwicklung sollte sich also nicht nur passiv von der Digitalisierung mitschleppen lassen, sondern im Huckepack-Sitz auch Einfluss darauf nehmen, welchen Weg die Digitalisierung nimmt.

Konklusion: Veränderung durch Selbstreflektion

Wie können sich Hochschulen für den Megatrend der nachhaltigen Entwicklung öffnen? Und wie kann diese Öffnung mit dem Megatrend der Digitalisierung zusammengedacht werden? In der Argumentation dieses Beitrags ist es hierfür nötig, dass sich Hochschulen systemisch weiterentwickeln – und zwar von einer traditionellen (1.0) und hochprofessionellen, leistungsorientierten (2.0) Systemlogik hin zu einer Stakeholderorientierung (3.0) und einem Fokus auf co-kreatives Gestalten unserer Welt (4.0). Erst wenn Hochschulen es schaffen, sich selbst zu reflektieren und systemisch weiter zu entwickeln, werden sie der komplexen Aufgabe der nachhaltigen Entwicklung gerecht werden können. Otto Scharmer (2019, o. S.) beschreibt die aktuelle Herausforderung der Hochschulen wie folgt:

> „The classical university was based on the unity of research and teaching; the modern university has been based on the unity of research, teaching, and practical application. I believe that the current historical moment, with one civilization ending and dying, and another being born, invites us to reconceive the 21st-century university as a unity of research, teaching, and the praxis of transforming society and self. (…).
>
> The difficulties in implementing the Paris Agreement and the SDGs worldwide are not caused by a knowledge gap. The problem is lack of political will and a knowing-doing gap: a disconnect between our collective consciousness and our collective action. This gap leads us to collectively create results that nobody wants: massive environmental destruction, societies breaking apart, and social media-induced mass separation from our deeper sources of self." (Scharmer 2019, o. S.)

Um die Brücke zwischen Wissen und Handeln zu schlagen und dem Thema der nachhaltigen Entwicklung gerecht werden zu können, müssen sich Scharmer zufolge also die Hochschulen Schritt für Schritt für ihre internen und externen Stakeholder und Umwelten öffnen und zur Phase 4.0 entwickeln.

Wenn sich die Entwicklungsannahmen dieses Beitrags als robust erweisen, dann werden Universitäten und auch Fachhochschulen in den kommenden Jahren daher vermehrt einen Öffnungsprozess durchlaufen. Diese Öffnung wird vielerorts zunächst bedeuten, dass Themen der Rücksicht auf Mensch und Natur stärker in den Fokus der Hochschulen gerückt werden (Phase 3.0) und beispielsweise die Hochschulanlagen klimafreundlicher und lebenswerter gestaltet werden und es auch ein breiteres Angebot für gesunde Ernährung und Orte der Begegnung gibt. In der Hochschullehre werden klassische Massenvorlesungen im Hörsaal vermutlich zunehmend ersetzt – z. B. durch eine Kombination aus online Vorlesungen für Grundlagenwissen und Präsenzseminaren und Projektarbeiten für die inhaltliche und Vertiefung und individuelle Kompetenzentwicklung.

Darüber hinaus beinhaltet diese Öffnung auf wissenschaftlicher Ebene unter anderem inter- und transdisziplinäre Forschung, die über klassische quantitative und objektivierende Mainstreamforschung hinausgeht und einen anderen Forschungsmodus voraussetzt. Der neue Modus äußert sich dann beispielsweise in Living Labs, in denen gemeinsam mit Bürger*innen, Studierenden oder anderen Stakeholdern an Problemstellungen und Lösungen gearbeitet wird. Auch die Datenerhebung und -auswertung könnte dabei co-kreativ gestaltet werden. Forschende sind dann eng mit ihrem Forschungsfeld verwoben, was zu ganz neuen wissenschaftlichen und persönlichen Herausforderungen führt.

Diese Umstellung von Lehre, Forschung und Campus Management und Betrieb ist dabei keine reine Umstellung auf der Prozessebene, sondern vor allem zunächst ein systemisches Upgrade und eine Umstellung der Grundhaltung und Weltsicht. Aus diesem Grund ist auch nicht zu erwarten, dass der Wandel schnell und selbstverständlich geschieht. Im Gegenteil ist eher davon auszugehen, dass Wissenschaft, wie viele andere gesellschaftliche Bereiche auch, zunächst noch stärker durch Ziele, Zahlen und Wettbewerb geprägt sein wird und die Phase 2.0 sich somit zunächst noch stärker entfaltet. Diese Leistungs- und Prozessorientierung ist dabei grundsätzlich ein wichtiger Entwicklungsschritt, da er die Professionalisierung der Wissenschaft vorantreibt und wichtig für die Legitimierung und Glaubwürdigkeit der Hochschulen ist. Dennoch sind die Errungenschaften der Phase 2.0 lediglich notwendig und nicht aber hinreichend für den systemischen Wandel, den es für die Umsetzung der globalen Nachhaltigkeitsziele braucht.

Die in diesem Beitrag dargestellten Veränderungspotenziale der Digitalisierung können nun als einer der zentralen Beschleuniger und Befähiger für das nötige systemische Upgrade verstanden werden. Denn Digitalisierung kann auf vielen Ebenen in die gewohnten und eingespielten Abläufe eingreifen und dadurch fest verankerte Muster brechen. Effizienz durch digitalisierte Prozesse, erhöhte Transparenz und neue Formen der virtuellen Kollaboration zwingen Hochschulen dazu, sich zu verändern und an die Welt des 21. Jahrhunderts anzupassen. Ich gehe in diesem Beitrag davon aus, dass das Veränderungspotenzial dabei aktiv dafür genutzt werden kann, einen Paradigmenwechsel an den Hochschulen zu gestalten und das Hochschulsystem für das Thema der nachhaltigen Entwicklung und gesellschaftlichen Transformation zu öffnen.

Dieser Paradigmenwechsel greift tief in das Selbstverständnis von Universitäten und Fachhochschulen ein, stellt er doch den kardinalen Wert der Autonomie von Lehre und Forschung zunächst in Frage. Doch im Sinne der systemischen Psychologin Ruth C. Cohn wird hier meiner Ansicht nach nicht die Autonomie angegriffen, sondern sie wird ergänzt durch die Einsicht, dass Menschen und Institutionen immer autonom UND interdependent sind (Cohn 2000). Diese Doppelrolle von eigenständiger Entfaltung und Anerkennung der eigenen Verwobenheit mit der Welt, stellt für mich die Haltung der Hochschulen 4.0 dar.

Die Interdependenz unserer Systeme wird im Zeitalter der Digitalisierung immer stärker offenbar. Digitalisierung mit all seinem Veränderungspotential auf der Prozessebene kann daher auch Anlass zur Selbstreflektion geben und somit ein Auslöser für systemische Veränderung sein. Diese Selbstreflektion ist dabei aus Sicht der nachhaltigen Entwicklung unabdingbar. Denn nur wenn das Hochschulsystem sich dafür öffnet sich selbst zu beobachten und seine Verwobenheit mit den globalen Herausforderungen zu reflektieren, wird Digitalisierung nicht zu einem technischen, sondern auch zu einem systemischen Upgrade des Hochschulsystems führen – einem Upgrade das für die Herausforderung der nachhaltigen Entwicklung dringend nötig ist.

Digitalisierung bietet somit eine Chance für die systemische Weiterentwicklung der Hochschulen, die jedoch nur dann wahrgenommen wird, wenn alle Beteiligten diesen Prozess bewusst im Sinne einer nachhaltigen Entwicklung gestalten.

Literatur

Bassen, A., Schmitt, C. T., & Stecker, C. (2017). Nachhaltigkeit an Hochschulen: Entwickeln – Vernetzen – Berichten (HOCH-N). *uwf (UmweltWirtschaftsForum)*, 25(1–2), 139–146. https://doi.org/10.1007/s00550-017-0450-y.

Beck, D., & Cowan, C. C. (2006). *Spiral dynamics. Mastering values, leadership and change: Exploring the new science of memetics*. Malden: Blackwell.

Bergvall-Kåreborn, B., & Ståhlbröst, A. (2009). Living lab. An open and citizen-centric approach for innovation. *International Journal of Innovation and Regional Development*, 1(4), 356–370.

Blanco-Portela, N., Benayas, J., Pertierra, L. R., & Lozano, R. (2017). The integration of sustainability in higher education institutions: A review of drivers of and barriers to organisational change and their comparison against those found of companies. *Journal of cleaner production*, 166, 563–578.

Brown, B. C. (2012). Leading complex change with post-conventional consciousness. *Journal of Organizational Change Management*, 25(4), 560–577.

CDU, CSU, & SPD. (2018). *Koalitionsvertrag, 19. Legislaturperiode*. Berlin. https://www.cdu.de/koalitionsvertrag-2018. Zugegriffen: 3. Apr. 2018.

Cohn, R. C. (2000). Zur Grundlage des themenzentrierten interaktionellen Systems: Axiome, Postulate, Hilfsregeln. In *Von der Psychoanalyse zur themenzentrierten Interaktion* (14. Aufl., S. 120–128). Klett-Cotta.: Stuttgart (Erstveröffentlichung 1974).

Denzler, W., & Schmitt, C. T. (2019). Digitalisierung und Nachhaltige Entwicklung an Hochschulen: Synergien und Spannungsfelder. Digitalisierung – Werkzeug und Thema im Hochschulnetzwerk HOCHN. *Synergie. Fachmagazin für Digitalisierung in der Lehre*, 7, 30–33. https://doi.org/10.25592/issn2509-3096.007.

Deutscher Bundestag. (22. September 2017). *Bericht der Bundesregierung zur Bildung für nachhaltige Entwicklung. Unterrichtung durch die Bundesregierung (18. Wahlperiode)* (Bundestagsdrucksache 18/13665). https://www.bmbf.de/files/Drucksache_1813665_BT-Bericht%20BNE.pdf. Zugegriffen: 20. März 2019.

Die Bundesregierung. (11. Januar 2017). *Deutsche Nachhaltigkeitsstrategie* (Neuauflage 2016). Berlin. https://www.bundesregierung.de/resource/blob/975274/318676/3d30c6c2875a9a08d364620ab7916af6/2017-01-11-nachhaltigkeitsstrategie-data.pdf?download=1. Zugegriffen: 25. März 2019.

Fallis, G. (2007). *Multiversities, ideas, and democracy* (2. Aufl.). Toronto: University of Toronto Press.

Gensch, C.-O., Prakash, S., & Hilbert, I. (2017). Is digitalisation a driver for sustainability? In T. Osburg & C. Lohrmann (Hrsg.), *Sustainability in a digital world* (Bd. 16, S. 117–129). Cham: Springer. https://doi.org/10.1007/978-3-319-54603-2_10.

Giesenbauer, B., & Müller-Christ, G. (2018). Mit den Sustainable Development Goals zu einer sinnhaften und nachhaltigen Unternehmensführung? Systemische Evolutionsstufen als Unterscheidungsmerkmal für unterschiedliche Zugänge von Unternehmen. In H. Rogall, H. C. Binswanger, F. Ekardt, A. Grothe, W.-D. Hasenclever, I. Hauchler et al. (Hrsg.), *Im Brennpunkt: Zukunft des nachhaltigen Wirtschaftens in der digitalen Welt* (Jahrbuch nachhaltige Ökonomie, 6.2018/2019, S. 281–294). Marburg: Metropolis.

Giesenbauer, B., & Tegeler, M. (2020). The transformation of higher education institutions towards sustainability from a systemic perspective. In W. Leal Filho, A. L. Salvia, R. W. Pretorius, L. L. Brandli, E. Manolas, F. Alves, et al. (Hrsg.), *Universities as living labs for sustainable development* (S. 637–650). Cham: Springer. https://doi.org/10.1007/978-3-030-15604-6_39.

Graves, C. W. (März 1971). *Levels of existence related to learning systems*. Paper read at the Ninth Annual Conference of the National Society for Programmed Instruction, Rochester, NY. https://www.clarewgraves.com/articles_content/1971_nspi_learning.html. Zugegriffen: 27. März 2019.

Graves, C. W. (1974). Human nature prepares for a momentous leap. *The Futurist, 8*(2), 72–87. https://www.global-change-seminar.org/raps/Graves1974Article.pdf. Zugegriffen: 27. März 2019.

Graves, C. W., & Lee, W. R. (2002). *Levels of human existence. Transcription of a seminar at the Washington School of Psychiatry, October 16, 1971*. Santa Barbara: ECLET Publishing (Original erschienen 1971).

HRK. (6. November 2018). *Für eine Kultur der Nachhaltigkeit. Empfehlung der 25. Mitgliederversammlung der HRK am 06. November 2018 in Lüneburg*. https://www.hrk.de/fileadmin/redaktion/hrk/02-Dokumente/02-01-Beschluesse/HRK_MV_Empfehlung_Nachhaltigkeit_06112018.pdf. Zugegriffen: 26. Apr. 2019.

Kerr, C. (2001). *The uses of the university. With a new chapter and preface* (Godkin lectures, 5. Aufl.). Cambridge: Harvard University Press.

Laloux, F. (2014). *Reinventing organizations. A guide to creating organizations inspired by the next stage of human consciousness* (1. Aufl.). Brussels: Nelson Parker.

Leal Filho, W. (2000). Dealing with misconceptions on the concept of sustainability. *International Journal of Sustainability in Higher Education, 1*(1), 9–19.

Leal Filho, W. (2010). Teaching sustainable development at university level: Current trends and future needs. *Journal of Baltic Science Education, 9*(4), 273–284.

Leal Filho, W., MacDermott, F., & Padgham, J. (Hrsg.). (1996). *Implementing sustainable development at University level. A manual of good practice*. Bradford: European Research and Training Centre on Environmental Education.

Lozano, R. (2006). Incorporation and institutionalization of SD into universities: Breaking through barriers to change. *Journal of Cleaner Production, 14*(9), 787–796.

Lozano, R., Ceulemans, K., Alonso-Almeida, M., Huisingh, D., Lozano, F. J., Waas, T., et al. (2015). A review of commitment and implementation of sustainable development in higher education. Results from a worldwide survey. *Journal of cleaner production, 108,* 1–18.

Müller-Christ, G. (2017). Nachhaltigkeitsforschung in einer transzendenten Entwicklung des Hochschulsystems – Ein Ordnungsangebot für Innovativität. In W. Leal Filho (Hrsg.), *Innovation in der Nachhaltigkeitsforschung. Ein Beitrag zur Umsetzung der UNO Nachhaltigkeitsziele. Bd. 22: Theorie und Praxis der Nachhaltigkeit* (S. 161–180). Berlin: Springer. https://doi.org/10.1007/978-3-662-54359-7_9.

Müller-Christ, G. (2019). Bildung für nachhaltige Entwicklung als Öffnungsprozess für einen virtuellen Hochschulraum? *Synergie. Fachmagazin für Digitalisierung in der Lehre, 7,* 10–17. https://doi.org/10.25592/issn2509-3096.007.

Müller-Christ, G., Giesenbauer, B., & Tegeler, M. K. (2018). Die Umsetzung der SDGs im deutschen Bildungssystem – Studie im Auftrag des Rats für Nachhaltige Entwicklung der Bundesregierung. *Zeitschrift für internationale Bildungsforschung und Entwicklungspädagogik, 41*(2), 19–26. https://www.waxmann.com/index.php?eID=download&id_artikel=ART102512&uid=frei.

Nationale Plattform Bildung für nachhaltige Entwicklung. (2017). *Nationaler Aktionsplan Bildung für nachhaltige Entwicklung.* Bundesministerium für Bildung und Forschung (BMBF). https://www.bmbf.de/files/Nationaler_Aktionsplan_Bildung_f%C3%BCr_nachhaltige_Entwicklung.pdf. Zugegriffen: 25. März 2019.

Renn, O., Chabay, I., van der Leeuw, S., & Droy, S. (27. Februar 2019). Internationale Initiative für einen regionalen Nachhaltigkeitsansatz. *The European.* https://www.theeuropean.de/ortwin-renn--2-und-ilan-chabay/15434-wie-wird-gesellschaftliche-veraenderung-steuerbar. Zugegriffen: 20. März 2019.

Rieckmann, M. (2012). Future-oriented higher education: Which key competencies should be fostered through university teaching and learning? *Futures, 44*(2), S. 127–135. https://doi.org/10.1016/j.futures.2011.09.005.

Rio+20 Treaty on Higher Education. (2012). *People's sustainability treaty on higher education.* https://www.copernicus-alliance.org/images/Documents/treaty_rio.pdf. Zugegriffen: 1. Mai 2019.

Scharmer, C. O. (2015). *Theorie U – Von der Zukunft her führen. Presencing als soziale Technik* (Management, 4. Aufl.). Heidelberg: Carl-Auer-Systeme. https://www.socialnet.de/rezensionen/isbn.php?isbn=978-3-89670-679-9.

Scharmer, C. O. (2018a). *The essentials of Theory U. Core principles and applications.* Oakland: Berrett-Koehler.

Scharmer, C. O. (5. Januar 2018b). Education is the kindling of a flame: How to reinvent the 21st-century university. *HuffPost.* https://www.huffingtonpost.com/entry/education-is-the-kindling-of-a-flame-how-to-reinvent_us_5a4ffec5e4b0ee59d41c0a9f. Zugegriffen: 25. März 2019.

Scharmer, C. O. (16. April 2019). Vertical literacy: Reimagining the 21st-century university. *medium.* https://medium.com/presencing-institute-blog/vertical-literacy-12-principles-for-reinventing-the-21st-century-university-39c2948192ee. Zugegriffen: 2. Mai 2019.

Scharmer, C. O., & Käufer, K. (2014). *Von der Zukunft her führen. Theorie U in der Praxis.* Heidelberg: Carl-Auer. https://d-nb.info/1051276403/04.

Schleker, L., & Giesenbauer, B. (2019). Potenziale der digitalen Vermittlung der Sustainable Development Goals in der Hochschullehre. In W. Leal Filho (Hrsg.), *Aktuelle Ansätze zur Umsetzung der UN Nachhaltigkeitsziele.* Berlin: Springer.

Schneidewind, U. (2014). Von der nachhaltigen zur transformativen Hochschule: Perspektiven einer „True University Sustainability". *UmweltWirtschaftsForum, 22*(4), 221–225.

Sühlmann-Faul, F., & Rammler, S. (2018). *Der blinde Fleck der Digitalisierung. Wie sich Nachhaltigkeit und digitale Transformation in Einklang bringen lassen*. München: oekom.

Thomas, I. (2004). Sustainability in tertiary curricula: What is stopping it happening? *International Journal of Sustainability in Higher Education, 5*(1), 33–47.

United Nations. (2015). *Transforming our world: The 2030 agenda for sustainable development*. A/RES/70/1. New York. https://sustainabledevelopment.un.org/post2015/transformingourworld. Zugegriffen: 25. März 2019.

WBGU. (2018). *Digitalisierung. Worüber wir jetzt reden müssen*. Berlin: Wissenschaftlicher Beirat d. Bundesregierung Globale Umweltveränderungen. https://www.wbgu.de/fileadmin/user_upload/wbgu.de/templates/dateien/veroeffentlichungen/weitere/digitalisierung.pdf. Zugegriffen: 20. März 2019.

Wilber, K. (2001). *A theory of everything. An integral vision for business, politics, science and spirituality*. Boston: Shambhala.

World Commission on Environment and Development. (1987). *Our Common Future*. A/42/427. New York. https://sustainabledevelopment.un.org/milestones/wced. Zugegriffen: 25. März 2019.

Inner Transition in our Universities – Entwicklung digital vernetzter Lehr- und Lernräume

Otmar Iser und Petra Schweizer-Ries

Einführung

Studierenden frühzeitig Raum zur Reflexion ihrer Beweggründe bezüglich ihres Studiums, ihres möglichen Berufswegs und ihrer tieferen Intentionen zu geben, könnte ihnen helfen, die Zeit und die Inhalte des Studiums besser zu nutzen. Außerdem können sie dadurch wichtige soziale Meta-Kompetenzen erwerben, um z. B. die Studieninhalte besser zu lernen und anzuwenden (siehe z. B. Wamsler et al. 2018).

Die Nachhaltigkeitslehre erfordert die Vermittlung einer gemeinschaftsorientieren, achtsamen Grundhaltung, um Lösungen für die großen Herausforderungen der aktuellen Gesellschaft zu entwickeln (Wamsler et al. 2018; WBGU 2011). Das sind die Ziele des hier beschriebenen partizipativen Prozesses, der im Kern die transformative Weiterentwicklung eines Lehr- und Lernformats im Bereich der Bildung für Nachhaltige Entwicklung beschreibt.

Der gemeinsam mit Studierenden durchgeführte Aktionsforschungsprozess ist ein Prototyp für vertikal vertieftes Lehren und Lernen, wie Scharmer (2018a) es beschreibt. Vertikale Vertiefung des Lernens bedeutet eine Verbindung mit den inneren Vorgängen, den Gedanken, Gefühlen und Bedürfnissen, herzustellen und empathisch der Mitwelt zu begegnen (Scharmer 2018b, S. 35). Die intendierte Aufmerksamkeit (Achtsamkeit) ist eine Voraussetzung für die bewusste Öffnung des Denkens, Fühlens und Wollens (siehe auch Iser 2017). Scharmer (2018b) beschreibt dies in der Theorie U. Durch diesen individuellen oder kollektiven Öffnungsprozess kann es gelingen, alte Denkweisen,

---

O. Iser (✉)
Ernst-Abbe-Hochschule Jena, Jena, Deutschland
E-Mail: otmar.iser@uni-jena.de

P. Schweizer-Ries
Hochschule Bochum, Bochum, Deutschland

© Springer-Verlag GmbH Deutschland, ein Teil von Springer Nature 2021
W. Leal Filho (Hrsg.), *Digitalisierung und Nachhaltigkeit,* Theorie und Praxis der Nachhaltigkeit, https://doi.org/10.1007/978-3-662-61534-8_4

Vorannahmen und Strukturen zu überwinden und das höchste Zukunftspotential in der Gegenwart zu erkennen und zu realisieren. Das ist die Annahme hinter einem speziell dafür ausgelegten MOOC *(Massive Open Online Course)* namens *U-Lab*, mit dessen Hilfe dieser Ansatz einem wissenschaftlich und praktisch tätigen Publikum vermittelt wird. *U-Lab* wird fortwährend wissenschaftlich begleitet, ausgewertet und weiterentwickelt (Pomeroy und Oliver 2018).

Das hier beschriebene Aktionsforschungsprojekt (Abb. 4.1) zielt auf ein erfahrungsbasiertes Lernen mittels *U-Lab*, um kompetent und gesundheitsförderlich mit den sozialen Herausforderungen einer digitalisierten und globalisierten Welt umzugehen. Studierenden soll ermöglicht werden, soziale Metakompetenzen, wie Achtsamkeit, Reflexionsvermögen, Empathie und darauf aufbauende soziale und wissenschaftliche Methoden einzuüben, um die Nachhaltigkeitsforschung und Praxis voranzubringen. Die grundlegend zu erlernenden Fähigkeiten unterstützen dabei, sich mit sich selbst und der Welt zu verbinden und handlungsfähig zu werden bzw. zu bleiben.

Im Laufe des Forschungsprozesses erlebten wir die Bedeutung eines qualitativ hochwertigen Kontextes bzw. Raums für das nachhaltige Lernen und persönliche Entwicklungsprozesse der Studierenden. Die Methode des *Art of Hosting* (Schöttle 2017) und das Konzept der Bildung für Nachhaltige Entwicklung (BNE) beschreiben wie Nachhaltige Entwicklung und persönliche Entfaltung durch die Gestaltung lern- und

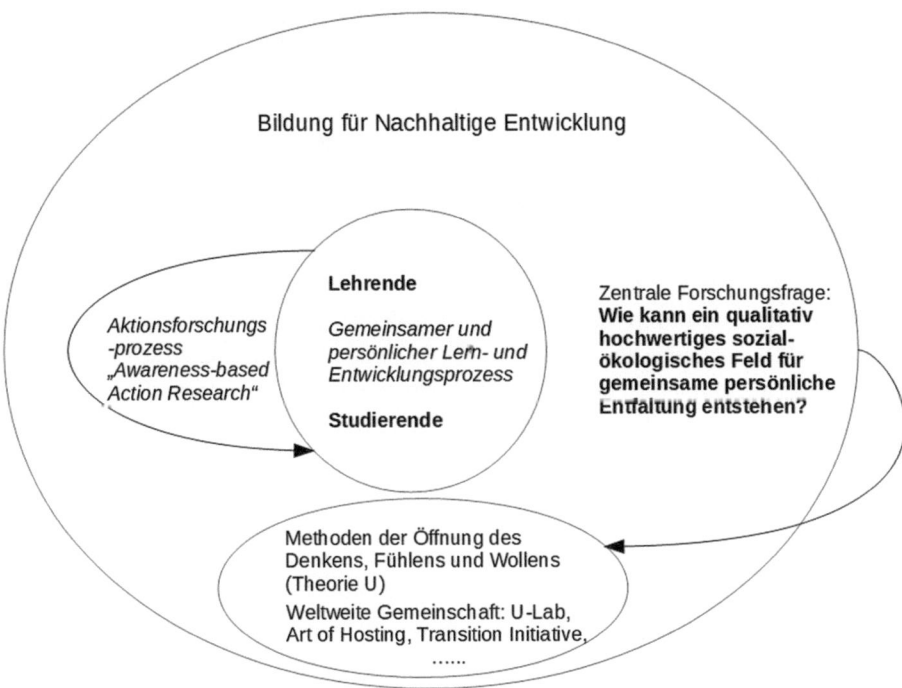

Abb. 4.1 Gesamtprozess

entwicklungsförderlicher Räume geschehen kann. Scharmer (2009, S. 26) spricht in diesem Zusammenhang von der Qualität des „sozialen Feldes". Das soziale Feld beinhaltet in Anlehnung an Lewin (2012) die Gesamtheit und die Qualität der sozialen Beziehungen, die die Akteur_innen in einem sozialen System verbindet. Da wir von sozial-ökologischen Mitwelten ausgehen, sprechen wir von sozial-ökologischen Feldern. Damit bringen wir unser Bewusstsein zum Ausdruck, Teil eines größeren Systems zu sein, das wir mitgestalten. Die Perspektive wechselt vom Ego- zum Eco-System. Entsprechend folgt unser Forschungsprozess der Frage: Was können wir tun, um mit den Studierenden ein qualitativ hochwertiges sozial-ökologisches Feld für deren persönliche Öffnungs- und Entwicklungsprozesse zu arrangieren? Einige der vielfältigen Erfahrungen und Erkenntnisse aus dem bisherigen Prozess werden in diesem Artikel dargestellt und reflektiert. Langfristig lässt das Vorhaben eine Transformation der Hochschule zu einem Lern- und Erfahrungsraum erwarten, der zu einer vertikalen Vertiefung dieser Kompetenzen führt, so die Hypothese.

Zunächst werden die beiden Ansätze *Theorie U* und *Universität des 21. Jahrhunderts* im Kontext unserer Beobachtungen der gesellschaftlichen Entwicklung vorgestellt. Es folgt eine Erläuterung zu Scharmers Verständnis von achtsamkeitsbasierter Aktionsforschung. Anschließend wird der Forschungsprozess skizziert, der sich in mehreren Schritten vollzieht und zum Zeitpunkt der Veröffentlichung noch andauert. Erste Erkenntnisse daraus werden dargestellt.

Die Theorie U, Art of Hosting und die Universität des 21. Jahrhunderts

Wir leben in einer Zeit des disruptiven Wandels. Megatrends, wie z. B. die Digitalisierung und Globalisierung, aber auch vielfältige gesellschaftliche Krisen erfordern Veränderung und Anpassung des Handelns. Wenden wir aber den Blick auf die soziale Entwicklung, scheint es, als bliebe sie hinter der technologischen zurück. Sind die sozialen Wirkungen der gesellschaftlichen Entwicklung ein blinder Fleck? Steigende soziale Anforderungen in einer Welt, geprägt von Volatilität, Unsicherheit, Komplexität und Ambiguität (VUCA) und die Lösung vieler gesellschaftlicher Krisen erfordern die Entwicklung und Einübung sozialer Kompetenzen, um Symptome wie Überforderung, Kontrollverlust, Depression und Burnout zu vermeiden (Rouvrais et al. 2018; Scharmer 2018a; Schick et al. 2017).

Seit 2011 fordert der Wissenschaftliche Beirat für Globale Umweltfragen eine transformative Bildung und eine transformative Forschung (WBGU 2011). Seit 2015 haben die Staaten der Welt den 17 Nachhaltigkeitszielen zugestimmt (UN 2015). Aber wie kommt es zu einer Umsetzung der sogenannten „Großen Gesellschaftlichen Transformation"? Das Wissen scheint vorhanden zu sein, aber es mangelt an der Umsetzung. Mehrere große Veränderungsbewegungen weltweit bearbeiten dieses „knowing-doing-gap" (Scharmer 2018a), u. a. die *Transition Initiative* (Hopkins 2008), das *SDG Transformations Forum* (https://www.transformationsforum.net), die *Global University Learning Plattform* (GULP) der *Action Research Plus Transformation-Community* (https://www.actionresearchplus.com) und das *Regenerative Community Network* (https://regencommunities.net).

Das Schaffen von Räumen mit Theorie U und Art of Hosting

Angeleitet von Otto Scharmer, Wirtschaftswissenschaftler und *Senior Lecturer* am *Massachusetts Institut of Technology (MIT),* werden mit einer systemischen Perspektive die Ursachen der vielfältigen gesellschaftlichen Konfliktfelder analysiert. Scharmer und sein Team zeigen, dass durch soziales Handeln oft nur auf Symptome reagiert wird, während die tieferliegenden Ursachen der Konflikte unbewusst bleiben. Die Ursachen sehen sie in einem durch internalisierte Muster, Denkmodelle und dysfunktionale Paradigmen gesteuerten Handeln. Die Folgen sind „a disconnect between our collective consciousness and our collective actions. In most societal systems we collectively create results that (almost) nobody wants" (Scharmer 2018a). Um diese Spaltung zwischen Wissen und Handeln zu überwinden, bedarf es nach Scharmer (2018a) eines „shift from ego-system to eco-system awareness" und des Einübens gesellschaftlicher Praktiken, einer sog. Nachhaltigkeitskultur (Schweizer-Ries 2013).

Die Theorie U, 2007 von Scharmer veröffentlicht, bezeichnet er als eine „soziale Technik" (Scharmer 2009, S. 7) bzw. eine Führungstechnologie für individuelle und kollektive soziale Veränderungs- und Transformationsprozesse. Er knüpft in seinem Ansatz an organisationssoziologische Theorien, z. B. nach Glasl und La Houssaye (1975) und Schein (2003) sowie den Arbeiten zu Systemdenken und Lernenden Organisationen von Senge (2011) an. Inspiriert haben ihn anthroposophische, aber auch fernöstlich holistische Lebensweisen und vor allem der Forschungsansatz der Aktionsforschung (Reason und Torbert 2001).

Anstatt Herausforderungen nur aufgrund von Erfahrungen und alten Denkweisen anzugehen, ermöglicht der U-Prozess ein „Lernen aus einer im Entstehen begriffenen Zukunft" (Scharmer und Käufer 2014, S. 33). Die Lenkung und Vertiefung der Aufmerksamkeit auf das Geschehen in der Gegenwart und auf die tiefsten Intentionen ermöglicht, alte dysfunktionale Muster loszulassen und die „höchste Zukunftsmöglichkeit" (Scharmer und Käufer 2014, S. 39) wahrzunehmen. Scharmer nennt den Prozess *„Presencing".* Das Kunstwort setzt sich aus *Presence* (Präsenz) und *Sensing* (Spüren) zusammen.

Ein dreiteiliger tiefgreifender systemischer Öffnungsprozess ermöglicht eine Verbindung mit der inneren Quelle der Intuition und dem höchsten Zukunftspotential des Systems: Ausgehend von einem kollektiven Innehalten und Bewusstwerdens (Öffnung des Denkens) wird sich dem sozial-ökologischen Feld zugewandt. Durch Beobachten und Erspüren (Öffnung des Fühlens) kann es gelingen neue Informationen aufzunehmen und alte Vorannahmen und Denkweisen loszulassen. Eine weitere Bewegung führt nach innen. In der Verbindung mit der Quelle, der tiefsten Intention für das Handeln, kann die im Entstehen begriffene Zukunft und ihr höchstes Potential wahrgenommen und aus der Quelle heraus gehandelt werden (Öffnung des Wollens).

Auch das *Art of Hosting* beschreibt die Gestaltung offener Räume, die gute Kommunikation fördern, um gemeinsame Aktionen entstehen zu lassen (Schöttle 2017). Besonders wichtig sind dabei die Momente der Stille und das sogenannte „Empowerment" (Stark 1996). Durch das soziale (auch virtuelle) Netzwerk entstehen Sicherheit, Mut und die Überzeugung, dass gemeinsam viel erreichbar ist.

„Mit fünf Leuten kann man fast alles machen" zitiert Scharmer (2009, S. 420) seinen Interviewpartner Nick Hanauer. Die Entwicklung einer gemeinsamen Vision und Intention trägt dazu bei, dass eine Idee entsteht, wie die Welt verändert werden könnte. Mut, getragen von einer gemeinsamen Intention, ist nötig, um die Idee in Form eines Prototyps umzusetzen. Der Prototyp muss noch nicht die endgültige Verwirklichung der Idee sein. Vielmehr geht es oft darum, im Scheitern schnell zu lernen, um in einem erneuten Versuch, den Ansatz zu verbessern.

Der MOOC zum Praktizieren der Theorie U

Zur praktischen Übung entwickelte das *Presencing Institute* am MIT einen MOOC, in dem es das Wissen und die dazugehörige soziale Praxis online vermittelt und gleichzeitig eine Gemeinschaft aufbaut, die sich gegenseitig unterstützt und diese Prozesse erforscht.

Seit 2015 ist es gelungen, sowohl eine große weltweite Gemeinschaft von derzeit über 125.000 Akteur_innen aufzubauen (Scharmer 2019) als auch eine *U-Lab-Research Community* (URC) zu initiieren, die sich wissenschaftlich mit dem *Presencing* und achtsamkeitsbasierter Aktionsforschung beschäftigt. Die Digitalisierung ermöglicht Menschen in Videokonferenzen zusammen zu arbeiten und sich zu unterstützen, obwohl sie einander niemals persönlich treffen werden.

Im Online Grundlagenkurs namens *U-Lab* werden die Grundprinzipien vermittelt und lokal erprobt. Der Kurs umfasst vier Monate, in denen die Teilnehmenden mit eigenen Projekten den von Scharmer beschriebene U-Prozess durchlaufen. Der *U-Lab*-Kurs besteht aus drei Komponenten:

- Der Online-Kurs mit Videos, Texten und Übungsaufgaben
- Regelmäßige Kleingruppentreffen bzw. *Coaching-Circles*
- Vier *Online-Live-Sessions* mit Otto Scharmer vom MIT

Coaching Circles (Scharmer 2018b, S. 154) mit ca. 5–7 Personen treffen sich vierzehntägig online oder vor Ort zu Fallberatungen, sogenannten case clinics. Sie dienen dem Üben bzw. Praktizieren des achtsamen Zuhörens und im Idealfall des generativen Dialogs. Der Kurs ermöglicht über eine Online-Plattform den direkten Austausch zwischen allen Teilnehmenden und eröffnet Räume gemeinsamen Lernens anhand vielfältiger Funktionen wie z. B. Foren und Chats.

Transformativer Wandel an Hochschulen

Dass unsere Hochschulen grundlegende Veränderungen brauchen, haben bereits 2001 viele Präsidenten deutscher Hochschulen unterschrieben und diese Idee als sog. *third mission* in ihre Entwicklungspläne aufgenommen (Schneidewind 2014, 2016). Auch die *Transition-Initiative* fordert „Transition Universities" (Cooper et al. 2016), welche den notwendigen gesellschaftlichen Wandel voranbringen sollen.

Hochschulen wird so eine besondere Verantwortung zugewiesen. Neben beispielsweise technischem Wissen sollen sie auch soziale Prozesse und Praktiken erforschen, vermitteln und anwenden. Das digitale Netz macht es möglich, diese sozialen Metatechniken zu verbreiten und auszutauschen. So kommt es zur stärkeren Verbreitung und einer effektiveren Verbindung der sog. „Weltbürger_innen" (Morin 2001; Morin und Kern 1999), um die „Große gesellschaftliche Transformation" (WBGU 2011) umzusetzen. Für die Hochschule bedeutet dies eine Veränderung der Art des Lehrens und des Forschens sowie eine tiefgreifende, auch institutionelle soziale Transformation.

In vielen Veröffentlichungen stellt Scharmer seine „Universität des 21. Jahrhunderts" vor (Scharmer 2009, S. 445, 2015, 2018a, b, S. 153, 2019; Scharmer und Käufer 2014, S. 282). In seinem wegweisenden Beitrag in der Huffington Post „Education is the kindling of a flame: How to reinvent the 21st-century university" beschreibt er Hochschulen, die das Problem des *knowing-doing-gap* bearbeiten und Studierenden eine Lernumgebung zur Verfügung stellen, in der sie sich entfalten können: „Vertical literacy gives us the vocabulary and capacities to: become a blackbelt in listening with our minds and hearts wide open, turn a conversation from debate to generative dialogue, shift organizational fields from competing silos to generative eco-systems, invent new coordination mechanisms that operate from shared awareness" (Scharmer 2018a).

Aktionsforschung

Aktionsforschung (engl: *action research*) wurde erstmals von Jakob L. Moreno und etwas später von Kurt Lewin beschrieben (Lewin 1946; Moreno 1937). Sie beziehen sich auf einen Prozess, in dem in der Praxis systematisch und reflektiert zugleich gehandelt und geforscht wird. Aktion und Forschung beeinflussen sich gegenseitig. Meist wurde jedoch die Forschung getrennt von der Aktion betrachtet (siehe z. B. Jahn 2001) und als eher neutrale Begleitung. Im hier beschriebenen Ansatz erhalten Aktion und Forschung in doppelter Weise eine weitere Dimension: Im Sinne der transformativen Nachhaltigkeitsforschung will dieser Ansatz einerseits eine Veränderung in Richtung Nachhaltigkeit erreichen, d. h. normativ, transdisziplinär und verantwortungsübernehmend (siehe z. B. Schneidewind und Singer-Brodowski 2015). Eine weitere und tiefergehende zusätzliche Dimension ist andererseits die bewusste, erfahrungsbasierte subjektive Betrachtung des Systems durch die Forschenden von innen heraus, ähnlich der „first person research" (z. B. bei Varela und Shear 1999). Scharmer und Käufer (2015) nennen diesen Ansatz "awareness-based action research" und folgen dem Veränderungsprozess forschend von innen heraus. Derartige systemische und selbstreflexive Ansätze finden sich auch in der neuesten Ausgabe des *Handbook of Action Research* (Bradbury 2015) sowie im Bereich der Forschung zu „Inner Transition" (siehe z. B. in der deutschsprachigen Forschung Maschkowski und Wanner 2014).

Bewusstheitsbasierte Aktionsforschung

Wie diese Tiefe zu verstehen ist, lässt sich an Scharmers Stufen der Aufmerksamkeit nachvollziehen. Er geht davon aus, dass das Ergebnis des Forschungsprozesses von der Qualität unserer Aufmerksamkeit für das zu beforschende System bzw. das sozial-ökologische Feld abhängt: „The key leverage point for transformational change starts with attending to how you as a change maker relate to the system that you want to change and to the system that you want to give to birth" (Scharmer 2018b, S. 73). Scharmer strukturiert die Aufmerksamkeit in vier Stufen (Tab. 4.1).

Während auf der ersten Stufe ein reines Herunterladen bestehenden Wissens geschieht, ermöglicht die Aufmerksamkeit auf Stufe 2 die Wahrnehmung von Informationen, die sich vom eigenen Denken unterscheiden. Übertragen auf die Wissenschaft beginnt hier die Kooperation und der Austausch mit anderen wissenschaftlichen Disziplinen (inter- und transdisziplinär). Stufe 3 ermöglicht durch eine empathische Öffnung eine reflexive Wahrnehmung, bei der die Forschenden sich als Teil des Systems wahrnehmen können. Das Einnehmen anderer Sichtweisen ermöglicht eine neue Sicht auf eigene Denkweisen und das zu entwickelnde System.

Auf Stufe 4 ermöglicht die Öffnung des Willens zur Veränderung einen transformativen Prozess. Dieser Wille kommt aber nicht von außen sondern von innen heraus. Die Forschenden befinden sich mitten im System und sind von diesem nicht mehr getrennt zu sehen. Im Idealfall entsteht dafür Bewusstheit, die nur schwer – wenn

Tab. 4.1 Tiefenstruktur der Aufmerksamkeit, verändert und übertragen auf Forschungsprozesse nach Scharmer (2018b, S. 36)

1	Herunterladen	Reproduktion eigener Gedanken; wir sehen nur, was uns unsere Theorie sagt
2	Öffnung des Denkens	Wahrnehmung differierender Informationen; wir nehmen auch andere Theorien und Sichtweisen wahr (transepistemisch, Schweizer-Ries und Perkins 2012)
3	Öffnung des Fühlens	Reflexive Wahrnehmung eigener Muster und Denkweisen; wir nehmen uns als Teil des Systems wahr, das sich selbst erkennt und die Sichtweisen Anderer nachzuvollziehen vermag
4	Öffnung des Willens	Mut den eigenen Standpunkt zu verändern/Transformation; wir verändern unsere Sichtweise auf das System und nutzen die Veränderungspotentiale, die sich daraus ergeben

überhaupt – intersubjektiv erfassbar ist. Über tiefgehende und selbstreflexive Wahrnehmungen durch empathisches bzw. generatives Zuhören ist eine subjektive und im Idealfall inter-subjektive Reflexion möglich sowie ein Erkennen und Verändern systemimmanenter Muster.

Das Schaffen und Beforschen von Räumen, in denen Nachhaltigkeit entsteht

Im Mittelpunkt des hier beschriebenen Forschungsprozesses steht die Gestaltung eines Raumes, in dem ein erfahrungsbasiertes Lernumfeld entsteht, das entwicklungsförderlich für die Studierenden, in diesem Falle der Nachhaltigen Entwicklung sein soll, vergleichbar mit dem Ansatz der Bildung für Nachhaltige Entwicklung, aber achtsamkeits- bzw. bewusstseinsbasierter (siehe auch Girmes 2012). Die Forschungsfrage beschäftigt sich damit, wie dieser Raum qualitativ so entsteht, dass die erforderlichen Öffnungs- und Entfaltungsprozesse ermöglicht werden. Ein zentrales Prinzip dabei ist die Anerkennung der Studierenden als Personen, die bereit sind, für sich und die Gesellschaft Verantwortung zu übernehmen. Studierende und Lehrende werden in den ko-kreativen, situativen und intuitiven Lehr-, Lern- und Forschungsprozess demokratisch eingebunden. Weitere Prinzipien sind transparente und offene Kommunikation; alle Handlungs- und Forschungsaktivitäten sichern neben einer stets reflektierenden Grundhaltung einen ethisch verantwortungsvollen Rahmen. Die entstehenden Prozesse wurden in Form von audio-aufgezeichneten Dyaden-Gesprächen, video-aufgezeichneten Fokusgruppen, Erfahrungsberichten, studentischen Seminararbeiten, aufgezeichneten Teambesprechungen, Protokollen und Reflexionen sowie Beobachtungen und Reflexionen der Lehrenden dokumentiert (s. Tab. 4). Insbesondere die Aufnahme und Nutzung persönlicher Berichte für Forschungszwecke wurden im Einzelfall gemeinsam mit den Beteiligten abgewogen und die Daten werden ausschließlich anonymisiert genutzt.

Die zentrale Frage ist zusammengefasst folgende: Wie kann im gegebenen institutionellen Rahmen der Hochschule ein sozial-ökologisches Feld (Theorie U) bzw. ein sog. *Protainer*[1] (AR+T) bzw. ein Raum (AoH) arrangiert werden, in dem sich die darin befindlichen Menschen in Richtung ihres höchsten zukünftigen Potentials bewegen können, welches die Nachhaltige Entwicklung unterstützt?

---

[1]In Ergänzung zu dem Container, also einem Raum, in dem Veränderung geschehen kann, steht beim sog. Pro-Tainer die proaktive Haltung im Vordergrund. Es sind also nicht mehr die Bedingungen, die das sozial-ökologische Feld schaffen, sondern diese gemeinsam mit den aktiven Individuen, die sich mit sich und dem Feld verbinden. Dieser Begriff wird von Hilary Bradbury und in der ActionResearch+Transformation-Community genutzt (vgl. https://actionresearchplus.com/transformative-relational-space-gotta-be-protainer-savvy/).

Kritische Betrachtung des Forschungsansatzes

In kritischer Auseinandersetzung mit unserem eigenen Vorgehen und in Anlehnung an klassische Forschungsansätze wollen wir auch die Begrenztheit des Beitrages reflektieren. Die Anzahl der Beteiligten beläuft sich auf 15 Studierende und 2 Lehrende, abgesehen von den ca. 12.000 *U-Lab*-Teilnehmern und einem knappen Duzend von Lehrenden am MIT, welche nicht in den lokalen Forschungsprozess eingebunden waren, wohl aber den Lehr- und Lernraum mitgestalteten. Dies ist eine sehr kleine Gruppe, die zudem nur aus Studierenden im Studiengang Nachhaltige Entwicklung bestand. Dies ermöglicht primär nur Rückschlüsse auf diesen konkreten Fall und kann nicht ohne weiteres auf andere Studiengänge übertragen werden.

Die Reflexion des Prozesses kommt von innen heraus. Alle Forschende und Beforschte sind Teil des Prozesses, d. h. sie haben keine Außenperspektive und könnten damit als befangen bezeichnet werden. Gleichzeitig macht diese „Befangenheit" und Involviertheit aber den Forschungsprozess aus (s. o.). Die Reflexionsprozesse auf unterschiedlichen Ebenen sollen dazu beitragen, dass eine Art von Inter-Subjektivität entsteht. Es könnte aber auch sein, dass die Befangenheit dazu führt, dass – evtl. sogar unterbewusst – wichtige Aspekte ausgeklammert oder übersehen werden.

Der Forschungsprozess dauert noch an. Bisher sind die Effekte noch nicht vollkommen ergründet und erfasst. Zum einen erwarten wir längerfristige Lernprozesse aufgrund tiefgehender Erkenntnisse, Öffnungsprozesse und Einsichten. Zum anderen haben die Forschenden den Lernprozess noch nicht vollkommen abgeschlossen und reflektieren ihre Erfahrungen vielfältig, auch mit externen Forschenden (sog. *critical friends*).

Entlang des U zu den Quellen

Rückblickend begann der Prozess spätestens im Sommersemester 2017.

Damals wurde ein *University Inner Transition Training* an der Hochschule durchgeführt (Dienemann und Hanowell 2017). Es wurde aus der Transition Initiative (s. o.) heraus gemeinsam mit zwei ausgebildeten Transition Trainerinnen für die Anwendung im Hochschulkontext entwickelt und erfolgreich erprobt (Tab. 4.2). Das Angebot zielte auf einen Bewusstseinswandel an der eigenen Hochschule und lies ein studentisches Kernteam für den Hochschulwandel entstehen. Das Training orientierte sich weitestgehend an der Theorie U, ergänzt durch Ansätze des *Art of Hosting* (Schöttle 2017) und der tiefenökologischen Schule nach Macy (2011).

Tab. 4.2 Stationen des Lernens

Sommersemester 2017	University Inner Transition Training
Wintersemester 2017/2018	Individuelle Teilnahme am U-Lab
Wintersemester 2018/2019	Kollektive Teilnahme am U-Lab als hier beschriebene fakultative Seminarveranstaltung

Einige Personen aus dem daraus entstandenen Transition Team der Hochschule sowie die Autor_innen dieses Beitrags nahmen im darauffolgenden Wintersemester 2017/2018 selbst an dem *U-Lab* teil. Im Wintersemester 2018/2019 boten die Autor_innen die Teilnahme am *U-Lab* als Seminar für 15 Studierende an. Die Teilnahme war freiwillig, aber es konnten Kreditpunkte (benotete ECTs) für den normalen Studienverlauf erworben werden. Die Studierenden nahmen darüber hinaus aktiv am Forschungsprozess teil und gestalteten folgende unterschiedliche Forschungsmethoden, die unseren Beschreibungen neben eigenen Notizen, Protokollen und aufgezeichneten Reflexionsgesprächen zugrunde liegen:

- Fokusgruppe (FO)
- Interviews (IN, MO)
- Tagebücher (TB)
- Hausarbeiten (HA)

Erfahrungen in der Gemeinschaft

Das Lernen in der größeren MOOC-Gemeinschaft unter Leitung des *Presencing Instituts* bietet eine besondere Atmosphäre. Bereits in der ersten *Live-Session* wurde eine Weltkarte gezeigt mit verschieden großen Lichtern, welche die Teilnehmenden aus vielen Ländern weltweit symbolisierten. Die Studierenden notierten nach dem Abschluss der ersten *Live-Session* auf der Tafel: „we are all points of light". Die Aussagen der Studierenden wurden von ihnen so zusammengefasst: „Die gesamte u.journey hat der Meinung der Teilnehmer nach ein Gefühl von Gemeinschaft hervor gebracht. So wurden die gemeinsamen *Live-Sessions* als sehr stärkend für das Gemeinschaftsgefühl empfunden und die Verbindung zu den tausenden Teilnehmenden auf der Welt als überwältigend wahrgenommen" (HA3, 10).

Die Studierenden merkten an, dass teilweise die Umgebung für den Kurs nicht passend empfunden wurde. Sie erklärten es damit, dass sie die Hochschule, (bisher) eher nicht als „Wohlfühl- und Entspannungsort" empfinden, „sondern im Arbeitskontext … sehen …, der bei einigen mit Stress verbunden ist" (HA3, 12). Dieses Unwohlsein erschwere einigen, sich auf die Gemeinschaft und vor allem eine gemeinsame Intention und Aufgabe einzulassen. Zudem sahen Sie die Schwierigkeit der Benotung und schlugen vor, die Lehrveranstaltung nicht mit Kreditpunkten sondern zukünftig als freiwilliges Seminar anzubieten.

Erfahrungen mit den Übungen

Die entsprechend dem *U-Lab* angeleiteten Übungen nutzten die Teilnehmer_innen primär für persönliche Reflexionen: „Insgesamt hat mir der Kurs besonders geholfen mehr Selbstreflexion zu betreiben und mir neue Perspektiven aufzuzeigen" (HA3, 5).

Die Übungen regten neben Selbstreflexionsprozessen auch emotionale Öffnungsprozesse an. Dies wurde als Bereicherung erlebt, als „ein emotionaler Prozess, der mir irgendwie Energie gibt und Motivation …, halt was zu ändern" (MO-04). Viele Lerntagebücher zeigten, dass es den Studierenden gelang, diese methodischen Impulse, z. B. zum tiefen Zuhören und zur Einübung von Empathie, für sich zu nutzen, allerdings in verschiedener Intensität. Von kleinen und großen Entwicklungen berichteten die Studierenden: „Am Anfang kam es mir total affig vor, jetzt so langsam fühle ich da halt auch schon ein bisschen sowas, z. B. wie Verbundenheit […] und Teil etwas Größeren zu sein" (MO-05). „In mir hat sich sehr viel bewegt. Denn ich habe quasi mein ganzes Leben irgendwie auf den Kopf gekrempelt, nur aufgrund dieses Kurses. Und bin doch sehr überrascht…" (MO-06).

Eine deutliche Hürde stellte für einige Studierende das Verstehen der vierten transformativen Ebene dar. In der Fokusgruppe wurde die Traurigkeit oder Verzweiflung darüber deutlich: „Die ersten drei Level, die hat man verstanden, da gab es normale Worte und sobald wir aber zu dem vierten, zu diesem anderen Level gekommen ist, ist halt immer irgendwas emerged […] die ganze Linguee die benutzt wurde war total abstrakt" (HA2, 13).

Viele Studierende berichteten von ihrem veränderten Erleben und Wahrnehmen: „Mir ist aufgefallen, dass ich in Gesprächen anders zuhöre" (IN1). „Wichtige Entscheidungen bewusster zu treffen, gründlicher darüber nachzudenken, was will ich eigentlich? […] meinen eigenen Standpunkt erstmal für mich klar zu machen, bevor ich Entscheidungen treffe" (IN1), „diesen Perspektivwechsel, einfach mal sich selbst herauszunehmen und die Situation, […] aus verschiedenen Ecken zu betrachten" (IN1).

Alle beschrieben den Kurs als wertvolles Erlebnis für ihre persönliche Entwicklung, z. B. als „sehr prägend" (MO-04) oder „sehr beeindruckt" (MO-06). Viele äußerten Dankbarkeit, z. B. „Zufriedenheit, das alles gelernt zu haben und so Methoden zu kennen, vielleicht Menschen zusammen zu bringen oder sich besser selber kennenzulernen" (MO-21) oder „die vier Stufen des Listening, ich habe es immer gespürt, aber ich wusste es nicht zu bezeichnen" (MO-10). Reflexionsthemen waren häufig die Auseinandersetzung mit Herausforderungen im Studium, in der Familie und im Freundeskreis, aber auch die Klärung und Konkretion der Intentionen für ihre berufliche Zukunft. Einige Studierende erwähnten in den Dyaden, dass sie sich intensiv mit der Frage beschäftigen, warum sie das studieren, was sie studieren (MO-01; IN1; MO-02).

Die Verbindung zur Spiritualität wurde anfangs von Vielen nicht verstanden und abgelehnt (MO-07+08). Wenigen Teilnehmenden fiel es bis zum Ende schwer, sich beispielsweise auf Zeiten der Stille und Achtsamkeitsübungen einzulassen (MO-03+12). In der abschließenden Fokusgruppe erklärten Studierende, dass sie die Erfahrung des Kurses motivierte, sich weiter in Achtsamkeit zu üben (HA1, 10; HA2, 13; MO-08+10+13).

Während einige den Kurs gut strukturiert erlebten und wussten, was sie erwartete, kritisierten andere, dass sie sich unsicher fühlten, weil sie nicht wussten, was von ihnen erwartet wurde. Rückmeldungen einiger Teilnehmer_innen zeigten Tendenzen der Hilflosigkeit oder Überforderung bezüglich des Prozesses: „Oft versuche ich mich echt in irgendwas reinzudenken, aber es klappt einfach nicht. […] Vielleicht, wenn man da noch mehr Übung in die Richtung hat, dass man dann da auch dem Ganzen offener begegnen kann" (MO-05). Diese Orientierungslosigkeit kommt beispielsweise in den Begriffen „sehr abstrakt" (MO-02) oder „abgespaced" (MO-05) zum Ausdruck. „Aber auch negative Gefühle, wie die Angst vor der Zukunft wurden [in den Tagebüchern] übermittelt. Es war deutlich die Zerrissenheit zwischen den Wünschen für die Zukunft und der Angst, diese umzusetzen und das Zukunfts-Selbst zuzulassen, zu spüren" (HA2, 12).

Angst und Unsicherheit verhinderten einen kollektiven emotionalen Öffnungsprozess: „Es gab nur teilweise eine Offenheit, schnell wurde daher ein Gefühl der Angst, vor dem was bei einer emotionalen Öffnung entstehen würde, vermittelt" (HA1, 13).

Diese Erfahrungen zeigen die Grenze zwischen der förderlichen Herausforderung angesichts der im Entstehen begriffenen Zukunft und der hindernden Angst und Hilflosigkeit angesichts von Unklarheit und Ungewissheit. Nach Sichtung aller Materialien, gehen die Autor_innen davon aus, dass der Kurs von allen als positiv erlebt wurde. Einige der Studierenden wurden in Grenzbereiche gebracht, d. h. sie verließen ihre sogenannte Komfortzone. Dies entspricht durchaus den bekannten Lernfeldern und Lernprozessen, die zu tiefem, transformativem Lernen führen (Palmer und Zajonc 2010).

Erfahrungen in den Coaching-Circles

Die drei *Coaching-Circles* boten eine vertrauensvolle Atmosphäre und halfen den Studierenden, sich emotional zu öffnen, einen emphatischen bis hin zu generativen Dialog zu erleben und ihre Aufmerksamkeit auf die tieferliegenden Annahmen, Denkweisen und Muster zu lenken.

In der Fokusgruppe bewerteten die Studierenden die *Coaching-Circle* als sehr hilfreich: „Es war echt gut, man hat gemerkt, irgendwie sind wir alle total unterschiedlich mit den Alltagsproblemen, die man hat, aber doch irgendwie alle gleich, man hat sich schon total viel helfen können" (FO). „Eine einschneidende Erfahrung war die Anwendung des bewussten Zuhörens" (HA2, 12). Die Studierenden erkannten, „wie oft sie sich im Alltag gegenseitig unterbrachen, sie selbst abschweiften oder sie sich nicht auf eine Person konzentrieren konnten" (HA2, 12).

Die Lehrenden hatten den Eindruck, dass Teilnehmende des *Coaching-Circles,* in dem eine erfahrenere Person mitwirkte, tiefere Erlebnisse beschreiben „Es war eine ganz besondere Atmosphäre, in der man sich sehr gut gegenseitig unterstützt hat" (IN1). Eine zweite Gruppe kam ebenfalls gut zurecht, obwohl keine erfahrene Person dabei war. Sie beschreiben jedoch Schwierigkeiten in den generativen Dialog zu kommen: „Zwar fällt der Schritt des Mirrorings immer noch sehr schwer, doch liegt bzw. lag die Konzentration in unseren Gesprächen sehr stark auf den vier Ebenen des Zuhörens und der Konversationen. Ganz aus dem ‚Ratschlag-Geber-Muster' raus zu kommen, haben wir in keinem der *Coaching-Circles* wirklich geschafft" (TB8). Die dritte Gruppe zeigte noch stärkere Schwierigkeiten (TB6), das Schema der Fall-Arbeit umzusetzen, so der Eindruck der Lehrenden aufgrund der Berichte in den *Live-Sessions*.

Das tiefe Eintauchen ins Zuhören und der daraus entstehende Dialog sind Übungen, die erst durch mehrmaliges Praktizieren, idealer Weise mit erfahreneren Personen gelingen.

Erfahrungen mit den digitalen Medien

Sowohl für die Kommunikation wie auch die Wissensvermittlung wurden digitale Medien genutzt. In unserem Team lernten wir die Vorzüge wie räumliche Unabhängigkeit, einfache Vernetzung und Kommunikation und die schnelle digitale Dokumentation sehr schätzen. Nicht zuletzt ermöglichten die digitalen Medien zwei Studentinnen, die während des Kurses im Ausland weilten, die Teilnahme.

Vor allem die Verknüpfung von *online* und *offline*-Aktivitäten, beispielsweise die gemeinsame Teilnahme an den *Live-Sessions* und der anschließende persönliche Dialog, erschienen sehr hilfreich.

Allgemeine studentische Bewertung

Immer wieder wird in den Lerntagebüchern ausgedrückt, dass sich die Studierenden auf die nächste Lehreinheit „freuen". Bemerkenswert ist diese Begeisterung, weil die Studierenden sich nicht nur inhaltlich, sondern auch organisatorisch gefordert sahen: „Die Bearbeitung der Module erforderte über den gesamten Zeitraum Disziplin. Dessen war ich mir bereits im Voraus bewusst. Was mich allerdings wunderte war, dass mir diese Disziplin so verhältnismäßig leichtfiel und ich die Bearbeitung problemlos in meinen Wochenplan einbauen konnte" (HA3, 8).

Alle Studierenden beschrieben einen persönlichen Nutzen aus dem Kurs. Die Tiefe der Erfahrungen der Studierenden war aber sehr unterschiedlich. Beispielsweise entwickelten viele Studierende „eine stärkere Verbindung zur Erde, den Mitmenschen und Gott" (HA1, 10). Doch nur wenige schafften es, sich mit dem eigenen zukünftigen Selbst zu verbinden (HA1).

Es scheint, dass die Studierenden sich aus unterschiedlichen Gründen nicht ganz öffnen konnten. Die Autor_innen beziehen dies auf die Begebenheit, dass dieses Seminar relativ ungewöhnlich ist. Viele Teilnehmende konnten oder wollten sich in dem „Arbeitskontext" nicht öffnen. Auch die Tatsache, dass später eine Benotung erfolgen würde, könnte die Beteiligten gehemmt haben. Eine Studentin formulierte dazu eine neue Forschungsaufgabe: „Eine Ursache für das Nichterreichen des Presencing kann die immer wieder indirekt beschriebene Angst und Unsicherheit sein, die gelöst werden müsste. Dies wäre zum Beispiel durch eine stärkere Vertrautheit und einem größeren

Wohlgefühl erreichbar, damit das Kraftfeld des Ortes verbessert wird. Die Ursachen dieser Ängste müssten für einen besseren Erfolg des Kurses jedoch noch einmal separat erforscht werden" (HA1, 15).

Studierende betonten die gute Ergänzung zu theorielastigen Angeboten des Studiengangs, z. B. zur Systemtheorie oder Kommunikationsseminaren (IN,M). Während diese Seminare eher auf die Prüfungsleistung ausgerichtet sind, besteht im *U-Lab* die Möglichkeit sich auszuprobieren. So „habe ich festgestellt, dass ich bisher hauptsächlich für die Noten gelernt habe und immer geguckt habe, jeden Kurs einfach irgendwie zu bestehen oder rum zu bekommen, aber kaum mich mit den Inhalten beschäftigt habe, weil ich es persönlich für mich will oder brauche" (IN,M) und „die Module haben meiner Meinung nach kein Wissen im eigentlichen Sinne vermittelt sondern Kompetenzen, die ein ganzes Leben lang viele Vorteile mit sich bringen können und immer wieder, zumindest in meinem Fall, Anwendung finden werden" (HA3, 50). So erscheint der Kurs als eine wichtige Ergänzung zum Studienangebot und ein wertvoller Baustein für die persönliche Entwicklung der Teilnehmenden.

Fazit

Unser bisheriger kollektiver Weg durch das U brachte uns u. a. folgende Erkenntnisse: Es reicht nicht aus, eine Theorie zu studieren oder zu diskutieren. Nur in der praktischen gemeinsamen Umsetzung entfaltet sie Lernen und Erfahrung. So kann Forschung und Lehre, im kollektiven Erleben verbunden, transformativ wirken. Die Selbstreflexion und der gemeinsame Öffnungsprozess für das höchste Zukunftspotential sind Aspekte von vertikaler Vertiefung des Wissens und der Sinn der *Universität des 21. Jahrhunderts* (Scharmer 2018a).

Durch die Lenkung der Aufmerksamkeit auf eigene Vorannahmen und Erwartungen, die Einübung in Methoden der Achtsamkeit, des Erschließens der Wahrnehmungsorgane Herz und Körper und durch viele weitere Erfahrungen verschiebt sich unser eigener Standpunkt und ändert sich unsere Haltung. Bisher versuchten wir diese Haltung zu vermitteln, jetzt versuchen wir sie erlebbar zu machen, sich darin zu erproben und selbst festzustellen, wie sich das eigene Denken und Fühlen und damit die Welt um uns herum ändert. Dieser schleichende Transformationsprozess entsteht aus der Erfahrung und bedarf des emotionalen Erlebens. Vom „Großen und Ganzen" her betrachtet, rückt als Aufgabe der Lehre, neben der Wissens- und Methodenvermittlung, die Gestaltung eines Raums zur Entfaltung des höchsten zukünftigen Potentials jedes Studierenden und der Gruppe als Gemeinschaft in den Mittelpunkt.

Allerdings erlebten wir auch die Grenzen unseres Handelns, sowohl bei uns selbst wie auch bei den Studierenden. Die Art und Weise der oben beschriebenen ko-kreativen Teamarbeit und weiterer Reflexionsräume, wie z. B. die *U-Lab*-Forschungsgemeinschaft, zeigten uns unsere eigenen machtvollen Muster. Konkret erlebten wir die Macht des vertrauten Handelns, der Ungeduld und Unsicherheit im Handeln. Der offene Austausch und die methodische Unterstützung durch *U-Lab* halfen uns, auf den Prozess zu vertrauen und die Unklarheit über das im Entstehen Begriffene auszuhalten.

Im Miteinander mit den Studierenden erlebten wir teilweise ihre Überforderung, sich zu öffnen. Während einige Studierende bereit sind, Herausforderungen anzunehmen, scheuen andere (noch) davor zurück. In einer großen Offenheit für den Entwicklungsstand des Einzelnen gilt es jeden dort abzuholen, wo er steht und ihn in seinem Tempo und auf seinem individuellen Weg zu begleiten. Das ist nicht immer die Aufgabe der Lehrenden. Studierende können sich z. B. in *Coaching Circles* gegenseitig auf dem gemeinsamen Weg unterstützen.

Darüber hinaus spüren wir auch Entwicklungen an unserer Hochschule. „Plötzlich" bewegen sich Denkweisen, Haltungen und sogar Verhaltensweisen bei Dekanen, Kolleg_innen und Studierenden, die bisher unveränderbar schienen.

Auch wenn für die Studierenden in dem *U-Lab* die individuelle Öffnung im Mittelpunkt stand, wurde in der Reflexion bereits die Kraft des gemeinsamen und dialogischen Weges deutlich. Ein Angebot des *Presencing Institute* für einen neuen kollektiven und vom MIT begleiteten Prozess, bietet uns derzeit die Gelegenheit, die Erfahrungen zu vertiefen und das bestehende Lehrkonzept mit den Erkenntnissen aus *Inner Transition,* Achtsamkeit, Theorie U, Art of Hosting und transformativer Forschung zu verbinden. Der Transformations- und Forschungsprozess geht daher weiter.

Literatur

Bradbury, H. (Hrsg.). (2015). *The SAGE handbook of action research.* London: SAGE.

Cooper, M., Thomas, M., White, R., Hopkins, R., & Brady, J. (2016). *How to do transition in your university or college. A guide to making your university more sustainable environmentally, socially, and academically.*Totnes: Transition Network. https://transitionnetwork.org/wp-content/uploads/2017/01/How-to-do-Transition-in-your-University_College.pdf. Zugegriffen: 6. Mai 2019.

Dienemann, J., & Hanowell, J. (2017). *Transition Training an der Hochschule Bochum. Teamentwicklung und innerer Wandel für eine nachhaltige Hochschultransformation.* Unveröffentlichte Seminararbeit im Fachbereich Elektrotechnik/Studiengang Nachhaltige Entwicklung im Seminar „Partizipation & Governance" unter Leitung von Prof. Dr. Schweizer Ries. Bochum: Hochschule Bochum.

Evangelische Akademie Bad Boll. (2017). *The Art of Hosting. Die Kunst, Räume für gute Gespräche zu schaffen* (Schöttle, S., Hrsg.). https://www.kvjs.de/fileadmin/dateien/jugend/aktuell/Newsletter/Newsletter_2018/Handbuch_AoH_Bad_Boll_2017__Off2003_.pdf. Zugegriffen: 22. Okt. 2018.

Girmes, R. (2012). *Der Wert der Bildung. Menschliche Entfaltung jenseits von Knappheit und Konkurrenz.* Paderborn: Schöningh.

Glasl, F., & La Houssaye, L. (1975). *Organisationsentwicklung. Das Modell des Niederländischen Instituts für Organisationsentwicklung und seine praktische Bewährung.* Bern: Haupt.

Hopkins, R. (2008). *The transition handbook. From oil dependency to local resilience* (Creative Commens). Cambridge: Green Books.

Iser, O. (2017). *Mindful Presencing-eine Zusammenführung des Presencing-Konzepts von Claus Otto Scharmer und des Achtsamkeitsansatzes von Jon Kabat-Zinn*. Masterarbeit, Ernst-Abbe-Hochschule Jena, Jena. https://www.researchgate.net/publication/321059427_Mindful_Presencing-eine_Zusammenfuhrung_des_Presencing-Konzepts_von_Claus_Otto_Scharmer_und_des_Achtsamkeitsansatzes_von_Jon_Kabat-Zinn. Zugegriffen: 20. Apr. 2018.

Jahn, T. (2001). Transdisziplinäre Nachhaltigkeitsforschung – Konturen eines neuen, disziplinübergreifenden Forschungstyps. In Amt für Wissenschaft und Kunst Frankfurt am Main (Hrsg.), *Die Frage nach der Frage. Zukunft durch Wissenschaft. Zukunft der Wissenschaft. Themenfelder und Probleme zukünftiger Forschung, Vorträge der Veranstaltung vom 1. bis 3. März 2001 in der Deutschen Bibliothek* (S. 178–183). Frankfurt a. M.: Amt f. Wiss. u. Kunst.

Lewin, K. (1946). Action research and minority problems. *Journal of Social Issues, 2*(4), 34–46.

Lewin, K. (2012). *Feldtheorie in den Sozialwissenschaften. Ausgewählte theoretische Schriften* (2. Aufl.). Bern: Huber (Originalarbeit erschienen 1963).

Macy, J. (2011). *Die Reise ins lebendige Leben. Strategien zum Aufbau einer zukunftsfähigen Welt. Ein Handbuch* (Reihe aktive Lebensgestaltung Tiefe Ökologie, 3., durchges. Aufl.). Paderborn: Junfermann.

Maschkowski, G., & Wanner, M. (2014). Die Transition-Town-Bewegung – Empowerment für die große Transformation? *pnd online, 11*, 1–11. https://epub.wupperinst.org/files/5626/5626_Maschkowski.pdf. Zugegriffen: 4. Mai 2019.

Moreno, J. L. (1937). Sociometry in relation to other social sciences. *Sociometry, 1*(1/2), 206–219.

Morin, E. (2001). *Die sieben Fundamente des Wissens für eine Erziehung der Zukunft*. Hamburg: Krämer.

Morin, E., & Kern, A. B. (Hrsg.). (1999). *Heimatland Erde. Versuch einer planetarischen Politik*. Wien: Promedia.

Palmer, P. J., & Zajonc, A. (2010). *The heart of higher education: A call to renewal. Transforming the academy through collegial conversations* (The Jossey-Bass higher and adult education series). San Francisco: Jossey-Bass.

Pomeroy, E., & Oliver, K. (2018). Pushing the boundaries of self-directed learning: Research findings from a study of U.Lab participants in Scotland. *International Journal of Lifelong Education, 36*(3), 1–15.

Reason, P., & Torbert, W. R. (2001). The action turn. Toward a transformational social science. *Concepts and Transformations, 6*(1), 1–37.

Rouvrais, S., Gaultier LeBris, S., & Stewart, M. (2018). *Engineering students ready for a VUCA World? A design based research on decisionship*. In: Proceedings of the 14th International CDIO Conference, Kanazawa Institute of Technology, Kanazawa, Japan, June 28–July 2, 2018. https://ds.libol.fpt.edu.vn/bitstream/123456789/2475/1/46_Final_PDF.pdf. Zugegriffen: 28. Apr. 2019.

Scharmer, C. O. (2009). *Theorie U – Von der Zukunft her führen (Management)*. Heidelberg: Carl-Auer-Systeme.

Scharmer, C.O. (2015). Die Universität als Ort der Erneuerung. 13 Thesen. In P. Kovce & B. P. Priddat (Hrsg.), *Die Aufgabe der Bildung: Aussichten der Universität* (S. 225–233). Marburg: Metropolis.

Scharmer, C.O. (2018a). *Education is the kindling of a flame: How to reinvent the 21st-century university.* 5.1.2018, updated 8.1.2018, Huffington Post. https://www.huffingtonpost.com/entry/education-is-the-kindling-of-a-flame-how-to-reinvent_us_5a4ffec5e4b0ee59d41c0a9f. Zugegriffen: 5. Jan. 2019.

Scharmer, C. O. (2018b). *The essentials of theory U. Core principles and applications* (1. Aufl.). Oakland: Berrett-Koehler.

Scharmer, C. O. (2019). *Vertical literacy: Reimagining the 21st-century university*. Field of the Future Blog, 16.04.2019, Medium.com. https://medium.com/presencing-institute-blog/vertical-literacy-12-principles-for-reinventing-the-21st-century-university-39c2948192ee. Zugegriffen: 18. Apr. 2019.

Scharmer, C. O., & Käufer, K. (2014). *Von der Zukunft her führen. Von der Egosystem- zur Ökosystem-Wirtschaft; Theorie U in der Praxis* (Management Organisationsberatung). Heidelberg: Carl-Auer.

Scharmer, C. O., & Käufer, K. (2015). Awareness-based action research: Catching social reality creation in flight. In H. Bradbury (Hrsg.), *The SAGE handbook of action research* (S. 199–210). London: SAGE Publications.

Schein, E. H. (2003). *Prozessberatung für die Organisation der Zukunft. Der Aufbau einer helfenden Beziehung* (EHP-Organisation, 2., unveränd. Aufl.). Köln: EHP.

Schick, A., Hobson, P. R., & Ibisch, P. L. (2017). Conservation and sustainable development in a VUCA World: The need for a systemic and ecosystem-based approach. *Ecosystem Health and Sustainability, 3*(4): e01267.

Schneidewind, U. (2014). Von der nachhaltigen zur transformativen Hochschule. Perspektiven einer „True University Sustainability". *UmweltWirtschaftsForum, 22*(4), 221–225.

Schneidewind, U. (2016). Die „Third Mission" zur „First Mission" machen? *die hochschule* (1), 14–22. https://epub.wupperinst.org/files/6443/6443_Schneidewind.pdf. Zugegriffen: 28. Apr. 2019.

Schneidewind, U., & Singer-Brodowski, M. (2015). Vom experimentellen Lernen zum transformativen Experimentieren: Reallabore als Katalysator für eine lernende Gesellschaft auf dem Weg zu einer Nachhaltigen Entwicklung. *Zeitschrift für Wirtschafts- und Unternehmensethik, 16*(1), 10–23.

Schweizer-Ries, P. (2013). Vom Wissen und Handeln. Was führt zu umweltfreundlichem Verhalten? In M. Zschiesche (Hrsg.), *Klimaschutz im Kontext. Die Rolle von Bildung und Partizipation auf dem Weg in eine klimafreundliche Gesellschaft. Bd. 15: Ergebnisse sozial-ökologischer Forschung* (S. 27–41). München: oekom.

Schweizer-Ries, P., & Perkins, D. D. (2012). Sustainability science: Transdisciplinarity and transepistemology and action research. *Umweltpsychologie, 16*(1), 6–10.

Senge, P. M. (2011). *Die fünfte Disziplin. Kunst und Praxis der lernenden Organisation*. Stuttgart: Schäffer-Poeschel.

Stark, W. (1996). *Empowerment: Neue Handlungskompetenzen in der psychosozialen Praxis*. Freiburg i. Br.: Lambertus.

UN. (2015). *Transforming our world. The 2030 agenda for sustainable development*. United Nations. A7Res/70/1. https://sustainabledevelopment.un.org/content/documents/21252030%20Agenda%20for%20Sustainable%20Development%20web.pdf. Zugegriffen: 28. Apr. 2019.

Varela, F. J., & Shear, J. (1999). First-person methodologies: What, why, how. *Journal of Consciousness Studies, 6*(2–3): 1–14. https://pdfs.semanticscholar.org/3852/a7981815f05f0a23e0710bbc7d6c52086ca3.pdf. Zugegriffen: 21. Juli. 2018.

Wamsler, C., Brossmann, J., Hendersson, H., Kristjansdottir, R., McDonald, C., & Scarampi, P. (2018). Mindfulness in sustainability science, practice, and teaching. *Sustainability Science, 13*(1), 143–162.

WBGU. (Hrsg.) (2011). *Welt im Wandel. Gesellschaftsvertrag für eine Große Transformation. Hauptgutachten* (2., veränd. Aufl.). Berlin: Wiss. Beirat der Bundesregierung Globale Umweltveränderungen. https://www.wbgu.de/hauptgutachten/hg-2011-transformation/. Zugegriffen: 28. Apr. 2019.

Otmar Iser ist Sozialarbeiter (M.A.) und promoviert an der Ernst-Abbe-Hochschule Jena und der Friedrich-Schiller-Universität Jena zum Thema Achtsamkeit in der Führung an Hochschulen.

Petra Schweizer-Ries ist ursprünglich Umweltpsychologin und lehrt seit 2011 als Nachhaltigkeitswissenschaftlerin an der Hochschule Bochum; sie ist PD für Humangeographie an der Ruhr Universität und apl. Prof. für Umweltpsychologie an der Universität des Saarlandes.

Transformation durch Digitalisierung gestalten: Die plattform n als Vernetzungs- und Kollaborationsplattform für nachhaltige Hochschulen

Michael Flohr

Einleitung

Der Wissenschaftliche Beirat der Bundesregierung Globale Umweltveränderungen „hält es für essenziell, die Digitalisierung mit Blick auf die notwendige Transformation zur Nachhaltigkeit zu gestalten." (WBGU 2018, S. 4). Dies impliziert einen Gegenentwurf zur häufig proklamierten sich selbstständig dynamisierenden und unaufhaltsamen disruptiven Digitalisierungswelle, der Individuen sowie kollektive und korporative Akteure machtlos, ergo mehr als passiv-annehmende Objekte denn als aktiv Gestaltende gegenüberstehen. Wie der WBGU (2019) in seinem Hauptgutachten mit dem Titel *Unsere gemeinsame digitale Zukunft* hervorhebt, ist die Digitalisierung weder per se positiv noch negativ für eine nachhaltige Entwicklung menschlicher Lebensweisen auf der Erde, sondern sie bietet sowohl Chancen als auch Risiken. Unbestreitbar ist: Ohne aus einer Nachhaltigkeitsperspektive auf den „Megatrend Digitalisierung" (Lange und Santarius 2018, S. 10) einzugehen, ihn mit den planetaren Belastungsgrenzen (Steffen et al. 2015) in Einklang zu bringen und ihn für die Große Transformation (WBGU 2011) zu adaptieren, werden sich die Risiken bewahrheiten und das Leitbild der nachhaltigen Entwicklung in weite Ferne rücken. Bislang stehen sich die überwiegend divergenten Communities der Digitalisierung und Nachhaltigkeit – bezogen auf Persönlichkeitsstrukturen und Zielsetzungen – größtenteils fremd gegenüber. Sie verwenden unterschiedliches Vokabular und bearbeiten verschiedene Themen und Herausforderungen, nähern sich aber langsam an. Die Konferenz Bits und Bäume, die im November 2018 an der Technischen Universität Berlin mehr als 1.300 Menschen versammelte, steht symbolisch für die Annäherung der selbst in diesem Rahmen noch häufig stereotypisiert

M. Flohr (✉)
netzwerk n e. V., Berlin, Deutschland
E-Mail: michael.flohr@netzwerk-n.org

© Springer-Verlag GmbH Deutschland, ein Teil von Springer Nature 2021
W. Leal Filho (Hrsg.), *Digitalisierung und Nachhaltigkeit,* Theorie und Praxis der Nachhaltigkeit, https://doi.org/10.1007/978-3-662-61534-8_5

titulierten „Nerds" und „Ökos" in Deutschland. Der Austragungsort ist gleichwohl nicht als Indiz zu verstehen, dass der Handlungsraum Hochschule als Vorreiter einer nachhaltigen Entwicklung, auch in Verknüpfung zur Digitalisierung zu werten ist; vielmehr bleibt auch 2019 festzustellen: Das Leitbild der nachhaltigen Entwicklung im Handlungsraum Hochschule besetzt eine Nische, insbesondere im Vergleich zu den für dominant, werthaltiger und häufig zudem zielkonfligierend zu Nachhaltigkeit erachteten Aufgaben der Exzellenz, Internationalisierung und Digitalisierung sowie im Vergleich zu quantitativen Input- und Output-Kennzahlen z. B. von Studiengängen. In diesem Handlungskontext engagiert sich ein bundesweites Netzwerk von Studierenden, Studierendeninitiativen, Promovierenden und jungen Berufstätigen: das *netzwerk n*. Seit seiner Gründung im Jahr 2012 hat es vielfältige Formate und Tools entwickelt, um junge Menschen zu befähigen und zu unterstützen, ihre Hochschulen mitzugestalten und letztlich im Sinne einer nachhaltigen Entwicklung zu transformieren. Dabei setzt das Netzwerk die Möglichkeiten der Digitalisierung ein, um seine Wirkmächtigkeit in der Gestaltung des Transformationsorts Hochschule zu steigern.

Im vorliegenden Artikel wird vor diesem Hintergrund zuerst einführend das Handlungsfeld Nachhaltigkeit, Hochschule und Digitalisierung in Deutschland skizziert. Darauf aufbauend wird die *plattform n* als exemplarisches funktionales, wertefundiertes und kollaboratives digitales Tool für die nachhaltige Hochschulentwicklung vorgestellt. Anschließend werden aus dem Erfahrungswissen des *netzwerk n* abgeleitete Faktoren des Gelingens einer virtuellen Vernetzungs- und Kollaborationsplattform benannt, bevor letztlich ein Ausblick auf Entwicklungsschritte und Erweiterungen dieser Onlineplattform den Beitrag beschließt.

Handlungsfeld und Status quo: Hochschule, Nachhaltigkeit und Digitalisierung

An den im Bundesgebiet 428 Universitäten, Fachhochschulen, privaten Hochschulen, pädagogischen Hochschulen, Musik- und Kunsthochschulen in öffentlich-rechtlicher, privater oder kirchlicher Trägerschaft waren im Wintersemester 2017/2018 ungefähr 2,84 Mio. Studierende immatrikuliert (Statistisches Bundesamt 2019, S. 10). Die Quote der Studienanfänger_innen belief sich auf 57 % (Statistisches Bundesamt 2018, S. 121). Somit betritt ein wesentlicher Teil einer Generation im Verlauf seines Lebens zumindest zeitweise den Handlungsraum Hochschule, der – so die grundlegende Annahme – als Transformationsort unentbehrlich für das Gelingen der Großen Transformation ist. Die besondere Verantwortung der Hochschulen, einen Beitrag zur nachhaltigen Entwicklung des Planeten zu leisten, beruht auf deren spezifischen Eigenschaften: An diesen Orten wird erstens systematisch Wissen generiert, verfügbar gemacht und vermittelt, worauf sich die hohe gesellschaftliche Anerkennung der Berufsgruppe der wissenschaftlich Tätigen stützt. Zweitens wird der Forschung die Problemlösungskapazität für ökologische, soziale, technische und ökonomische Herausforderungen, die bislang einer nachhaltigen Entwicklung entgegenstehen, attribuiert. Letztlich strahlen Hochschulen als Modell auf ihr Umfeld und als prägende Instanz – gerade für junge Menschen und die dort Beschäftigten – auf menschliche Verhaltensweisen aus, wodurch sie eine besondere Hebelwirkung entfalten können. Hochschulen sind gewissermaßen als Kleinstädte aufzufassen, in deren räumlicher und organisationaler Struktur Wissen getestet, in die Praxis übertragen und adaptiert werden kann. Daran anknüpfend vollzieht sich der wechselseitige Transfer mit der außerhochschulischen Welt dadurch, dass direkt oder zumindest indirekt über Wissenschaftskommunikation, Veranstaltungen, Unternehmensgründungen, Produktentwicklungen etc. ein erheblicher Teil der Bevölkerung regelmäßig mit der Praxis von Hochschule und Wissenschaft in Berührung kommt.

Aus politikstrategischer Perspektive ist die Grundlage an nachhaltigkeitsbezogenen Dokumenten, die einen breiten Kreis an Akteuren aus den Bereichen Politik, Zivilgesellschaft, Wissenschaft und Wirtschaft von der kommunalen bis zur internationalen Ebene adressieren, gegenwärtig so gut wie noch nie. Angesichts von Interdependenzen, diversen Zuständigkeiten und Kompetenzen sowie engen Verflechtungen laden diese Dokumente Akteure über alle Ebenen hinweg ein, Anstrengungen für eine nachhaltige Entwicklung des Planeten zu unternehmen, Verantwortung zu übernehmen und selbst einen Beitrag zur Mitgestaltung von zukunftsfähigen Lebensmodellen zu leisten. Exemplarisch sind folgende Dokumente hervorzuheben: International verabschiedete die UN-Generalversammlung im September 2015 die Agenda 2030, die 17 übergreifende Sustainable Development Goals (SDG) mit insgesamt 169 Unterzielen enthält (UN-Generalversammlung 2015). Aus der Perspektive der Digitalisierung hält der WBGU (2018, S. 1) dazu fest: „Die Digitalisierung kommt in der Agenda 2030 kaum vor, doch sie wird deren Umsetzung stark beeinflussen." Die SDG haben den Charakter von politischen, ergo auf größtmöglichen Konsens ausgerichteten Zielen, denen dadurch zwangsweise erhebliche Zielkonflikte eingeschrieben sind. Auffällig ist beispielsweise, dass das mehrheitsfähige Ziel des Wirtschaftswachstums unreflektiert propagiert und in das wohlklingende Gewand des dauerhaften, inklusiven und nachhaltigen Wachstums gehüllt wird, obgleich persistentes Wachstum mit den endlichen planetaren Grenzen unvereinbar ist und Effizienzgewinne bei der Ressourcennutzung teilweise oder vollständig durch Rebound-Effekte (Santarius 2012) kompensiert oder in bestimmten Fällen sogar überkompensiert werden. Gleichwohl birgt die Agenda 2030 erhebliche Potenziale in sich: Die SDG bedienen ein umfassendes thematisches Spektrum an Ansatzpunkten nachhaltiger Entwicklungen, sie sind öffentlichkeitswirksam und anschaulich zu kommunizieren und letztlich erklären sie alle Staaten der Erde zu Entwicklungsländern, an die vielfältige Ziele wie u. a. Ziel 4 „Inklusive, gleichberechtigte und hochwertige Bildung gewährleisten und Möglichkeiten lebenslangen Lernens für alle fördern" mit seinem untergeordneten Teilziel der Bildung für nachhaltige Entwicklung (BNE) gerichtet werden. Im Dezember 2015, nur wenige Monate nach der Verabschiedung der Agenda 2030, beschloss die Weltgemeinschaft nach jahrelangen Verhandlungen ein weiteres Dokument: das Pariser Klimaabkommen (COP21 2015), das die Erderwärmung im Vergleich zum vorindustriellen Niveau auf zumindest 2 Grad, idealiter auf 1,5 Grad Celsius beschränken soll.

National legte die Bundesregierung im Januar 2017 die Deutsche Nachhaltigkeitsstrategie neu auf (Bundesregierung 2017), die sie im November 2018 mit einem Kabinettsbeschluss erneut aktualisierte (Bundesregierung 2018). Hervorzuheben ist die Anpassung an den Ordnungsrahmen der SDG und die Zielsetzung, BNE in allen Bildungsbereichen strukturell zu verankern (Bundesregierung 2017, S. 83), wobei die im Beteiligungsprozess des Kanzleramts von einer breiten zivilgesellschaftlichen Basis geforderten Indikatoren für BNE weiterhin auch in der aktualisierten Version ein Desiderat darstellen. Die Forschung, die dazu im Auftrag des Bundesministeriums für Bildung und Forschung realisiert wird, wird voraussichtlich erst 2020 erste Ergebnisse vorlegen können (Bundesregierung 2018, S. 41). Anknüpfend an die Nachhaltigkeitsstrategie begrüßte das Bundeskabinett ebenfalls den Nationalen Aktionsplan im Weltaktionsprogramms BNE in Deutschland (BMBF 2017). Vertreter_innen des Bundes, der Länder, der Kommunen, der Zivilgesellschaft, der Wissenschaft und der Wirtschaft verfassten und tragen den im Rahmen eines herausfordernden Multi-Level-Stakeholder-Prozesses (Flohr 2017, S. 1 f.) entstandenen Plan. Der Bildungsbereich Hochschule ist neben vier weiteren Bereichen ein zentrales Handlungsfeld, das mit Zielen und Maßnahmen unterlegt wurde, um BNE strukturell zu implementieren. Die Brücke von der Nachhaltigkeit zur Hochschule stärkte zuletzt auch die im November 2018 verabschiedete Empfehlung der Hochschulrektorenkonferenz (HRK) mit dem Titel *Für eine Kultur der Nachhaltigkeit:* Demnach sollen „alle[] Hochschulen – abhängig von ihrem Profil und ihren Voraussetzungen –, der Nachhaltigen Entwicklung eine besondere Rolle in ihrem Zielsystem bei[]messen." (HRK 2018). Studierende werden in diesem Kontext als „'change agents' der Gesellschaft von morgen" (HRK 2018) bezeichnet, die die Nachhaltigkeitstransformation der Einrichtung Hochschule mitgestalten und voranbringen.

Alle bisher genannten Dokumente beziehen selbstverständlich die regionale Ebene ein, die im Sinne der Subsidiarität unverzichtbar für die Große Transformation ist. Da in Deutschland die Länder über die Hoheit in der Bildungs- und Hochschulpolitik verfügen, ist ihr Commitment für eine nachhaltige Hochschulentwicklung unentbehrlich. In den Landeshochschulgesetzen fehlt allerdings überwiegend diese Verpflichtung: Nur die drei Bundesländer Schleswig-Holstein, Thüringen und Hamburg haben Nachhaltigkeit als eine Aufgabe von Hochschulen benannt – die schwarz-gelbe Regierungskoalition in Nordrhein-Westfalen strich sogar 2019 die Passage zur nachhaltigen Entwicklung wieder aus dem Gesetzestext. In den Nachhaltigkeitsstrategien verweist der Großteil der Länder auf Konzepte einer BNE (Brock et al. 2017, S. 25), was zumindest einen Teilbereich einer nachhaltigen Hochschulentwicklung abdeckt.

Letztlich sind die Dokumente öffentliche politische Bekundungen, Selbsterinnerungen und Argumentationshilfen, die bislang nur in einem geringen Maß in Förderlinien, gesetzliche Bestimmungen und konkretes Verwaltungshandeln auf Bundes- und Landesebene übersetzt wurden. Ein Blick in die Praxis zeigt, dass in der hochschulinternen und -externen Priorisierung die nachhaltige Hochschulentwicklung ein Randthema der als

Entscheider_innen empfundenen Akteure wie Präsident_innen, Rektor_innen, Senatsmitglieder, Hochschulratsmitglieder, Wissenschaftsminister_innen etc. darstellt. Häufig sind es, wie auch von der HRK festgestellt, engagierte Studierende, die sich in Initiativen zusammenschließen, bestehende Strukturen hinterfragen und als hierarchisch ungebundene Akteure die nachhaltige Entwicklung auf die Agenda setzen, eigene Ansätze für eine strukturelle Transformation ihrer Hochschule abseits tradierter Pfade entwickeln und auf Entscheider_innen Druck ausüben. Diese Analyse deckt sich auch mit den Erfahrungen des *netzwerk n* (2018, S. 7). Typisierend gehen die Leuphana Universität Lüneburg, die Hochschule für nachhaltige Entwicklung Eberswalde und der Umwelt-Campus Birkenfeld der Hochschule Trier als einzige Einrichtungen in Deutschland ganzheitlich im Sinne der nachhaltigen Entwicklung voran. Eine wachsende Anzahl an Hochschulen etabliert zwar Ansätze des Gelingens in einzelnen Handlungsfeldern wie in Lehre, Forschung, Betrieb, Governance oder Transfer – für einen umfassenden Überblick empfiehlt sich ein Blick in die Good Practice-Sammlungen des *netzwerk n* (netzwerk n 2018; Flohr und Markus 2020). In diesem Kontext sind auch die elf im bis Ende 2020 geförderten Verbundprojekt HOCH^N kooperierenden Hochschulen zu nennen, die sich ihrer eigenen nachhaltigen Entwicklung und der Diffusion von Transformationsansätzen verschrieben haben. Doch für die überwiegende Mehrzahl der mehr als 400 Hochschulen in Deutschland gilt indes, dass Nachhaltigkeit als strategisches und prioritäres Ziel nicht auf der Agenda steht. Überdies handeln die Nachhaltigkeitsengagierten, egal welcher Statusgruppe sie angehören, überwiegend als Einzelkämpfer_innen in einem lokal begrenzten Wirkungsfeld.

Die bisherigen Ausführungen zeigen, dass Handlungsbedarf besteht, die durch tradierte Strukturen nur schwerfällig sich wandelnden Hochschulen auf einen Pfad der nachhaltigen Entwicklung zu führen und bei einem Pfadwechsel zu unterstützen. Die Digitalisierung, von Lange und Santarius (2018, S. 13) verstanden als der „Einzug unzähliger Geräte und Anwendungen der Informations- und Kommunikationstechnologien (Hard- und Software) in unterschiedliche Lebens- und Wirtschaftsberciche", bringt das Potenzial mit sich, diesen Wandel erheblich zu beschleunigen. In der wissenschaftlichen Forschung, in der Verwaltung und im Betrieb von Hochschulen ist die Nutzung von Informations- und Kommunikationstechnologien gängige Praxis. Ebenso ist eine wachsende Zahl an Büchern, Zeitschriften, Artefakten etc. digital zugänglich. Im Bereich virtueller Plattformen sind Lernplattformen wie Stud.IP, Moodle, ISIS, Blackboard, Online Learning And Training (OLAT), Online-Plattform für Akademisches Lehren und Lernen (OPAL), edX, oncampus, Virtueller Campus Rheinland-Pfalz, Virtuelle Fachhochschule, Virtuelle Hochschule Bayern, Hamburg Open Online University oder Kiron Open Higher Education fest etabliert. Das 2014 gegründete Hochschulforum Digitalisierung, ein Gemeinschaftsprojekt des Stifterverbands für die Deutsche Wissenschaft, des Centrums für Hochschulentwicklung und der HRK, engagiert sich insbesondere in der Lehre. Zuletzt veröffentlichte es eine Machbarkeitsstudie für eine (inter-)nationale Plattform für die Hochschullehre (Schmid et al. 2018). Resümierend zeigt sich jedoch: All die genannten Beispiele, bei denen Hard- und Software an Hochschulen eingesetzt werden, beziehen sich nicht spezifisch auf das Leitbild der nachhaltigen Entwicklung, auch wenn es mitunter beiläufig oder zufällig tangiert wird. Spezifische Anwendungen der Digitalisierung für eine nachhaltige Entwicklung sind selten und bislang nicht systematisch erfasst worden. Gemeint sind dabei gelungene Ansätze wie z. B. die Smart Library der Universität Hildesheim (netzwerk n 2018, S. 86–89), bei der im Rahmen eines Lehr- und Forschungsprojekts ein intelligentes Steuerungssystem für die Energienutzung konzipiert und umgesetzt wurde, die digitalen Nachhaltigkeitslandkarten (netzwerk n 2019), mit denen die Universität Hamburg nachhaltigkeitsbezogene Aktivitäten in Forschung, Studium und Lehre sowie Administration und Infrastruktur an der eigenen Einrichtung kartiert und öffentlich sichtbar macht, oder die Virtuelle Akademie Nachhaltigkeit (netzwerk n 2018, S. 46–49), die videobasierte Lehrveranstaltungen anbietet, für die Studierende an 17 Hochschulstandorten regelmäßig Prüfungen ablegen und ECTS-Punkte erwerben können.

Die plattform n als digitales Tool für nachhaltige Hochschulen

Nachdem überblicksartig das Handlungsfeld der nachhaltigen Hochschulentwicklung abgesteckt wurde, wird nun die *plattform n* detailliert beschrieben. Sie komplettiert die zitierte Machbarkeitsstudie für eine (inter-)nationale Plattform für die Hochschullehre, da sie einen Handlungsraum besetzt, der von der Studie ausgespart wird: nachhaltige (Hochschul-)Entwicklung allgemein und im Kontext informeller Lernprozesse im Sinne der Definition der Kommission der Europäischen Union (2001, S. 33) sowie Vernetzung. Um die einzelnen und segmentierten Pioniere der nachhaltigen Hochschulentwicklung miteinander in Verbindung zu bringen und Veränderungen in die Breite der Hochschullandschaft zu tragen, ist die Möglichkeit zur gemeinsamen Arbeit und Vernetzung im virtuellen Raum essenziell. Für das Arbeiten in Gruppen, zur Vernetzung zwischen Gruppen und Einzelpersonen sowie zur Präsentation der eigenen Arbeit von Gruppen nach außen bedarf es interaktiver und vielseitiger digitaler Hilfsmittel. Die *plattform n* zielt daher darauf ab, engagierte Individuen und Initiativen in eine übergreifende digitale Netzwerkstruktur einzubetten und ihnen ein niedrigschwelliges und zahlreiche technische Tools umfassendes Gesamtpaket bereitzustellen, das für sie kosten- und werbefrei ist und mit dem sie effizient und effektiv intern arbeiten und extern kommunizieren können, um die Wirkmächtigkeit ihres Nachhaltigkeitsengagements zu steigern. Für den handlungsorientierten Bereich des Engagements für nachhaltige Hochschulentwicklung existiert bundesweit alleinig die *plattform n,* die einen informellen Lernraum öffnet und wertefundierte Vernetzungs- und Projektmanagement-Tools bündelt.

Die Geschichte hinter der plattform n

Der gemeinnützige Verein *netzwerk n* geht aus einem losem Bündnis von wenigen Studierenden hervor, die sich Ende der 2000er Jahre in Hochschulgruppen für eine nachhaltige Entwicklung engagierten, auf einer Konferenz im Rahmen der UN-Dekade BNE kennenlernten und die auf der Suche nach einer verbindenden, überregionalen Struktur waren. Die konzeptionelle und operative Arbeit mit Inhalten stand eingangs im Vordergrund. Mit welchen digitalen Tools die Zusammenarbeit aus der Distanz erfolgen sollte, ergab sich unreflektiert aus standardisierten Gewohnheiten: u. a. Webseite, Facebook-Gruppe, Mailinglisten, Doodle für Terminabstimmungen, Dropbox für die Dateiablage, Telefonkonferenzen via Skype sowie Titanpads zur Echtzeitprotokollierung. Das *netzwerk n* nutzte also wie andere Initiativen – auch solche mit Nachhaltigkeitsfokus – separate Einzellösungen, die häufig von kommerziellen Anbietern stammen. Problematisch bei den genutzten Einzel- oder integrativen Komplettlösungen wie Google (Docs, Calendar, Maps, Drive), Doodle, Dropbox, Slack, Basecamp oder Microsoft SharePoint ist jedoch vor allem, dass deren Server außerhalb Deutschlands stehen, Nutzerdaten stetig einer Verwertungs- und Kommerzialisierungsgefahr ausgesetzt sind, die Weiterentwicklung nicht in den Händen der nutzenden Community liegt, der Aufkauf erfolgreicher Softwarelösungen durch Großunternehmen ein Risiko für Daten und Nutzungsgewohnheiten darstellt und Nachhaltigkeitskriterien in der Konzeption der Produkte inexistent sind oder marginalisiert werden.

Die Inkohärenz zwischen den vom *netzwerk n* vermittelten Inhalten einer nachhaltigen Hochschulentwicklung und den durch die Anbieter transportierten Haltungen führte zu einem Umdenken. Über personelle Überschneidungen zum Netzwerk Wachstumswende, das Gesellschaftsmodelle jenseits des Wachstumsimperativs zu unterstützen versucht, entstand die Idee einer kollaborativ zu entwickelnden wertefundierten Plattform, die Bewegungen und Initiativen, die sich dem sozial-ökologischen Wandel verschrieben haben, unter einem Dach verzahnt und zugleich in eigenständigen, thematisch getrennten Portalen organisiert. Das Innovationspotenzial der von der gemeinwohlbilanzierten Medienagentur sinnwerkstatt aufgesetzten Plattform ergibt sich daraus, dass sie Green IT, Open Source-Anwendungen mit umfassender Funktionalität für Kollaboration, Vernetzung und Präsentation sowie die Hoheit über die eigenen Daten inklusive Datenschutzzertifizierung auf einer virtuellen Bedienoberfläche verbindet. Die Beta-Version wurde im September 2014 auf der vierten internationalen Degrowth-Konferenz für ökologische Nachhaltigkeit und soziale Gerechtigkeit in Leipzig präsentiert. Seit dem offiziellen Launch im Juni 2016 hat sich die *plattform n* als der virtuelle Raum von jungen Nachhaltigkeitsengagierten an Hochschulen in Deutschland etabliert. Sie ist zugleich Teil des genossenschaftlich organisierten Meta-Verbunds WECHANGE eG, in dessen Rahmen die *plattform n* und andere sozial-ökologisch orientierte Portale (siehe https://wechange.de/cms/partner) kontinuierlich weiterentwickelt und mit Schnittstellen verknüpft werden. Da hinter den Portalen gemeinnützig aufgestellte Organisationen stehen, die mit knappen Ressourcen haushalten, lag es auf der Hand, die finanziellen Mittel aus Förderanträgen und Eigenmitteln zu bündeln; die Entwicklung von Features und die Fehlerbehebung erfolgt dementsprechend solidarisch und kommt allen Portalen zugute.

Prinzipien, Werte, Funktionalität und Kennzahlen

Der WBGU formuliert in seinem Diskussionspapier zur Digitalisierung u. a. folgende zwei Schlüsselfragen für eine digitale, nachhaltige Gesellschaft: „Wie kann die durch die Digitalisierung ermöglichte Wissenszunahme und -verbreitung genutzt werden, um Menschen für die Gestaltung ihrer Zukunft zu befähigen und ihre Kompetenz in Bezug auf Nachhaltigkeit zu befördern?" (WBGU 2018, S. 2) sowie „Wie können Privatsphäre, Selbstbestimmung, Datenschutz und Datensicherheit gewährleistet werden?" (WBGU 2018, S. 3) Die Konzeption der *plattform n* und die damit einhergehenden vier übergreifenden inhaltlichen und technischen Prinzipien sind als Antwort des *netzwerk n* auf diese Fragen aufzufassen:

1. Studierende als (Mit-)Gestalter_innen von Hochschulen: Dieses Prinzip bedeutet eine Abkehr vom dominanten Verständnis, wonach Studierende vorwiegend Wissenskonsument_innen seien. Der Nationale Aktionsplan BNE unterstreicht die Bedeutung von Studierenden und widmet ihnen das programmatisch titulierte Handlungsfeld „Studierende und Absolventinnen und Absolventen als zentrale Gestalterinnen und Gestalter nachhaltiger Entwicklung ermutigen, unterstützen und ernsthaft partizipieren lassen" (BMBF 2017, S. 62).
2. (Über-)örtliche und statusgruppenübergreifende Sichtbarkeit, Vernetzung und Kollaboration: Die Erfahrungen des *netzwerk n* wie auch die Studie von Flohr (2019, S. 14) belegen, dass in allen Statusgruppen Engagierte für eine nachhaltige Hochschulentwicklung zu finden sind. Bislang halten sich diese nachhaltigkeitsbezogenen Akteure jedoch in segmentierten Handlungsräumen und in einer thematischen Nische auf. Um die Wirkmächtigkeit engagierter Akteure für Transformationsprozesse zu stärken, gilt es, das bestehende Engagement sowie Beispiele des Gelingens innerhalb einer Hochschule und hochschulübergreifend zu identifizieren, transparent zu machen, zu bündeln, zu transferieren und zu skalieren. Der örtliche und überörtliche Austausch von System-, Ziel-, Handlungs- und Erfahrungswissen und statusgruppenübergreifende Bündnisse lassen letztlich innovative und unkonventionelle Lösungsansätze für eine nachhaltige Entwicklung an Hochschulen kollaborativ entstehen. Zudem motiviert es ungemein, sich als Teil einer größeren Gemeinschaft und eines *Belief System* zu fühlen.
3. Konsistenz von informationstechnischer Infrastruktur und inhaltlicher Zielrichtung der Plattform: Die Server werden vollständig mit erneuerbarer Energie betrieben, die Hoheit über die Daten liegt durch den Serverstandort in Deutschland in den Händen

des *netzwerk n,* der TÜV Süd hat den Datenschutz zertifiziert und das deutsche und europäische Datenschutzrecht findet Anwendung. Weiterhin greifen die Entwickler_innen ausschließlich auf freie bzw. offene Softwarelösungen zurück, die für die Plattform gebündelt und adaptiert werden. Zugleich können programmieraffine Personen und studentische Ko-Entwickler_innen an der Verbesserung der Usability mitwirken, ihre Programmierfähigkeiten ausbauen und Erfahrungen in einer gemeinwohlorientierten Struktur sammeln.

4. Lebensstil- und Werte-Kohärenz: Letztlich ist die Plattform für eine Community ausgelegt, deren Mitglieder sich an Lebensstilen und Werten orientieren, die mit einer starken Nachhaltigkeit harmonieren. Ebenso sollen die Nutzer_innen ermutigt und befähigt werden, ihr Wissen über nachhaltige Entwicklung und die damit verbundenen Effizienz-, Konsistenz- und Suffizienzstrategien auf die Praxis ihres eigenen Lebens zu übertragen (Abb. 5.1).

An die vier Prinzipien anknüpfend bietet sich ein Überblick über den Aufbau und die Funktionen der Plattform an – in Abb. 5.1 ist ein Ausschnitt der Bedienoberfläche zu sehen. Die *plattform n* fokussiert bislang den deutschsprachigen Raum, ist aber dank der kollaborativen Weiterentwicklung im WECHANGE-Verbund auch auf Englisch, Französisch, Ukrainisch und Russisch zu nutzen. Mit der Registrierung werden die Nutzer_innen dem Forum hinzugefügt, das als zentraler Ort des Austauschs der gesamten Community fungiert. Davon abgegrenzt bestehen Gruppen, in denen Initiativen eigenständig arbeiten, und Projekte, in denen sich Teams für zumeist zeitlich begrenzte Aktivitäten bzw. für einzelne Formate zusammenfinden. Projekte können Gruppen zugeordnet werden, überdies bieten beide Ordnungseinheiten aber das identische Funktionsrepertoire – mit Ausnahme des Marktplatzes, der nur Gruppen zur Verfügung steht. Die sieben Basisfunktionen erscheinen in farblich differenzierten Kacheln auf dem Dashboard der Gruppen und Projekte und können je nach Bedarf zu- oder abgeschaltet werden: 1) Neuigkeiten posten und kommentieren sowie Echtzeitkommunikation, 2) Veranstaltungskalender und Terminabstimmung, 3) Aufgaben-Management im Team, 4) simultanes und asynchrones Verfassen und Bearbeiten von Texten und Tabellen mit Etherpads, 5) Dateienablage und -organisation, 6) Umfragen erstellen und auswerten, 7)

Abb. 5.1 Aufbau und Funktionen der *plattform n*

Marktplatz für Angebote wie Stellenanzeigen und Preisausschreibungen sowie Gesuche für z. B. Referent_innen.

Alle Objekttypen der Funktionen erlauben, optionale Meta-Attribute wie die Markierung von Personen, Tags, Themen oder eines Standorts hinzuzufügen und Verknüpfungen herzustellen, indem z. B. Etherpads, Dateien oder Veranstaltungen an Neuigkeiten angehängt werden. Das Open Source-Tool Leaflet kartiert, so denn ein Standort hinterlegt ist, auf einer Karte von OpenStreetMap Gruppen, Projekte, Veranstaltungen und Nutzer_innen, die, wie in Abb. 5.2 dargestellt, gefiltert im sichtbaren Kartenausschnitt, durch Begriffe oder durch definierte Themen, die das Engagement für nachhaltige Hochschulen strukturieren, angezeigt werden können. Dies dient dazu, Aktivitäten sichtbar zu machen und Interessierte zum Mitgestalten zu motivieren. Genauso wirken auch Microsites, mit denen Initiativen, die sich auf der Plattform in Gruppen und Projekten organisieren, ihre Inhalte sowie Informationen über sich und ihre Arbeit nach außen auch nicht registrierten Menschen kommunizieren. Weiterhin steht eine Nachrichtenfunktion zur Verfügung, mit der Nutzer_innen Direktnachrichten an einzelne Personen oder an alle Mitglieder von Gruppen und Projekten, denen sie selbst angehören, senden können. Ein nach eigenen Bedürfnissen filter- und individualisierbarer Aktivitäten-Feed liefert einen chronologischen Verlauf der relevanten Aktualitäten innerhalb des Portals. Um den Bedürfnissen nach Selbstbestimmung, Privatsphäre und Informationsfluss gleichermaßen gerecht zu werden, kann zum einen die Sichtbarkeit aller Objekttypen (Neuigkeiten, Veranstaltungen etc.) eingestellt werden – differenziert

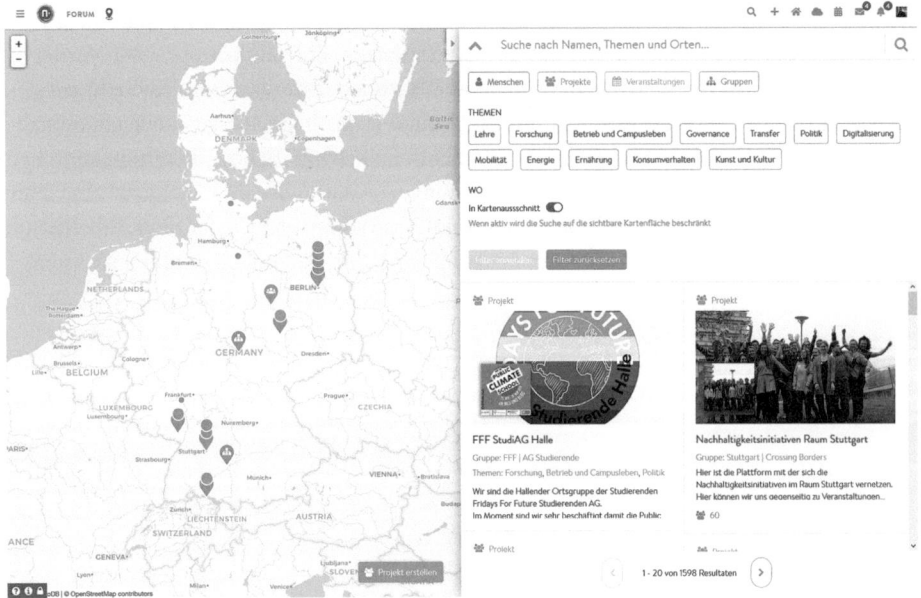

Abb. 5.2 Mapping der Plattform-Aktivitäten

in nur für den Verfasser bzw. die Verfasserin, für Mitglieder einer Ordnungseinheit (Gruppe, Projekt) oder öffentlich im Internet. Zum anderen entscheiden Nutzer_innen individuell in ihren Benachrichtigungseinstellungen, in welchem Rhythmus sie für welche Inhalte – optional ausdifferenziert für jede Ordnungseinheit, der sie angehören, und jeden Objekttyp – per Mail eine Zusammenfassung der Aktualitäten erhalten möchten.

Mit Stand vom April 2019 versammelt die *plattform n* mehr als 4300 Nutzer und Nutzerinnen – darunter bislang größtenteils Studierende – in über 90 Gruppen und über 550 Projekten. Fast zwei Drittel aller Mitglieder meldeten sich in den letzten beiden Jahren auf der Plattform an. Seit April 2017 liegen Daten vor, anhand derer die Nutzungsintensität abzulesen ist. Wie in Abb. 5.3 zu erkennen ist, steigt das Aktivitätsniveau, illustriert durch die Anzahl der wöchentlichen Besuche auf der Onlineplattform und die Anzahl der vollständig geladenen Seiten binnen einer Woche, kontinuierlich an, wobei die Intensität entsprechend des Semesterzyklus' schwankt – in den vorlesungsfreien und Prüfungszeiten wie auch rund um Weihnachten und Silvester ruht das Engagement tendenziell. Auffällig ist, dass Ende April 2017 die Besucherzahlen einen kurzen Höhepunkt erreichten, dann aber sofort abflachen, was darauf hindeutet, dass Hochschulinitiativen die Plattform zu diesem Zeitpunkt nur testweise nutzten und sich erst langsam damit vertraut machten. Dagegen ergaben sich in den folgenden Semestern während der Vorlesungszeit deutlich konstantere Werte auf hohem Niveau, woraus abzuleiten ist, dass Gruppen und Einzelpersonen begannen, die Plattform als ihr Tool anzunehmen.

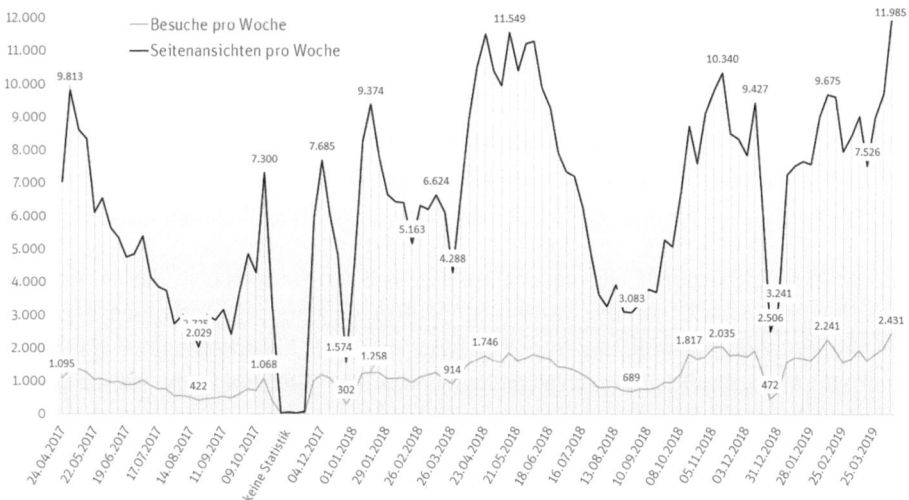

Abb. 5.3 Besuche und Seitenansichten der *plattform n*, April 2017 bis April 2019

Erfahrungen und Ausblick

Die *plattform n* zeigt, wie die Digitalisierung Engagierte im Bereich der nachhaltigen Hochschulentwicklung dabei unterstützt, die Transformation ihrer Hochschulen zu initiieren, mitzugestalten und zu beschleunigen und ihre Inhalte, Ansätze, Wünsche und Forderungen authentisch und kohärent auch auf der Ebene der informationstechnischen Infrastruktur zu vertreten. Das Aufsetzen oder die Nutzung einer Onlineplattform ist jedoch allenfalls ein Mittel, um den sozial-ökologischen Wandel zu begleiten, in keinem Fall die Lösung für die Reduktion unnachhaltigen Verhaltens von Organisationen und Individuen oder sogar alleinig der Zweck des Engagements. Im Internet gibt es eine beträchtliche Anzahl an öffentlich geförderten oder von gemeinnützigen Vereinen initiierten Webseiten und Plattformen, die ungenutzt blieben, in Vergessenheit geraten und als digitale Leichen im Internet zu finden sind. Das *netzwerk n* sammelte seit 2016 Erfahrungen, wie die *plattform n* diesem Schicksal entgehen kann und stattdessen von einer aktiv nutzenden Community getragen wird. Erst durch die Verzahnung von Online- und Offline-Angeboten steigt die Attraktivität eines digitalen Vernetzungs- und Kollaborationstools. Alle Formate und Tätigkeiten des *netzwerk n* sind auf der Plattform in Gruppen, in Projekten oder im Forum abgebildet – sie ist gewissermaßen der Knotenpunkt der Aktivitäten. Die *plattform n* ist beispielsweise ein Grundbaustein des Wandercoaching-Programms, in dem engagierte Studierende und Promovierende studentische und teils statusgruppenübergreifende Nachhaltigkeitsinitiativen im Peer-to-Peer-Format coachen und unter anderem methodisch an die Nutzung der Plattform heranführen. Für Hochschulinitiativen senkt diese Verzahnung zugleich die Hürde, ihre zumeist langfristig gewachsenen Gewohnheiten der digitalen Arbeitsorganisation zu überprüfen und zu verändern. Wenn eine Initiative sich für die *plattform n* entscheidet, so ist es förderlich, wenn sie zu einem festgelegten Zeitpunkt ihre digitalen Tools vollständig wechselt, anstelle Parallelstrukturen zu erhalten, die zu Unzufriedenheit führen. In diesem Kontext ist der Plattform-Einstieg durchaus herausfordernd, aber anschließend entsteht ein mit der Nutzungsdauer und sich zyklisch mit neuen Initiativ-Mitgliedern verstärkender Kreislauf, der die Community nachhaltiger Hochschulakteure verstetigt, da die Plattform als Standardtool mehr und mehr Bedeutung erlangt. In der vorgelagerten Aufbauphase der Community sind die Betreuung der Nutzer_innen, die inhaltliche Aktivierung und die Kommunikation von Inhalten durch studentische Hilfskräfte und entgeltlich Beschäftigte unabdingbar, da erfahrungsgemäß das Vertrauen in diesen virtuellen Raum und ein Gespür für die Praxis der Plattformnutzung erst erwachsen muss. Die solidarische Weiterentwicklung der Plattform und die Finanzierung in einem Verbund minimiert das Risiko ausbleibender finanzieller Mittel und des Stillstands, was Programmierung, Konzeption und Design anbelangt.

Perspektivisch ist die Weiterentwicklung der *plattform n* auf vier Ebenen angedacht. Erstbenutzer_innen entscheiden nach der inhaltlichen Ausrichtung der Community und insbesondere nach ästhetischen Kriterien, ob und in welchem Ausmaß eine

Online-Plattform als stetiger Wirkungsraum für sie attraktiv erscheint. Funktionalität (Back-End) und visuelle Darstellung (Front-End) sind aufeinander angewiesen. Um Nutzer_innen gewinnen und halten zu können, ist daher erstens ein zielgruppenorientiertes Redesign der *plattform n* geplant. Zweitens gilt es, Fehler zu beheben, inkrementell das Bestehende zu optimieren und die Kernfunktionen zu verbessern. Für Letzteres ist anvisiert, die Dokumentenbearbeitung mithilfe der basalen Lösung der Etherpads durch OnlyOffice (Google Docs-Imitation) zu ergänzen, Rocket. Chat (Slack-Imitation) anstelle der Neuigkeitenfunktion zu integrieren, die Dateiablage durch das Cloud-System mit Desktop- und Smartphone-Anbindung Nextcloud (Dropbox-Imitation) abzulösen und letztlich Abstimmungen, Umfragen und Diskussionen durch Anwendungen wie brabbl, systemisches Konsensieren oder Liquid Democracy zu erleichtern. Drittens soll die Plattform konzeptionell dahingehend neu gedacht werden, dass sich eine mit Schnittstellen und gemeinsamen virtuellen Räumen verbundene statusgruppenübergreifende internationale Community zuerst im deutschsprachigen Raum und perspektivisch mit Frankreich, den Niederlanden und Großbritannien herausbildet, die neben Studierenden ebenso alle weiteren Statusgruppen an Hochschulen umfasst. Viertens soll langfristig Lehren, Lernen und Engagement wechselseitig durch eine Zweiteilung der Plattform ermöglicht werden. Zum einen kann über Kooperationen und Schnittstellen ein Bereich mit Lehrveranstaltungen mit Nachhaltigkeitsbezug und nach BNE-Kriterien in die Plattform integriert werden, in dem Studierende Leistungspunkte erwerben und an ihren jeweiligen Hochschulen anrechnen lassen können. Zum anderen besteht weiterhin der Engagementbereich, in dem die Lernenden unabhängig der Zugehörigkeit zu einer Statusgruppe Selbstwirksamkeit erfahren und das Gelernte in der Praxis anwenden und sich darüber austauschen können. Durch diese Verbindung soll die viel zitierte Intentions-Verhaltens-Lücke (Sheeran 2002) geschlossen werden, die gegenwärtig einer nachhaltigen Entwicklung entgegensteht. Das Lehrveranstaltungsangebot folgt einem problem-, handlungs- und forschungsorientierten Ansatz und wird onlinebasiert (Webinar) oder hybrid (Blended Learning) durchgeführt. Ziel ist es, eine befruchtende Wechselwirkung zwischen Lehren, Lernen und Engagement herzustellen und somit Studierende für das Thema Nachhaltigkeit zu sensibilisieren, interessierten Dozierenden eine größere Reichweite ihrer Lehrveranstaltungen zu bieten und insbesondere Studierende, Promovierende und Lehrende zum eigenen Handeln bzw. Engagement zu motivieren.

Um die Funktionalität und das Design der Plattform zu erhalten, weiterzuentwickeln und mit anderen Open Source-Anwendungen verzahnen zu können, braucht es ein Bewusstsein seitens potenzieller Fördermittelgeber und Projektträger, dass Förderlinien für Digitalisierungsprojekte und -strukturen prioritär und obligatorisch Kriterien der Nachhaltigkeit enthalten müssen, dass die benannten Eigenlogiken kommerzieller Anbieter bezüglich Privatsphäre, Datenschutz, Verwertung und Produktkonzeption einzuhegen sind bzw. der Großen Transformation entgegenstehen und dass letztlich übergreifende, wertefundierte, gemeinwohlorientierte, kooperative und modulare Konzepte, wie das in diesem Artikel vorgestellte, politisch wertzuschätzen und zu unterstützen sind

– bislang mangelt es an allen drei Punkten. Gemeinwohlorientierte digitale Lösungen wie die Plattformen des WECHANGE-Verbunds verharren noch in der Nische, da sie im Vergleich zu den Software-Angeboten großer Tech-Konzerne qua ihres marginalen Investitionskapitals in puncto Benutzerfreundlichkeit und Funktionalität unterlegen sind. Die Weiterentwicklung erfolgt in kleinen Schritten und basiert auf dem ehrenamtlichen Engagement und der intrinsischen Motivation von Menschen, die die Große Transformation mitgestalten wollen, die angesichts omnipräsenter ökologischer, sozialer und ökonomischer Krisen bereits ein gesellschaftliches Alternativmodell erproben und (vor-) leben und die ihr Handeln authentisch nach außen und nach innen vertreten. In diesem Kontext ist der Anfang 2019 verkündete Entschluss der Deutschen Bundesstiftung Umwelt, Digitalisierung als Querschnittsthema in die Förderlinien aufzunehmen, als zukunftsweisend zu werten. Ebenso ist das Bundesministerium für Bildung und Forschung hervorzuheben, das die *plattform n* als ein Bestandteil der Projektförderung des *netzwerk n* finanziell unterstützt und somit den professionellen Aufbau einer Nachhaltigkeits-Community an Hochschulen und die professionelle Weiterentwicklung erst ermöglichte. Abschließend bleibt spezifisch für die *plattform n* zu wünschen, dass sich Studierende in wachsender Zahl ihrer eigenen Wirkkraft an ihrem Transformationsort Hochschule bewusst werden und beginnen, diesen Ort als Experimentierfeld mitzugestalten, dass sich Lehrende, Hochschulmitarbeitende und Hochschulleitungen offen zeigen, hochschulübergreifend Transformationsprozesse anzustoßen, zu begleiten und zeitliche, materielle und personelle Ressourcen dafür einzusetzen, und dass letztlich politische und administrative Entscheider_innen mutiger in ihren eigenen Einrichtungen und in ihren Förderentscheidungen auf digitale, wertefundierte Alternativlösungen abseits der kommerziellen Logik setzen.

Literatur

BMBF – Bundesministerium für Bildung und Forschung (Hrsg.). (2017). Nationaler Aktionsplan Bildung für nachhaltige Entwicklung. Der deutsche Beitrag zum UNESCO-Weltaktionsprogramm. https://www.bmbf.de/files/Nationaler_Aktionsplan_Bildung_f%C3%BCr_nachhaltige_Entwicklung.pdf. Zugegriffen: 19. Apr. 2019.

Brock, A., Etzkorn, N., & Singer-Brodowski, M. (2017). *Kurzexpertise. Verankerung von Bildung für nachhaltige Entwicklung (BNE) in den Nachhaltigkeitsstrategien der Bundesländer*. Berlin: Institut Futur.

Bundesregierung (Hrsg.). (2017). Deutsche Nachhaltigkeitsstrategie. Neuauflage 2016. https://www.bundesregierung.de/resource/blob/975292/730844/3d30c6c2875a9a08d364620ab7916af6/deutsche-nachhaltigkeitsstrategie-neuauflage-2016-download-bpa-data.pdf?download=1. Zugegriffen: 19. Apr. 2019.

Bundesregierung (Hrsg.). (2018). Deutsche Nachhaltigkeitsstrategie. Aktualisierung 2018. https://www.bundesregierung.de/resource/blob/975274/1546450/65089964ed4a2ab07ca8a4919e09e0af/2018-11-07-aktualisierung-dns-2018-data.pdf?download=1. Zugegriffen: 19. Apr. 2019.

COP21 (2015). *Übereinkommen von Paris*. https://www.bmu.de/fileadmin/Daten_BMU/Download_PDF/Klimaschutz/paris_abkommen_bf.pdf. Zugegriffen: 19. Apr. 2019.

Flohr, M., unter Mitwirkung von Singer-Brodowski, M. (2017). *(Un-)bezahlbar, (un-)zählbar? Die staatliche Förderung der außerschulischen Bildung für nachhaltige Entwicklung in Deutschland im Zeitraum 2011 bis 2016.* https://doi.org/10.13140/RG.2.2.24318.48961.

Flohr, M. (2019). Nachhaltigkeitsnetzwerke an Hochschulen. Die transformative Kraft von Verbindungen. https://www.researchgate.net/publication/331894285_Nachhaltigkeitsnetzwerke_an_Hochschulen_Die_transformative_Kraft_von_Verbindungen. Zugegriffen: 19. Apr. 2019.

Flohr, M., & Markus, L. (Hrsg.). (2020). *Suffizienz an Hochschulen im ländlichen Raum.* Berlin: netzwerk n. https://kurzelinks.de/suffizienz.

HRK (2018). Für eine Kultur der Nachhaltigkeit. Empfehlung der 25. HRK-Mitgliederversammlung vom 6.11.2018. https://www.hrk.de/positionen/beschluss/detail/fuer-eine-kultur-der-nachhaltigkeit. Zugegriffen: 19. Apr. 2019.

Kommission der Europäischen Union (2001). Einen europäischen Raum des lebenslangen Lernens schaffen. https://eur-lex.europa.eu/LexUriServ/LexUriServ.do?uri=COM:2001:0678:FIN:DE:PDF. Zugegriffen: 19. Apr. 2019.

Lange, S., & Santarius, T. (2018). *Smarte grüne Welt? Digitalisierung zwischen Überwachung, Konsum und Nachhaltigkeit.* München: oekom.

netzwerk n. (Hrsg.). (2018). *Zukunftsfähige Hochschulen gestalten. Beispiele des Gelingens aus Lehre, Forschung, Betrieb, Governance und Transfer*, 2., aktualisierte Aufl. https://netzwerk-n.org/wp-content/uploads/2018/08/ONLINE_Print_Version_GoodPracticeSammlung2018_netzwerkn_OnlineVersion-1.pdf. Zugegriffen: 19. Apr. 2019.

netzwerk n (Hrsg.). (2019). Digitale Nachhaltigkeitslandkarten. Kompetenzzentrum Nachhaltige Universität, Universität Hamburg. https://netzwerk-n.org/portfolios/digitalenachhaltigkeitslandkarten. Zugegriffen: 19. Apr. 2019.

Santarius, T. (2012). *Der Rebound-Effekt. Über die unerwünschten Folgen der erwünschten Energieeffizienz.* Wuppertal: Wuppertal Institut für Klima, Umwelt, Energie.

Schmid, U., Zimmermann, V., Baeßler, B., & Freitag, K. (2018). Machbarkeitsstudie für eine (inter-)nationale Plattform für die Hochschullehre. https://hochschulforumdigitalisierung.de/sites/default/files/dateien/Ergebnisbericht_Machbarkeitsstudie_Hochschulplattform.pdf. Zugegriffen: 19. Apr. 2019.

Sheeran, P. (2002). Intention – Behavior relations: A conceptual and empirical review. *European Review of Social Psychology, 12*(1), 1–36.

Statistisches Bundesamt (2018). *Bildung und Kultur. Nichtmonetäre hochschulstatistische Kennzahlen. 1980–2017.* Fachserie 11 Reihe 4.3.1. https://www.destatis.de/DE/Publikationen/Thematisch/BildungForschungKultur/Hochschulen/KennzahlenNichtmonetaer2110431177004.pdf?__blob=publicationFile. Zugegriffen: 19. Apr. 2019.

Statistisches Bundesamt (2019). *Bildung und Kultur. Studierende an Hochschulen. Sommersemester 2018.* Fachserie 11, Reihe 4.1. Wiesbaden: Statistisches Bundesamt. https://www.destatis.de/DE/Themen/Gesellschaft-Umwelt/Bildung-Forschung-Kultur/Hochschulen/Publikationen/Downloads-Hochschulen/studierende-hochschulen-ss-2110410187314.pdf?__blob=publicationFile&v=4. Zugegriffen: 19. Apr. 2019.

Steffen, W., Richardson, K., Rockström, J., Cornell, S. E., Fetzer, I., & Bennett, E. M. et al. (2015). Sustainability. Planetary boundaries. Guiding human development on a changing planet. *Science, 347.* https://doi.org/10.1126/science.1259855.

UN-Generalversammlung (2015). Resolution der Generalversammlung, verabschiedet am 25. September 2015. Transformation unserer Welt: die Agenda 2030 für nachhaltige Entwicklung. https://www.un.org/Depts/german/gv-70/band1/ar70001.pdf. Zugegriffen: 19. Apr. 2019.

WBGU – Wissenschaftlicher Beirat der Bundesregierung Globale Umweltveränderungen (2011). *Welt im Wandel. Gesellschaftsvertrag für eine Große Transformation. Hauptgutachten 2011.* Berlin: WBGU. https://www.wbgu.de/fileadmin/user_upload/wbgu/publikationen/hauptgutachten/hg2011/pdf/wbgu_jg2011.pdf. Zugegriffen: 19. Apr. 2019.

WBGU – Wissenschaftlicher Beirat der Bundesregierung Globale Umweltveränderungen (2018). *Digitalisierung: Worüber wir jetzt reden müssen.* Berlin: WBGU. https://www.wbgu.de/fileadmin/user_upload/wbgu/publikationen/factsheets/digitalisierung.pdf. Zugegriffen: 19. Apr. 2019.

WBGU – Wissenschaftlicher Beirat der Bundesregierung Globale Umweltveränderungen (2019). *Unsere gemeinsame digitale Zukunft. Zusammenfassung.* Berlin: WBGU. https://www.wbgu.de/fileadmin/user_upload/wbgu/publikationen/hauptgutachten/hg2019/pdf/WBGU_HGD2019_Z.pdf.

6
Formatentwicklung, Betreuungsmodell und Organisationsstrukturen: Ebenen und Erfolgsfaktoren für Nachhaltigkeit in digitalen Lernarrangements

Felix C. Seyfarth, Franziska Wolf und Ellen Pflaum

Ebenen der Nachhaltigkeit für digitale Lernarrangements

Hintergrund

Die Bewegungen Open Science und Open Access propagieren seit der Jahrhundertwende freie Lizenzen für Forschungsdaten und Forschungsergebnisse (Heise 2018). Analog steht Open Education für universalen Bildungszugang und den offenen Zugriff auf digitale Lernmaterialien (OECD 2006; Downes 2007; Atkins et al. 2007; Brown und Adler 2008). Digitale Lehrmittel und Curricula sollen über operative Kursphasen hinaus als Open Educational Resources (OER) unter freier Lizenz veröffentlicht und verbreitet werden, so dass für Kursteilnehmer der Zugriff auf typischerweise mit öffentlichen Mitteln finanziertes Lernmaterial gewährleistet bleibt (OECD 2015). So veröffentlichte Lernmaterialien können aber auch in anderen Lernzusammenhängen verwendet und verwertet werden (Ebner und Schön 2013; Law und Jelfs 2016). Das OER-Lizenzmodell

---

F. C. Seyfarth (✉)
Institut für Systemisches Management und Governance (IMP-HSG), Universität St.Gallen, St.Gallen, Schweiz
E-Mail: felix.seyfarth@unisg.ch

F. Wolf · E. Pflaum
Hochschule für Angewandte Wissenschaften Hamburg, Hamburg, Deutschland
E-Mail: franziska.wolf@haw-hamburg.de

E. Pflaum
E-Mail: ellen.pflaum@haw-hamburg.de

© Springer-Verlag GmbH Deutschland, ein Teil von Springer Nature 2021
W. Leal Filho (Hrsg.), *Digitalisierung und Nachhaltigkeit,* Theorie und Praxis der Nachhaltigkeit, https://doi.org/10.1007/978-3-662-61534-8_6

umfasst gemäß UNESCO-Definition[1] nicht nur Nutzungsrechte für die Wiederverwendung, sondern schließt die Bearbeitung für eine Weiterverwendung ein. Ohne Lizenzkosten oder urheberrechtliche Beschränkungen können OER angepasst werden für Zielgruppen, Lernziele und lokalen Kontext (Olcott 2012).

Ein aktueller Sammelband zum Thema „Open Education: from OER to MOOC" (Jemni et al. 2016) darauf, dass Offenheit für emergente digitale Lernformate mehr umfasst als reine Lehrmittel (*content*). Kursangebote von Hochschulen oder hochschulnahen Anbietern wie *Coursera* oder *Udacity* werden als *Massive Open Online Courses*, kurz MOOC, bezeichnet (Siemens 2013), weil offene Kursteilnahme ohne Zugangs- und Zulassungskriterien virtuelle Lerngruppen von Tausenden ermöglicht. Sofern sich solche global offenen Lernarrangements auf OER stützen, bieten sie einen vielversprechenden Ansatz für einen weltweit verfügbaren kostenlosen Zugang zu qualitativ hochwertiger Bildung (Daradoumis et al. 2013). Offene digitale Lernarrangements sind deshalb mit Hoffnungen auf „demokratisierten" Bildungszugang verbunden, besonders in benachteiligten Regionen der Welt, wo Lernende in großer geographischer Entfernung zu Anbietern von Präsenzlehre leben und für sozial marginalisierte Gruppen, die durch Zulassungshürden von formalen Bildungsangeboten ausgeschlossen sind (Siemens 2013, S. 9).

Offene digitale Lernarrangements verbreiten sich zunehmend auch in der deutschen Hochschullandschaft (Schulmeister 2013; Deimann et al. 2015; HRK 2016) und ermöglichen Teilnehmern in geographischer Entfernung voneinander die effektive Wissensvermittlung und den praxisnahen Kompetenzerwerb mittels internationaler Lerngruppen, die „massiv" grösser sind als konventionelle Präsenzveranstaltungen (DAAD 2014). Überzeugende Szenarien für die Nutzung von MOOC in der grundständigen Lehre öffentlicher deutscher Hochschulen fehlen bislang, jedoch zeigen sich langfristige Potenziale für Fernlehre (*distance learning*) und digital flankierte Präsenzlehre (*blended learning*), speziell im Bereich kompetenzorientierter Weiterbildung (Laurillard 2016). Fortbildungsangebote auf akademischem Niveau spielen eine wichtige Rolle in den gewachsenen Erwartungen an das Aufgabenportfolio einer „unternehmerischen Hochschule" (Reisswig 2013). Offenheit umfasst also neben den genannten materiellen und didaktischen Aspekten auch noch eine organisationale Dimension: Bildungsangebote für neue Zielgruppen implizieren für Hochschulen eine institutionelle Offenheit für ihre „dritte Mission" (Etzkowitz et al. 2000), nämlich höhere internationale Sichtbarkeit, die Ansprache bildungsferner Lerngruppen und verbesserte globale Bildungschancen (vgl. Seyfarth 2014).

---

[1]Die UNESCO (2012, S. 1) definiert OER als „Lern- und Forschungsressourcen in Form jeden Mediums, digital oder anderweitig, die gemeinfrei sind oder unter einer offenen Lizenz veröffentlicht wurden, welche den kostenlosen Zugang, sowie die kostenlose Nutzung, Bearbeitung und Weiterverbreitung durch andere ohne oder mit geringfügigen Einschränkungen erlaubt," d. h. Creative Commons-Lizenzen CC-0, CC-BY und CC-BY-SA.

Nach der anfänglichen Begeisterung für zugangsoffene und zulassungsfreie akademische Onlinekurse haben praktische Erfahrungen in den vergangenen Jahren jedoch gezeigt, dass die Möglichkeit als OER verfügbare Lernmittel kostenlos zu lizenzieren für die nachhaltige Nutzung durch Lehrende allein nicht ausreicht (Rohs und Ganz 2015). Hochschullehrende verwenden OER nur dann, wenn sie sowohl einen pädagogischen Mehrwert erzielen als auch institutionelle Unterstützung erfahren, z. B. durch Bibliotheken, Rechenzentren oder hochschuldidaktische Schulungen. Die größten Hürden für die Wiederverwendung in der Hochschullehre sind fehlende Expertise im Umgang mit OER und Schwierigkeiten bei der schnellen Auffindbarkeit geeigneter, qualitätsgesicherter Materialien (Belikov und Bodily 2016). Dieser Befund überrascht, weil nach der Konzeption eines geeigneten Curriculums für digitale Lehre hohe Initialkosten für die Eigenproduktion hochwertiger digitaler Lernmaterialien erforderlich werden (Bitkom 2016). Vor allem die Produktion von Videomaterial verursacht hohe Aufwände und Kosten, soll sie akademischen Qualitätsansprüchen der anbietenden Hochschule sowohl in didaktischen Gesichtspunkten als auch für die Außenkommunikation mit Lernergruppen gerecht werden (Reutemann 2018).

Zusätzlich zu Investitionen in geeigneten Content erfordern zeitgemäße digitale Kursformate eine aktive Moderation während der Kursphasen. Mit der Verbreitung sozialer Netzwerke (kurz: Web 2.0) gehen Kanäle und Praktiken digitaler Interaktion einher, die im Vergleich mit statischen eLearning-Formaten der ersten Generation vielfältige didaktische Gestaltungsmöglichkeiten für differenziertes Feedback, Lernfortschrittskontrollen und partizipatives Lernen bieten (McPherson 2016). Dadurch entstehen allerdings Arbeitsaufwände für angemessenen Betreuung von interaktiven MOOC während der Kursphase (*mentoring*), sollen hohe Abbruchquoten vermieden werden (Khalil und Ebner 2014). Ressourcen für die Betreuung der Kursphasen und zuverlässige individuelle Lernfortschrittskontrollen wachsen zwar nicht direkt proportional mit den größeren Teilnehmerzahlen in MOOC; sofern hinreichende gute Lernverläufe erreicht werden sollen, sind sie allerdings vergleichbar mit Aufwänden in der Präsenzlehre. Digitalisierung bedeutet hinsichtlich der Betreuungsleistung nicht Arbeits- oder Kostenersparnis, sondern ermöglicht die gewünschte Verbreiterung des Bildungszugangs in der Fernlehre, die solche Echtzeitbetreuung nunmehr losgelöst von den räumlichen und zeitlichen Begrenzungen der Veranstaltungstermine auf dem Campus verfügbar macht. Solange mit innovativen Lernformaten für einen generellen Erkenntnisgewinn experimentiert wird, sind solche Mehraufwände akzeptabel. Problematisch ist die fehlende Kongruenz mit dem institutionellen Ressourcenmodell der sonstigen Hochschullehre für die zunehmend geforderte Verstetigung im Regelbetrieb. Ressourcen für die Entwicklung von OER wären nachhaltiger eingesetzt, könnten Lehrende die Mehrfachnutzung der Lernmaterialien innerhalb geeigneter Rahmenbedingungen erwarten (Mayrberger und Steiner 2015).

Von dieser Erkenntnis über den Einfluss von Organisationsstrukturen und -praktiken auf die Nachhaltigkeit digitaler Lernarrangements geleitet, haben sich im Bundesland

Hamburg sechs staatliche Hochschulen, Dienstleister und Bildungsbehörden[2] im Kooperationsverbund *Hamburg Open Online University* (HOOU) zusammengeschlossen. Als virtuelle Netzwerkorganisation fördert die HOOU Synergien bei der Veröffentlichung und Verbreitung von OER und bietet mit einer gemeinsamen technischen und organisatorischen Plattform ein stützendes institutionelles Umfeld für das Erproben und das nachhaltige Verwerten digitaler Lernarrangements (HOOU 2016).

Digitale Lernarrangements und Nachhaltigkeit

Emergenten Formen mediatisierten Lernens wird kritisch entgegengehalten, ihr Fokus läge primär auf der reinen Verbreitung digitaler Inhalte. So würden nachweislich ineffektive Lehrmodelle des Frontalunterrichts für große Gruppen skaliert und somit digital perpetuiert, die Qualität tatsächlicher Lernverläufe hingegen vernachlässigt (vgl. Gamage et al. 2015). Diese Kritik trifft vor allem Formate der ersten MOOC-Welle, die sich an traditionelle Vorlesungen anlehnten. Ihre Bezeichnung extension MOOC (*xMOOC*) verweist darauf, dass es sich um wenig mehr als digital erweiterte Hörsaalformate handelt. Solche Öffnung bestehender Lehrveranstaltungen, mit vergleichsweise wenig didaktischem und technischem Aufwand produzierbar, zielt tatsächlich auf relativ passiven Informationskonsum. Ohne differenzierte Teilnahmevoraussetzungen, individuelle Betreuung und Partizipationsmöglichkeiten resultiert daraus ein relativ starres Curriculum. Die erfolgreiche Teilnahme bis zum Abschluss eines solchen xMOOC setzt entsprechendes Vorwissen, geeignete Lernstrategien und hohe Selbstdisziplin voraus (Rodriguez 2013).

Unter dem recht willkürlich verwendeten MOOC-Etikett werden heute offene Lernformate unterschiedlichster inhaltlicher, pädagogischer und didaktischer Ausprägung angeboten (Siemens 2013). Glance et al. (2013) identifizieren als strukturelle Gemeinsamkeiten solcher Kursformate eine hohe Anzahl von Teilnehmern (>150), keinerlei Zugangsvoraussetzungen oder Zulassungsbeschränkungen, kurze Videoclips zur Wissensvermittlung kombiniert mit Selbsttests zur Leistungsüberprüfung, automatisierte Leistungsbewertung und/oder peer review bzw. Selbsteinschätzung für die Lernfortschrittskontrolle, Kurskommunikation via Blogs, Diskussionsforen und weiteren (lern-) unterstützenden Interaktionskanälen. Diese synchrone und asynchrone Interaktion unterscheidet die aktuellen digitalen Lernformate grundsätzlich von vorgängigen Generationen

---

[2]Hochschulpartner sind die Universität Hamburg (UHH) mit dem Universitätsklinikum Hamburg-Eppendorf (UKE), die Hochschule für Angewandte Wissenschaften Hamburg (HAW Hamburg), die Technische Universität Hamburg (TUHH), die HafenCity Universität (HCU), die Hochschule für bildende Künste (HFBK) sowie die Hochschule für Musik und Theater (HFMT). Weitere Verbundpartner sind das Multimediakontor Hamburg (MMKH), die Behörde für Wissenschaft, Forschung und Gleichstellung und die Senatskanzlei (ausführlich unter www.hoou.de).

technologiegestützter Fernlehre „aus der Konserve", weil sie didaktische Strategien mit individuellem Feedback und Gruppenarbeit ermöglicht (Downes 2016). Bereits Kreijns et al. (2003) haben die Rolle sozialer Gemeinschaft für den Wissenserwerb für webbasierte Lernumgebungen betont: Geeignete Betreuungsmodelle durch fachlich versierte Moderatoren und technisch kompetente Tutoren) spielen für Lernerfolg eine ebenso wesentliche Rolle wie die angemessene Formatentwicklung für die eingesetzten Lernmittel. Neuere konnektivistisch beeinflusste Lerndesigns (*connectivist MOOC, cMOOC*) knüpfen an diese Erkenntnisse an (vgl. Bremer und Thillosen 2013) und konzentrieren sich auf vernetztes, kooperatives und situiertes Lernen in Gemeinschaften (*communities of practice, CoP*). Methoden des *peer-learning* motivieren Kursteilnehmer und schaffen transparentere Lernverläufe, so dass Probleme mit Abbruchquoten und Plagiat vermindert werden (Siemens 2013). Koedinger et al. (2015) weisen für interaktive Strategien wie adaptives Feedback und intelligentes Tutoring bis zu sechsmal effektivere Lernverläufe für interaktive *learning-by-doing MOOC* nach, im Vergleich mit sogenannten *lecture MOOC*, die sich auf reine Informationsvermittlung via Video und Textlektüre beschränken.

Ausschlaggebend für didaktische Leistungsfähigkeit eines Onlinekurses ist also letztlich die konsequente Ausrichtung an konkreten Lernbedarfen, die den erziehungswissenschaftlichen Fokus auf Lernende (nicht auf den „Stoff") und die damit einhergehende Kompetenzorientierung, kombiniert mit dem in der Softwareentwicklung wurzelnden Paradigma der Nutzerzentrierung (*user-centered-design*, s. Bretschneider und Pflaum 2016). Neben der notwendigen Offenheit der Lernmittel (OER) folgt für solche lernerzentrierten Ansätze aus der Offenheit von Zugang und Zulassung eine korrespondierende Offenheit bei Inhalten und Didaktik (Cormier und Siemens 2010). Je nach Lernbedarfen und Lernzielen der jeweiligen Lerngruppe erfordern offene digitale Lernarrangements für Curriculum und Betreuungsmodell deshalb eine weitreichende grundsätzliche Flexibilität (*open curriculum*), die konzeptionell von den fundamentalen Prämissen konventioneller Hochschullehre abweicht (vgl. deBoer et al. 2014).

Potentiale digitaler Lernarrangements für nachhaltige Entwicklung

Digitale Formate können in der deutschen Hochschullandschaft dazu beitragen, bislang schwer erreichbare Zielgruppen kosteneffizient zu erschließen. Wie Forschung und Lehre muss allerdings auch diese „dritte Mission" der Hochschulen mit Blick auf Internationalisierung, Entwicklungszusammenarbeit und regionales Wirtschaftswachstum zunehmend konkreten Nachhaltigkeitskriterien auf mehreren Ebenen genügen (Kember 2007). Der Brundland-Report „Our Common Future" enthält die meistzitierte Definition nachhaltiger Entwicklung, die generationenübergreifende Konsequenzen der wirtschaftlichen, sozialen und ökologischen Dimensionen umfasst: „Sustainable development [...] meets the needs of the present without compromising the ability of future generations to meet their own needs" (WCED 1987). Globale Zusammenarbeit nutzt als konkreten Rahmen für zukünftige Entwicklungspfade die siebzehn globalen Nachhaltigkeitsziele (Sustainable Development Goals, SDG) der Vereinten Nationen (BMZ 2018). Für den konkreten Zusammenhang kann Nachhaltigkeitsverständnis damit etwa den systematischen, langfristig nachhaltigen Verbrauch natürlicher Ressourcen, eine nationaler Entwicklungspfad für sozialen und wirtschaftlichen Fortschritt ohne Umweltzerstörung, eine gerechte, ethisch korrekte, moralisch faire und ökonomisch gesunde Entwicklungspolitik, oder auch die gleichwertige Balance von Ökonomie und Ökologie betonen (Leal Filho und Mannke 2007). Bildungseinrichtungen sind entsprechend aufgefordert, Nachhaltigkeitsdenken in curricularen Inhalten, Lehrmethoden und administrativen Prozessen zu berücksichtigen. Im internationalen Diskurs als Education for Sustainable Development (ESD) bezeichnet, ist zahlreichen Definitionen gemeinsam, dass entsprechende Maßnahmen langfristig eine gesamtgesellschaftliche Transformation zu mehr Nachhaltigkeit unterstützen (Cloud 2014). In Deutschland ist „Bildung für Nachhaltigkeit" (BfN) ein etablierter Begriff für die akademischen Lehre, mit dem Ziel einer inklusiven, gerechten und hochwertigen Bildung sowie lebenslangem Lernen gemäß SDG14. Die „Pariser Erklärung" (UNESCO 2012) betrachtet die Förderung von Open Educational Resources (OER) als elementaren Baustein für SDG14. In einer Reihe stehen dabei technische Aspekte (Entwicklung, Produktion, Lizenzierung), inhaltliche Anforderungen (Kapazitäten, Verfügbarkeit, Mehrsprachigkeit) und institutionelle Rahmenbedingungen (strategische Allianzen, relevante Forschung).

Die Umsetzung in konkreten Lehrveranstaltungen gestaltet sich allerdings nicht unproblematisch. Wals und Jickling (2002) betrachten eine grundlegende didaktische Neuorientierung als erforderlich, um Nachhaltigkeitsdenken in Studiengänge zu integrieren. Das Curriculum müsse neu fokussiert werden auf problemorientiertes, experimentelles und lebenslanges Lernen. Erst über ein Verknüpfen mit der lokalen Lebenswelt werden Lernende in ihrem Handlungswissen bestärkt, für lebensnahe Fragestellungen aktiv nachhaltige Lösungen zu suchen. In das Zentrum der Formatentwicklung rücken somit zu erwerbende Kompetenzen der Lernenden, denn individuelles Vorwissen und persönliche Werte beeinflussen den Umgang mit Nachhaltigkeit. ESD-Formate für heterogene Lerngruppen sind erst dann effektiv, wenn sie fachfremde Lernende in ihren jeweiligen praktischen Lebenszusammenhängen inhaltlich abholen (Sidiropoulos 2013).

Deshalb richten sich hohe Erwartungen in der Entwicklungszusammenarbeit an internetbasierte Lernangebote für die Erwachsenenbildung, weil so nachhaltige Prinzipien und Praktiken leichter für lokale Kapazitätsentwicklung verfügbar und zugänglich werden (Oates und Hashimi 2016; Wolf et al. 2016). Beispielsweise wurde der hier betrachtete HOOU-Onlinekurs für nachhaltige Energien (sustainable energy) gezielt für spezifische Lernbedarfe in kleinen Inselentwicklungsstaaten (Small Island Developing States, SIDS) entwickelt: Eine chronische Unterversorgung mit lokalen Fachleuten hemmt die Einführung erneuerbarer Energien in SIDS. Entsprechende Fortbildungsmaßnahmen für die lernwillige Zielgruppe auf Inselstaaten im pazifischen und atlantischen Ozean sind ohne digitale Lernmittel und -arrangements jedoch mit immensen Aufwänden und prohibitiven Kosten verbunden (s. Wolf et al. 2017).

Nachhaltiges digitales Lernen als Herausforderung für Hochschulen

Ein Großteil der Forschung zum Einsatz von eLearning in der akademischen Lehre fokussiert auf die Untersuchung von Curricula, Prüfungsformen und Lernergebnissen (learning outcomes) in spezifischen Lehrveranstaltungen (Rushby und Surry 2016; Veletsianos 2010; Zhang 2015), wobei Szenarien für die Präsenzlehre und die Fernlehre meist separat untersucht werden. Anknüpfend an Koper (2004) unterscheiden beispielsweise Meishar-Tal et al. (2010) für Maßnahmen zur institutionellen Einbindung von Wikis an der Open University of Israel zwischen einer technologischen, einer pädagogischen und einer administrativen Perspektive auf Nachhaltigkeit. Sharpe et al. (2006) treffen lange vor MOOC ähnliche Unterscheidungen für strategische Maßnahmenbündel zur Einführung organisationsweiten eLearnings an der Oxford Brookes University: Sie beschreiben Erfolgsfaktoren bei der Einführung eines Learning Management Systems (LMS). Ausgehend von relativ unspezifischen übergeordneten Zielen für die Einführung neuer Technologien, war dabei die nachhaltige Institutionalisierung flankiert mit gezielten Fördermaßnahmen für aktiv engagierte Dozierende (Schulungen, Support und Vergütung von Mehraufwänden). Innerhalb der stark föderal organisierten Hochschule war die Balance zu wahren aus partizipativer Entwicklung fachsensibler didaktischer Nutzungsszenarien für verschiedene Fakultäten (*bottom-up*) mit kontinuierlicher Ausrichtung an den allgemeinen strategischen Zielen der Hochschulleitung (*top-down*).

Um Voraussetzungen langfristiger Nachhaltigkeit für internetbasierte Lerninterventionen zu bestimmen, betrachtet Gunn (2010) die Dimension der Didaktik separat von der Dimension der Inhalte: Dezentralisierte bottom-up Interventionen zeigten sich in ihrer Untersuchung australischer Fernlehrformate besonders dann erfolgreich, wenn sie von kompetenten Lehrenden betreut wurden, die in ihren Kursen lebensweltliche Probleme aus der Praxis behandelte, um entsprechende Lösungsansätze zu entwickeln. Hindernisse bei ihrer Weiterverbreitung im Anschluss an die Pilotphase waren paradoxerweise eben jene institutionellen und kulturellen Faktoren, welche die ursprüngliche Innovation erst ermöglichen halfen. Eine lose Einbindung in die organisatorischen Strukturen der Hochschule („Aufhängung") schaffte ursprünglich Freiheitsgrade, erschwerte aber die spätere Verstetigung. Das Fehlen einer gemeinsamen, organisationsübergreifenden Zieldefinition („Vision") ermöglichte kreative Handlungsräume für Einzelprojekte, verminderte aber die nachträgliche Anschlussfähigkeit der Ergebnisse innerhalb der Hochschule. Unverbindliche Zuständigkeiten erlaubte flexibles Vorgehen („Agilität") in der operativen Phase, riskierte aber in der Folge fehlende Verantwortlichkeiten und unklare Nachfolgeregelungen.

Daraus folgt, dass die notwendigen Voraussetzungen für Innovation im Bereich digitales Lernen auf Organisationsebene als systematische Nebenwirkung eine starke Distanz erzeugen zu den mit hoher Regulierungsdichte behafteten Strukturen und Prozessen innerhalb von Hochschulen und Hochschulsystemen. Weil solche Innovationsimpulse typischerweise verdorren, sobald die attraktiven Anschub- und Zuschussfinanzierungen auslaufen, stellt sich deshalb mit zunehmender Dringlichkeit die Frage, wie Hochschulen als Anbieter solcher Weiterbildungsformate die Potenziale von eLearning zur Stärkung ihres Profils nachhaltiger nutzen können. Nach der Experimentierphase mit neuen Lerntechnologien sollten Elemente, die pädagogischen, methodischen oder organisatorischen Mehrwert stiften, per strategischer Entscheidung dauerhaft in Hochschullehre überführt werden können (Seufert 2008).

Für solche Verstetigungen im universitären Kontext unterscheiden Seufert und Miller (2003, S. 5 f.) die technische Ebene der Produktinnovation (Lernsoftware, multimediale Inhalte, digitale Lernplattformen, Online-Ressourcen, etc.), die didaktisch-administrative Ebene der Prozessinnovation (Lehrkonzepte und -methoden, hybride Lehrformate, Kurs- und Studierendenadministration, interne und externe Kooperationen etc.) und die institutionelle Ebene der Strukturinnovation (Anreizsysteme, Leistungsanerkennung, Kreditpunkte, Deputate). Nachhaltiges Innovationsmanagement erfordert demnach Strukturinnovationen der Gesamtorganisation, um die mit den Produkten und Prozessen von eLearning ausgelösten Veränderungsprozesse zu verstetigen. Die drei Innovationsebenen korrespondieren jedoch mit teilweise widersprüchlichen Nachhaltigkeitsperspektiven, die verwurzelt sind in den unterschiedlichen Disziplinen, die bei der Produktion digitaler Lernarrangements involviert sind, nämlich Informatik, Bildungswissenschaften und Organisationsforschung. Zusätzlich zur jeweils inhaltlich bestimmenden Fachdisziplin fließen in Konzeption und Implementieren digitaler Lehr-/Lernarrangements somit widersprüchliche Annahmen aus diesen drei Perspektiven zum schonenden Umgang mit Ressourcen ein (Seufert und Miller 2003, S. 9 f.).

Im Vergleich zur etablierten Präsenzlehre erfordert das Entwickeln passender Curricula und das Produzieren geeigneter Lernmaterialien für digitale Lernarrangements vorab vergleichsweise hohe Kosten und Arbeitsaufwände. Die Entwicklung eines innovativen Kurscurriculums und die Produktion passender multimedialer Lehrmittel ist deutlich ressourcenintensiver als für reguläre Lehrveranstaltungen. Das Einrichten einer digitalen Lernplattform, das Einpflegen der Kursinhalte sowie das Benutzermanagement für Kursteilnehmer sind drei zusätzlich Arbeitsaufgaben, die im Vergleich mit konventioneller Präsenzlehre anfallen. Solche Einmalaufwände betrachtet die Informatik als nachhaltig, wegen der Nutzung des Lehrmittels in mehreren (theoretisch: unendlichen) Iterationen, der entstehenden Arbeitsersparnis aus der Automatisierung künftiger Kurszyklen sowie der Weiterverwertung von modularen Inhalten und Strukturen (Seufert und Miller 2003, S. 14). Aus dieser Sicht resultieren starr wiederholbare, durchformatierte Curricula ohne Betreuung, wie sie sich in früheren eLearning-Formaten („aus der Konserve") finden.

Die Schwächen dieser geschlossen strukturierten Lernformate der 1990er Jahre (z. B. CD-ROM oder web-based-trainings, WBT) erinnern daran, dass insbesondere akademisches Lehren klar zu den „künstlichen Wissenschaften" zählt (Simon 1969), sobald mehr als reine Informationsvermittlung geleistet werden soll. Die technisch geprägte Vorstellung „dekontextualisierte Inhaltsträger […] wie Legobausteine beliebig anhand einer 'Allgemeinen Didaktik' zusammenfügen zu können" ist attraktiv aus Nachhaltigkeitssicht, aber bildungswissenschaftlich naiv (Seufert und Miller 2003, S. 14).

Im tertiären Bildungssektor ist solch ein technisches Nachhaltigkeitsverständnis deshalb unvereinbar sowohl mit fachdidaktischen und kontextbezogenen Anforderungen als auch mit den Funktionalitäten real verfügbarer Lernangebote. Wenn Lernende neue Kompetenzen und kritisches Urteilsvermögen entwickeln sollen, so kann nicht vorab starr durchgeplant und bis ins Detail präzise produziert werden. Vielmehr sind die lokale Situation und die jeweiligen Lernziele eines Kursformates zu berücksichtigen, damit sich effektive Lehr-/Lernarrangements im konkreten Umfeld entfalten können. Anders als das Wort „Vorlesung" impliziert verfügen Hochschullehrer deshalb ergänzend zum Lernmaterial (dem „Stoff") über ein Repertoire didaktischer Strategien und sind in der Lage, diese passend zum Lernziel und zur Lerngruppe auszuwählen, einzusetzen und ggf. reflektiert anzupassen. Diese kontinuierlichen Anpassungsprozesse während der Kursphasen sind Teil einer doppelten Lernschleife in der Reflexion auf das eigene Lehrhandeln (*double-loop learning*, vgl. Argyris 1991): Lehrveranstaltungen nehmen nicht bei erstmaliger Durchführung („Pilot") ihre finale, quasi-idealtypische Form an. Sie werden vielmehr basierend auf Feedback der Studierenden über mehrfache Durchläufe kontinuierlich optimiert und angereichert mit empirischen Erfahrungen. Zur endgültigen Gestalt reifen Lehrveranstaltungen indem ihr curricularer und didaktischer Rahmen wiederholt an den tatsächlichen Lernverläufen verschiedener Gruppen heterogener Kursteilnehmer erprobt wird (vgl. Laurillard 2013).

Aus organisationswissenschaftlichem Blickwinkel auf die Hochschullehre bleibt die lose innere Kopplung interner Organisationseinheiten ein Wesensmerkmal der „spezifischen Organisation" Hochschule (Musselin 2007), allen Tendenzen zu zentral gelenkter Organisationsentwicklung zum Trotz. Der erforderliche graduelle Übergang der Hochschullandschaft in eine Konsolidierungsphase digitaler Lehrinnovation soll deshalb erreicht werden über die Verstetigung von Einzelinitiativen innerhalb des bestehenden Institutionengefüges (Collis und van der Wende 2002). Somit wird digitale Lehre überwiegend in Einzelinitiativen aus Dritt- oder Sondermitteln gefördert. Einer nachhaltigen Gesamtorganisation wären die spezialisierte Arbeitsteilung und der Wissensaustausch mit internen und externen Partnern dienlich, dem steht aber das an Hochschulen traditionell wirksame „Lehrstuhlprinzip" im Wege (Kerres 2001a). Eine befürchtete Abhängigkeit von externen Dienstleistern verstärkt das Einzelkämpferdenken (Seufert und Miller 2003, S. 11). In der Praxis übernehmen deshalb ungeschulte wissenschaftliche Mitarbeiter die komplexen Prozesse und Arbeitsaufgaben einer technologiegestützten Lehrveranstaltung betreffend IT, Videoproduktion und Online-Didaktik (Kerres 2001b, 2018) und müssen sich die notwendige Expertise zunächst zeitintensiv aneignen. Während der Projektlaufzeit konzentriert diese Arbeitsweise die Aufmerksamkeit von Projektmitarbeitern auf die anspruchsvollen Aufgaben der Medienproduktionen für neue Kursformate. Wiederverwendung der resultierenden Lernarrangements würde die Nachhaltigkeit dieser Investitionen während der Pilotphase offensichtlich steigern. Problematisch abzubilden sind dabei jedoch die häufig nach Projektabschluss notwendigen Aufwände der Betreuung und der Nachsorge interaktiver eLearning-Formate (Kerres 2001a, b). Ein Wiederholen und Optimieren über die im Projekt finanzierte Erstinstanz hinaus, wie für konventionelle akademische Kurse üblich, ist gebunden an den Rhythmus der Organisation Hochschule, also der Neuauflage über mehrere Studienjahre. Solche Wiederverwendung berühren nach Projektabschluss aber die Kernaufgaben der Hochschule, wo die Haushaltsregeln der Grundfinanzierung gelten. Erforderliche Aufwände beispielsweise für Mentoring der MOOC-Teilnehmer fallen mangels Projektmitteln nun in der grundständigen Lehre an, wo entsprechende Ressourcen nicht vorgesehen sind. Trotz individuellen Befürwortern scheitert also auch hier die Verstetigung sogar für erfolgreich pilotierte Lernformaten an der Resilienz genau derjenigen institutionellen Rahmenbedingungen, die sie eigentlich helfen sollten zu verändern.

Offenbar ist die so getroffene Ebenenunterscheidung analytisch zu verstehen; in der Praxis berühren innovative Lernarrangements in Hochschulen alle drei der genannten Ebenen und müssen deshalb ein jeweils anschlussfähiges, ganzheitliches Nachhaltigkeitsverständnis aushandeln. Für das „nachhaltige Verankern" (Sharpe et al. 2006) innovativer Lernarrangements innerhalb von Hochschulen ist deshalb ein Bündel komplexer Strategien erforderlich. Sie müssen relevante Ebenen und disziplinäre Perspektiven umfassen und sind somit weder begrifflich noch methodisch leicht fassbar (Conole et al. 2004). Dauerhafte Einbindung digital gestützter Lehrangebote in die Profilbildung von Hochschulen muss sich selbst Rahmenbedingungen schaffen, denen ein geteiltes Nachhaltigkeitsverständnis der beteiligten Disziplinen zu Grunde liegt und die unterschiedliche Erfolgsfaktoren für die drei genannten Innovationsebenen der Organisation berücksichtigen (vgl. Euler und Seufert 2007). Das bedeutet

- auf **Projektebene**: das stetige Wiederverwenden erfolgreicher Formate nach ihrer Erprobung in der Pilotphase;
- auf **Systemebene**: eine echte Qualitäts- und Leistungssteigerung der Hochschullehre durch digitale Lernarrangements;
- auf **Institutionenebene**: verbesserte Reaktionsfähigkeit der Organisation Hochschule mit sachgerechten Innovationen im Bereich der Wissensvermittlung für drastisch veränderte Umweltbedingungen unter Bedingungen einer schnelllebigen, globalisierten Wissensgesellschaft.

Entsprechend fordern jüngere Studien unter Gesichtspunkten evidenzbasierter Qualitätssicherung für Hochschulen vehement eine ganzheitliche, pädagogisch informierte Organisationsentwicklung (vgl. Hagenauer et al. 2018). Diese Untersuchungen zu ganzheitlichem Innovations- und Qualitätsmanagement in der Hochschullehre beziehen sich bislang allerdings vorrangig auf Präsenzformate (z. B. Brahm et al. 2015). Damit werden spezifische Effekte digitaler Technologien auf der Ebene von Studiengängen, Fakultäten oder der Gesamtorganisation meist subsumiert unter allgemeine Prozesse der Qualitäts- und Personalentwicklung an Hochschulen. Bislang bleiben Charakteristika der Offenheit digitaler Lehr-/Lernarrangements für die beiden übergeordneten Ebenen deshalb unscharf.

Fragestellung und Forschungsbeitrag

Die deutsche Hochschullandschaft kennzeichnet heute eine Verbreitung digital gestützter Lernszenarien in dem für Innovationsphasen typischen Mix strategischer top-down Förderungen und einzelner bottom-up Initiativen (Seufert und Miller 2003). Im günstigsten Fall treffen strategische Förderungen auf der institutionellen Ebene des Bundes, einzelner Länder oder Hochschulleitungen auf einen Pioniergeist der pädagogischen Ebene von Fachbereichen, Dozierenden und Studierenden (HFD 2017). Auch in Deutschland beginnen viele innovative Onlinekurse als Pilotprojekte einzelner Dozierende und Fachbereiche *bottom-up*; mit Billigung zwar, doch ohne Verknüpfung mit den Ressourcen, Strukturen und Praktiken der umgebenden Hochschulorganisation (Najafi et al. 2015).

Exemplarisch für diese Situation ist der hier untersuchte Onlinekurs „Sustainable Energy for Small Island Developing States" im Rahmen des EU Forschungsprojekts *L3EAP* des Forschungs- und Transferzentrums *Application of Life Sciences* der HAW Hamburg[3]. Der inhaltliche Projektschwerpunkt lag auf Erfolgsfaktoren und Hürden für die nachhaltige Energienutzung in Inselstaaten im Pazifik und im Indischen Ozean. Die Forschungsphase des Projektes identifizierte konkrete Schulungsbedarfe von Praktikern und Entscheidern im Energiesektor über die geographisch verstreute Zielregion hinweg. Die Transferphase erprobte passend dazu entwickelte Weiterbildungsformate für die gezielte Kompetenzentwicklung in der so umrissenen Zielgruppe. In dieser Phase fiel die Entscheidung für ein moderiertes MOOC-Format.

Dem Innovationsanspruch des Projektes folgend war ein kostengünstig skalierbares Format zu entwickeln, für eine große Zahl mit herkömmlichen Schulungsformaten nur sehr aufwändig erreichbarer Individuen (Wolf et al. 2017). Die Lehrveranstaltung war also ein digitales Fortbildungsprojekt aus Drittmitteln, wie es in der Transferlandschaft häufig anzutreffen ist. Der Kurspilot versprach Erkenntnisgewinn auf inhaltlicher und didaktischer Ebene, war allerdings durch unverrückbare Auflagen für fristgerechtes Reporting bzw. konkret definiertes Ende eines EU-geförderten Forschungsprojekts auf einer ambitionierten Zeitschiene. Diese Einzelintervention ließ jedoch keine direkten institutionellen Auswirkungen erwarten (Euler und Seufert 2007; Hollands 2014; Kerres 2001a; Sharpe et al. 2006). Für den Erfolgsfall gab es zwar Potential, aber keine konkrete Perspektive für ein Wiederholen. Das Projekt harmonierte hinreichend mit übergeordneten strategischen Hochschulzielen für Innovation und Internationalisierung. Hochschultypisch führte das Bündeln aller Ressourcen der Projektmitarbeiter auf Curriculum-Entwicklung und Medienproduktion unvermeidlich dazu, dass sich erst

---

[3]Das Akronym L3EAP steht für Life-long learning for Energy Security, Access and Efficiency in African and Pacific Small Island Developing States (SIDS); Projektdokumentation unter https://www.project-l3eap.eu.

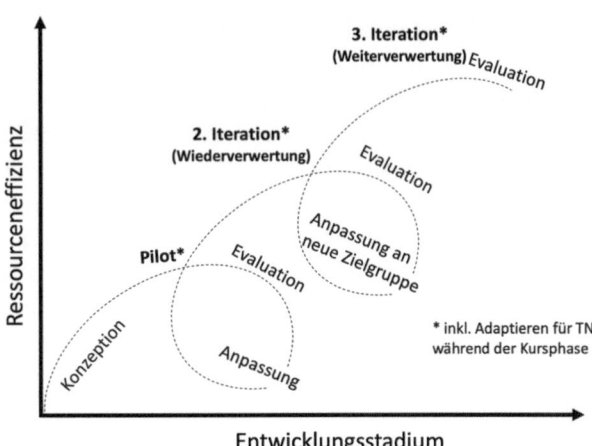

Abb. 6.1 L3EAP-Onlinekurs im double-loop learning Entwicklungsprozess

im Nachgang der erfolgreichen Implementierung und Pilotierung, also nach Ende der Projektlaufzeit, die konkrete Frage nach Möglichkeiten für eine Weiterverwertung stellte.

Der MOOC „Nachhaltige Energieerzeugung für kleine Inselentwicklungsstaaten" konnte bereits während der laufenden Pilotiteration im Sommer 2016 mit Feedback der Teilnehmer optimiert werden. Im Anschluß an den Piloten wurde der Kurs weiterentwickelt und mit betreuten Lernerkohorten im Frühjahr 2017 und im Frühjahr 2018 mit jeweils erheblichen Erkenntnisgewinnen durchgeführt (Abb. 6.1). Die beiden Verwertungsszenarien entwickelten sich nach dem Muster der doppelten Lernschleifen (*double-loop learning*), die typisch sind für akademische Lehrveranstaltungen in der Präsenzlehre. Konfrontiert mit den Unschärfen und Zielkonflikten der oben beschriebenen Innovationsdilemmata verhandelten die Stakeholder auf verschiedenen Ebenen des L3EAP-Projektzusammenhangs ein gemeinsames Nachhaltigkeitsverständnis. Der schützende Organisationsrahmens der HOOU erhöhte die Planungssicherheit über das ursprüngliche Pilotprojekt hinaus und förderte damit ein verändertes „unternehmerisches" Selbstverständnis in der Identität der beteiligten Stakeholder (vgl. Whitchurch 2018; Tucker und Neely 2010). Die stützenden externen Strukturen der HOOU förderten explorative Aktivitäten innerhalb des Projektteams für das nachhaltige Verwenden und Weiterentwickeln der investierten Ressourcen innerhalb selbstgeschaffener neuer Einsatzszenarien (vgl. Sarasvathy und Dew 2005).

Im zweiten Teil untersucht der Beitrag deshalb anhand einer empirischen Einzelfallstudie der dahinterliegenden Prozesse,

a) welche Aspekte der drei Hochschulebenen relevant sind für die nachhaltige Wieder- und Weiterverwertung aufwändig produzierter Lernarrangements und
b) welche Faktoren auf der jeweiligen Ebene eine solche Nutzung begünstigen.

Die Autoren zeigen, dass für die inhaltliche Ebene ausgehend von den konkreten Lernzielen der avisierten Kohorte erstens ein angemessenes Betreuungsmodell zu entwickeln und zu formalisieren ist. Neben den Anfangsinvestitionen in die Produktion der Lernmaterialien sind Aufwände für die operative Kursphase (On-Boarding, Mentoring, Tutoring, Lernfortschrittskontrolle, Feedback/Bewertung) ein deutlich kleinerer Kostenfaktor, welcher aber für die Qualität des Lernerlebnisse und die Lernverläufe der Teilnehmer eine erhebliche Wirkung entfaltet. Für die den Inhalten nachgeordnete Ebene der technischen Umsetzung erhöht zweitens die Entscheidung für ein granulares Design der Lehrmittel bei der Medienproduktion die Flexibilität für ihre Wiederverwendung. Konsequente mediale Trennung von curricularen Lernelementen („Stoff") und didaktischer Einbettung („Aufgabenstellung") ermöglichen ein effektives Dekontextualisieren und sachgerechtes Rekontextualisieren von Lernbausteinen, ohne der Illusion einer ‚Allgemeinen Didaktik' anheim zu fallen. Aus dem „offenen" Charakter digitaler Lernarrangements werden drittens verschiedene Anforderungen an Organisationsprozesse und -strukturen abgeleitet. Eine belastbare, aber nicht zu starre Einbindung in Strukturen und Praktiken korrespondierender Lernzusammenhänge der anbietenden Hochschule ist der nachhaltigen Nutzung und Weiterentwicklung digitaler Lernarrangements daher förderlich.

Die hier vorgestellten Ergebnisse basieren auf der Auswertung von drei Kursiterationen und sind nicht im Sinne von *best practices* zu verstehen. Ihre Aussagekraft wird insofern begrenzt, weil sie nicht beliebig auf andere digitalen Lernarrangements übertragen werden können. Es handelt sich vielmehr um eine explorative Darstellung relevanter Faktoren, deren Ausprägung stark vom inhaltlichen, pädagogischen und organisatorischen Kontext abhängt. Insofern können zunächst nur solche digitalen Lernformate mit ähnlichen Charakteristika wie die hier untersuchten L3EAP-Onlinekurse unmittelbar von den geschilderten Erkenntnissen profitieren. Für einen breiteren Zusammenhang kann jedoch auf Basis dieser Studie vermutet werden, dass die Nachhaltigkeit digitaler Lernarrangements generell steigt, sofern ihre Einbettung auf den Ebenen von Hochschulorganisation und Studienprogrammen bereits in der Konzeptions- und Produktionsphase als integraler Planungsaspekt berücksichtigt worden ist.

Erfolgsfaktoren der Nachhaltigkeit digitaler Lernarrangements

Grundlage der folgenden Untersuchung für ein nachhaltiges Nachnutzen des L3EAP-Onlinekurses sind Daten aus teilnehmender Beobachtung in der Projektentwicklung und Feedback der Teilnehmer in drei Iterationen des Kurses. Die Besonderheit des Falls liegt im wiederholten Durchführen des Lernformates in einem ähnlichen, kontinuierlichen Kontext innerhalb derselben Organisation (s. Abb. 6.1). Damit standen einerseits die Projektunterlagen (Anträge, Korrespondenz, Protokolle, Verträge, Reporting) und andererseits die von Kursteilnehmern per Befragung erhobenen Daten zur Verfügung um diejenigen Voraussetzungen herauszuarbeiten, die eine Verwendung des Formats in einem ähnlichen Kontext (2. Iteration) und in einem veränderten Kontext (3. Iteration) begünstigten. Die innerhalb desselben Projektzusammenhangs mit Kontinuität im Personalstamm gefundenen Hürden für eine Wiederverwendung sowie die Herausforderungen sowie für eine angepasste Weiterverwertung treten auf, ohne dass die oben beschriebenen Hürden der Auffindbarkeit, Vertrautheit oder Qualitätssicherung für den Einsatz von OER vorhanden waren.

Es kann deshalb davon ausgegangen werden, dass die beschriebenen Effekte bei der Übertragung in einen nichtkontinuierlichen Personal-, Organisations- und Fachzusammenhang entsprechend stärker ausgeprägt auftreten und der Einsatz offener Lernformate dort durch zusätzliche Schwierigkeiten eingeschränkt wird. Ergänzend zur inhaltlichen Ebene der produzierten OER müssen die per double-loop-learning gewonnenen Erkenntnisse deshalb angemessen dokumentiert und zeitgleich mit den Lehrmaterialien verfügbar gemacht werden, damit eine didaktisch reflektierte und organisational nachhaltige Nachnutzung der Lernmaterialien erleichtert wird. Wie die folgende Darstellung zeigt, müssen für die Produktion nachhaltiger OER deshalb Aufwände projektiert werden, die über die eigentliche Lehrveranstaltung hinausgehen und speziell im Hinblick auf Verbreitung für eine nachhaltige Nutzung zu bewältigen sind.

Projektierung, Lernmittelproduktion und Pilotphase (09/2015– 09/2016)

Im Rahmen des drittmittelfinanzierten Europe-Aid-Projektes „Lifelong Learning for Energy Access, Security and Efficiency in Small Island Developing States" (L3EAP) entwickelte ein internationales Projektteam von sechs Personen einen interaktiv betreuten Onlinekurs. Ergänzende Finanzierung war durch Förderung aus der ersten Phase der HOOU verfügbar. Ziel des Projektes war es, in den beteiligten Partnerländern lokal Kapazitäten zu stärken und auszubauen, die eine nachhaltige Entwicklung in Bezug auf Energieerzeugung und -nutzung unterstützen. Weiterbildungsformate wurden auf Basis eines konkreten learning needs assessments entwickelt und für vergleichsweise kleine Lernkohorten vor Ort als Präsenzangebote umgesetzt. Im Zuge der zweigleisigen Projektstrategie (*two-stream model of lifelong learning*) wurde parallel ein internetbasiertes Fernlehrangebot konzipiert, um die kleinräumigen und kostenintensiven Präsenzangebote zu ergänzen, und perspektivisch als Ressource für lebenslanges Lernen verfügbar zu bleiben (vgl. L3EAP 2017).

Aus der Anforderung, ein Fortbildungsangebot überregional und international für berufstätige Erwachsene in SIDS zu skalieren, ergab sich die Erwartung stark heterogener Lerngruppen mit klar definierbaren, aber begrenzten Zeitkontingenten. Die praxisnahen Lernziele erforderten problembasierte Lernmethoden, ein Betreuungsangebot während der Kursphase und die fachliche Vernetzung von Teilnehmern über den eigentlichen Kurs hinaus. Das Curriculum des digitalen Lernarrangements konnte teilweise zurückgreifen auf in lokaler Präsenzlehre bereits validierte Inhalte und Methoden, beispielsweise den bilateralen Austausch zwischen Fachleuten und Lernenden zu konkreten Fallbeispielen. Jedoch ging es nicht um die Erweiterung eines bestehenden Kursangebotes, sondern um eine bedarfsgetriebene Neukonzeption. Vor diesem Hintergrund schied ein xMOOC-Format wegen der bekannten didaktischen Schwächen aus und das Kursdesign konzentrierte sich früh auf ein konnektivistisches, moderiertes Online-Format.

Diese inhaltlich-didaktischen Anforderungen waren durch die Vorgabe eingeschränkt, dass an den beteiligten Hochschulen bereits verwendete Lernmanagementsystems (LMS) einzusetzen. Eine solche Entscheidung für vorhandene technische Infrastruktur ist naheliegend, um keine projekteigenen Ressourcen in Entwicklung und Administration einer separaten Lernplattform zu investieren, und deshalb typisch für digitale Lernarrangements im Hochschulraum. Durch den Status Quo war der didaktische Funktionsumfang beschränkt durch das an der HAW Hamburg und ebenfalls innerhalb des HOOU-Verbundes verwendeten Open Source-LMS Moodle. Im Ausgleich versprach die uneingeschränkte Verfügbarkeit und weltweite Verbreitung dieses LMS auch für die Zielregion eine hohe Verbreitung und sichere einfache Möglichkeiten für technischen Support. Eine möglichst reibungsfreie Integration des neuen Kursangebotes in die Strukturen der anbietenden Hochschule würde außerdem die Teilnahme für am Fachbereich des Projektes in Hamburg immatrikulierte Studierende vereinfachen.

Die enge Einbindung des Projekts in die HOOU unterstrich die Sichtbarkeit der zu entwickelnden OER und sollte über das gemeinsame Repositorium für Lernmaterialien die künftige Verfügbarkeit sichern. Darüberhinaus unterstützte die HOOU das Projektteam mit organisationsübergreifenden Ressourcen auf mehreren Ebenen. Das Projektteam konnte auf qualifiziertes externes Fachpersonal für Mediendidaktik, Videoproduktion und Systemadministration zurückgreifen. Die Vernetzung der HOOU-Projekte untereinander ermöglichte den regelmässigen Austausch in hochschulübergreifenden Workshops für Weiterbildung und Erfahrungsaustausch zwischen Projekten in verschiedenen Entwicklungsstadien. Expertise für die organisatorische und technische Entwicklung von internetbasierten Lernangeboten konnte dabei für alle Teilnehme erweitert und mit praktischer Umsetzung validiert werden. Dabei ergänzten sich die strategische Perspektive der HOOU mit den operativen Anforderungen der Einzelprojekte. Für die Workshops konnten externe Referenten gewonnen werden, um von den Projektmitarbeitenden tatsächlich nachgefragte Themen praxisnah zu bearbeiten und in der Umsetzung entstandene Wissensbedarfe (z. B. zur Medienproduktion, Lizenzierung, Betreuungsaufwänden) spezifisch zu adressieren.

Für das Projektteam bot sich innerhalb dieser Zusammenarbeit über mehrere Jahre eine wertvolle Reflexionsebene für die Ausgestaltung von Lernmaterialien im Hinblick auf eine nachhaltige Weiterverwendung, sowohl in pädagogisch-didaktischer Hinsicht als auch in Bezug auf technische und formale Anforderungen. Die mit der HOOU-Förderung einhergehenden Auflagen für die OER-Produktion waren verbunden mit fachlicher Beratung und konkreten Erfahrungswerten bezüglich erwartbaren Produktions- und Betreuungsaufwänden, so dass Effizienzgewinne für den

Lernprozess des Projektteams innerhalb der Pilotphase zu verzeichnen waren. Der L3EAP-Onlinekurs gehörte zu den frühesten operativen HOOU-Formaten, so dass umgekehrt innerhalb des HOOU-Verbundes geförderte Projektvorhaben anschließend von den Erfahrungen der Pilotiteration profitieren konnten. Für diese Parallelprojekte stand deshalb ebenso wie für die zweite und dritte Iteration des L3EAP-Kurses ein breites Spektrum an Erfahrungen zu Medienformaten und ihrer didaktischen Eignung zur Verfügung. Anhand der empirischen Daten über den Projektverlauf konnten Prozesse für die Medienproduktion, Projektmanagement und Kursbetreuung in späteren Iterationen optimiert und die notwendigen Personalaufwände realistisch geplant werden, sowohl innerhalb des Projektteams als auch für die HOOU insgesamt.

Mit Hilfe punktueller Unterstützung durch externe Dienstleister erstellte das Projektteam über einen Zeitraum von zwölf Monaten ein modulares Curriculum für den Kurspiloten, entwickelte interaktive Kursbausteine, produzierte digitale Lernmittel und pflegte sie in das LMS ein. Voraussetzung für eine effektive Arbeitsteilung waren die früh in der Konzeptionsphase formalisierten Anforderungen an das Lerndesign des internetbasierten Fernlehrkurses zum Thema „Nachhaltige Energieerzeugung/-nutzung in SIDS":

- Produktion und Pilotierung mit zeitlich begrenzter Finanzierung von EU und HOOU; entsprechend Orientierung an strategischen Leitideen beider Geldgeber
- wissenschaftliche Entwicklung und Betreuung durch ein internationales Projektteam
- heterogene, geografisch verstreute, internationale Zielgruppe; Praktiker und Studierende aus kleinen Inselentwicklungsstaaten (SIDS)
- einfach replizierbare, kosteneffiziente IT-Infrastruktur (Moodle)
- lernendenzentriertes OER mit hohem Praxisbezug, kann als ‚stand-alone' oder modular in universitäre und andere Lernumgebungen flexibel eingebunden werden

Eine Schlüsselentscheidung für das zulassungsoffene Kursformat und die somit erwartbare Heterogenität der Lernkohorte war die transparente Definition notwendigen Referenzwissens und verfügbarer Zeitkontingente für ein erfolgreiches Erreichen der definierten Lernziele. Diese Voraussetzungen wurden personifiziert in konkreten use cases für ‚idealtypische Kursteilnehmer'. Charakteristisch für die hauptsächliche Zielgruppe der Nachhaltigkeitspraktiker in SIDS (*lead use case*) waren neben hinreichenden Kenntnissen der Unterrichtssprache Englisch ein Mindestmaß an Vorbildung äquivalent zu einem Master-Abschluss, praktische Arbeitserfahrung in einem fachverwandten Aufgabengebiet. Diese Definition gewährleistete für das nachfolgende Design der Lernmittel die notwendige und hinreichende inhaltliche „Flughöhe" des bei den Teilnehmern voraussetzbaren Wissens und der realistisch zu bewältigenden Arbeitsaufgaben. Dabei stellte die problembasierte Arbeit in Lerngruppen und das interaktive Betreuungsmodell sicher, dass auch Teilnehmer, deren Profil vom Idealtypus divergierte, den Kurs mehr oder minder erfolgreich abschließen konnten – ohne dabei jedoch inhaltlich-professionellen Anspruchs zu verwässern. Während der siebenwöchigen Kursphase betreuten zwei Moderatorinnen, zwei Dozenten und neun Tutoren den ersten

Tab. 6.1 Parameter der drei Kursiterationen

Laufzeit	Zielgruppe	Registrierte TN	Anzahl Zertifikate	Aufwände (geschätzt)
7w 26.07.–11.09.2016	Praktiker, Studierende, NGO/Investoren	1008	124	150 TEUR
7w (09.01.–26.02.2017)	Praktiker, Studierende, NGO/Investoren	776	42	25 TEUR
5w 02.02.–11.03.2018	Politische Entscheidungsträger, staatlich Beschäftigte (operatives Management), Studierende („Entscheider von morgen")	350	28	75 TEUR

Durchlauf im Sommer 2016 mit insgesamt 1008 Teilnehmenden (Tab. 6.1). Für den erfolgreichem Kursabschluss mit einem fiktiven ausgearbeiteten Projektantrag konnten Lernende ein Teilnahmezertifikat erwerben.

Parallel wurden weitere vorab identifizierbare Zielgruppen (z. B. Studierende an der anbietenden Hochschule, Geldgeber der Entwicklungszusammenarbeit) als complementary use cases für das Lerndesign berücksichtigt. Für diese Idealtypen würde sich die Teilnahme wahrscheinlich nicht über die gesamte Kurslaufzeit erstrecken, sie würden nicht alle formalen Aufgaben zur Leistungskontrolle erfüllen wollen, könnten aber produktiv zu den Kursdiskussionen beitragen. Wie die Hauptzielgruppe auch konnten sie auf praxisrelevante, wissenschaftlich fundierte Inhalte zuzugreifen, überblicksartiges Fachwissen im Bereich Energie-Projektmanagement aufbauen, sich mit Experten und peers vernetzen und an konkreten Projektaufgaben arbeiten. Ihre Lernverläufe hingegen waren nicht das ausschlaggebende Kriterium für eine Evaluation der Effektivität des Lernarrangements. Teilnehmenden standen damit eine Vielzahl an Lernpfaden offen, so dass auch der selektive Zugriff auf Inhalte oder Vernetzen in der Lerngemeinschaft (‚Rosinenpicken') als Lernstrategien akzeptiert wurden. Effektiv wurde durch diese Zweigleisigkeit die gewünschte Bedingung des offenem Kurszugangs vereinbar mit der gleichzeitigen Vorgabe, belastbare Lernverläufe mit anwendbarem Praxiswissen für Multiplikatoren und Entscheider in der Zielregion zu skalieren.

Wiederverwertung 09/2016–02/2017 und Weiterverwertung 09/2017–03/2018

Nach der einjährigen Design- und Entwicklungsphase wurde der siebenwöchige Pilotkurs im Sommer 2016 erstmalig durchgeführt und im Frühjahr 2017 leicht verbessert ein zweites Mal in derselben Teamkonstellation (Moderation, Betreuung, technische Assistenz) durchgeführt (L3EAP 2017). Die zweite Kursiteration im Folgejahr war mit vergleichsweise wenig Aufwand möglich, weil die produzierten Lehrmittel ebenso wie die angelegten Kursstrukturen im LMS weitgehend wiederverwendet werden konnten. Das Projektteam konnte durch Kontinuität der internen und externen Personaltableaus konsequent auf die selbst erworbenen Fähigkeiten für Kursadministration und -moderation aufbauen und den Kurs auf Basis der Lernergebnisse und des zum Abschluss der Pilotiteration erhobenen Teilnehmer-Feedbacks optimieren. Durch die Möglichkeit einer Restmittelfinanzierung innerhalb der bestehenden EU-Förderung einerseits und der ersten HOOU-Förderphase andererseits entfielen auch ansonsten umfangreiche Aufwände für die Neueinwerbung benötigter Ressourcen.

Für den zweiten Durchlauf des Kurses im Winter 2017 registrierten sich insgesamt 776 Teilnehmende (Tab. 6.1) aus der angestrebten Zielgruppe in SIDS, nicht zuletzt durch die Multiplikatorfunktion von Alumni aus dem ersten Kurs. Somit zeigte sich hier der in der Präsenzlehre typische Prozess eines inkrementalen Anpassens einer Lehrveranstaltung über mehrere Jahrgänge auch für dieses „offene" digitale Format im Sinne einer nachhaltigen Wiederverwertung.

Eine dritte Iteration des Kurses zwei Jahre nach der Pilotierung im Frühjahr 2018 gelang, obwohl sich eine Reihe von Rahmenbedingungen mittlerweile verändert hatten. Finanzielle Grundlage war eine Ko-Finanzierung der HAW Hamburg gemeinsam mit der HOOU sowie einem neuen Partner, dem UNDP Center of Excellence for the Sustainable Development of SIDS, die entsprechend Fördervorgaben deshalb mehr als nur das Fortschreiben vorhandener Projekte umfassen musste. Die Neuauflage des L3EAP-Kurses sollte nunmehr eine spezialisierte Zielgruppe politischer Entscheidungsträger gezielt mit einem geeigneten Teilzeitformat ansprechen (policy-maker edition). Diese Ausrichtung auf Weiterbildungsbedarfe von Entscheidungsträgern statt Projektpraktikern ermöglichte zwar fachinhaltliche Kontinuität auf der thematischen Ebene, jedoch waren vorhandene Lernmaterialien zu ergänzen und in ein verändertes Lehrkonzept einzubetten. Trotz der Kontinuität des L3EAP-Kurses bezüglich der organisationalen Einbettung am selben Lehrstuhl/Fachbereich, der akademischen Governance innerhalb der Hochschule und der fortgesetzte Kooperation innerhalb der HOOU steht die dritte Iteration des ursprünglichen Kurses und seiner OER deshalb aus Nachhaltigkeitsperspektive für eine Weiterverwertung.

Typisch für drittmittelfinanzierte Konstellationen waren befristete Anstellungsverhältnisse für Projektmitarbeitende aus der ursprünglichen Förderphase mittlerweile ausgelaufen. Im Ergebnis war nicht nur der Weggang erfahrener Teammitglieder zu verzeichnen, das Projektteam musste in der dritten Iteration auch mit insgesamt reduzierter Kapazität arbeiten. Die Administrationsseite der dritten Iteration musste – hochschultypisch – innerhalb einer neuen Personalkonstellation bewältigt werden, die nur indirekt über die Vorerfahrungen der bereits stattgefundenen Kurse via Projektdokumentation verfügte. Durch das Ausrichten auf eine veränderte Zielgruppe und entsprechend neu akzentuierte Lernziele musste die Hälfte der verwendeten Lernmaterialien mit korrespondierenden Aufwänden neu produziert und in das LMS eingepflegt werden. Das Team definierte entsprechend auf die Zielvorgaben angepasste Erfolgskriterien und entwickelte zielgruppenspezifische Marketingmaßnahmen. Das Kursangebot wurde über verschiedene digitale Netzwerke verbreitet und von unterstützenden Partnern und Stakeholdern beworben, die neue Ausrichtung schränkte die Multiplikatorfunktion der früheren Alumni jedoch ein. Die 350 registrierten Teilnehmenden hatten wiederum sowohl im Kursverlauf als auch nach Kursabschluss die Möglichkeit, an einer Befragung zur Erfolgsmessung teilzunehmen.

Das Auslaufen der Drittmittelförderung im Sommer 2018 macht zukünftige Iterationen des Kurses innerhalb des L3EAP-Fachbereiches bis auf weiteres ungewiss. Eine Verstetigung des Formats im Sinne einer festen Einbindung in Lehrangebot der HAW Hamburg ist zum jetzigen Zeitpunkt nicht realisierbar. Die umfangreichen bereits erfolgten Investitionen und die resultierende Qualität des Lernmaterials, sowie das OER-Lizenzmodell würden eine entsprechende Einbindung in die Präsenzlehre zwar begünstigen. Die Lernmaterialien des Kurses sind auch mit der potentiellen Zielgruppe Hamburger Masterstudierender konzipiert und produziert worden. Mitglieder des Fachbereiches bieten Präsenzlehre in thematisch geeigneten Präsenzstudiengängen an, die Möglichkeiten zur Einbindung böten. Die entsprechenden Programmverantwortlichen signalisierten Interesse, den Onlinekurs als zusätzlichen Baustein in das Curriculum aufzunehmen.

Der dafür erforderliche dauerhafte Finanzierungsaufwand, der Kapazitäten für die Moderation und Betreuung eines Online-Moduls verbunden ist, stellt jedoch eine erhebliche Mehrbelastung und damit eine strukturelle Hürde für eine solche Planung dar. Für die dauerhafte Nachnutzung ist eine weitere Schlüsselbedingung die personenunabhängige Dokumentation von Content und Lehrkonzept, sowie die Verfügbarkeit mit den jeweiligen Modulhandbüchern der Studienprogramme kompatibler Leistungs- und Bewertungskriterien (*rubric, teaching notes*). Aus Sicht der Organisation besteht diese Anforderung für die Verstetigung des Online-Formates damit sichergestellt wird, dass die Effekte von Personalfluktuation im akademischen Mittelbau möglichst gering bleiben und eine gleichbleibende Qualität des Onlinelernens gewährleistet wird. Solche Metamaterialien fallen bei der Erstellung von OER-Lernmitteln für die akademische Lehre jedoch meist Kosten- und Kapazitätserwägungen zum Opfer.

Erfolgsfaktoren für die nachhaltige Nutzung digitaler Lernarrangements

Die Autoren identifizierten anhand des geschilderten Fallbeispiels verschiedene Erfolgsfaktoren, die zur Nachhaltigkeit von digitalen Lernarrangements beitragen können. Diese werden im Folgenden differenziert nach pädagogisch-didaktischer, technischer und organisationeller Ebene zusammengefasst.

Erfolgsfaktoren auf pädagogischer Ebene

Erhebliche Investitionen wurden für die Entwicklung des übergeordneten Lerndesigns verwendet. Entscheidende Design-Meilensteine waren hierbei die Erstellung des Lerndesigns auf Basis der Curriculum-Module und Festlegung der einzusetzenden Medientypen samt Produktionsplanung. Die Basis hierfür bildete eine sorgfältige Zielgruppendefinition (vgl. L3EAP 2017). Aus dem Teilnehmerfeedback der ersten Iteration ergaben sich weitere Erkenntnisse, die spezifische Anpassungen von Kursmaterial und Betreuungsmodell führten.

Im zweiten Kursdurchlauf wurde versucht, eine noch stärkere Interaktion zwischen den Lernenden über den peer review hinaus zu fördern. Von Beginn an wurde das breite Spektrum der individuellen Lernpfade und Lernmotivation der heterogenen Lerngemeinschaft deutlich, die die offene Lernumgebung ermöglichte: Teilnahme mit Abschlusstest/Zertifikat, Teilnahme ohne Abschluss, Interesse an den OER-Inhalten oder auch nur die gezielte Wissensaufnahme mittels Zugriff auf ausgewählte Module (s. Tab. 6.2).

Tab. 6.2 Lernverläufe in Pilotkurs 2016 und dritter Iteration 2018 (s.a. L3EAP 2013)

Personal learning objectives of the course	1. Iteration [n=126] (%)	3. Iteration [n=96] (%)
To keep up to date with all course content and complete all submission items on time (quizzes, case studies, assignments)	65	59
To watch/read most of the course content and complete most of the submission items on time	21	25
To look at content in my own time and maybe not complete the assessment items	5	2
I am teaching this subject and am interested in the OER course material	5	1
To look through some of the course content and complete some submission items	2	7
I'm just having a look around this stage	1	1
No answer given	1	5
Total	100	100

Der Vergleich zwischen der ersten und der dritten Iteration zeigt ähnliche Präferenzen, heraus sticht jedoch eine vergleichsweise hohe Lernmotivation. Das am Ende des Kurses eingeholte Teilnehmerfeedback in allen drei Iterationen ergab, dass nahezu alle Teilnehmer den jeweiligen Kurs weiterempfehlen würden.

Da sich die Teilnehmer der dritten Iteration (politische Entscheidungsträger) von den vorherigen Teilnehmern (Praktiker) stark unterschieden, wurden auf Basis einer weiteren Zielgruppenanalyse vorab neue Inhalte identifiziert, die im Vergleich zu den vorangegangenen zwei Iterationen nicht oder nur teilweise behandelt wurden (z. B. konkrete Fallbeispiele und Erfahrungsberichte aus Politik, Wirtschaft und von Fachverbänden), um die Lernbedarfe zu treffen. Dies wurde durch die Einbindung von Audio-Interviews mit externen Energiepolitik-Experten gelöst. Außerdem konnte die Zielgruppe der dritten Iteration wesentlich weniger Lernzeit investieren, sodass die Lerninhalte kompakt über einen kürzeren Zeitraum angeboten werden mussten. Dies hatte höchste Priorität und größten Einfluss auf das Curriculum und das Lerndesign.

Neben organisatorisch-bedingten Änderungen (siehe 3.2) floss auch bei dieser dritten Iteration das Feedback der (potenziell) Lernenden in die Gestaltung des Lernarrangements ein: Die Zielgruppe äußerte teils widersprüchliche Ansprüche (z. B. umfangreiche Videos, Theoriewissen, Fallstudien, fachliches Netzwerken, Gruppenarbeit), die im Kontrast zum tatsächlichen als äußerst begrenzt angegebenen Zeitbudgets der Lernenden, des Lernorts (weltweite Teilnehmerschaft), der vorhandenen technischen Ausstattung und des zur Verfügung stehenden Budgets standen. Die Betreuung und Moderation der dritten Iteration unterschied sich aufgrund neuen Personalstamms und begrenzter zeitlicher Verfügbarkeit. Um ein etwas gleiches Einstiegsniveau der Teilnehmenden zu unterstützen und Zeitverlust durch technische Probleme zu minimieren, enthielt der Kurs ein ‚Einführungs-/Schnupperkapitel', das weit vor Kursbeginn freigeschaltet wurde, damit sich die Lernenden mit dem Handling der Plattform sowie thematischem Hintergrundwissen vertraut machen und erste Kontakte zueinander knüpfen konnten.

Erfolgsfaktoren auf technischer Ebene

Da die Teilnehmenden aus aller Welt kamen, konnte das Projektteam davon ausgehen, dass nicht überall optimale technische Voraussetzungen (Computer, schneller, stabiler Internetzugang usw.) vorlagen und bezog dies in die Konzipierung mit ein. Beispielsweise wurden Videos in geringer Auflösung angeboten, flankiert von Transkripten für diejenigen, die dennoch Schwierigkeiten hatten, die Videos aufzurufen. Verschiedenste Medien (PDF, E-Mail Notifications, weitere einfachere Moodle-Funktionalitäten) wurden in die Lernumgebung eingebunden, und auch vom Handy aus konnte auf den Kurs zugegriffen werden.

Die gewonnenen Erkenntnisse aus der ersten Kursiteration führten dazu, dass der Onlinekurs teils noch während der ersten Iteration und dann nachfolgende für die zweite Iteration angepasst wurde. Bei der ersten und zweiten Iteration wurden nur geringfügige Änderungen meist technischer Art vorgenommen, um den reibungslosen Verlauf zu gewährleisten, zum anderen betreuungsseitig weitere Hilfestellungen (Videotranskripte). Auch wenn die eingesetzten Videoclips für Lernende mit schwachen Internetverbindungen in geringerer Auflösung sowie mit Transkripten zum Nachlesen angeboten wurden, war dies für etliche Lernende dennoch eine technische Hürde.

Die Zusammenarbeit mit Fachexperten innerhalb der HOOU und die Arbeitsteilung mit externen Dienstleistern ermöglichte dem Projektteam im Verlauf des Entwicklungsprozesses eine erhebliche Steigerung von Effizienz und Effektivität. Vorab musste die vorhandene fachliche Expertise mit Spezialwissen zu digitaler Didaktik und Lerndesign ergänzt, die technische Infrastruktur für eine zu greifende Zielgruppe angepasst, begrenzte Ressourcen effizient geplant und zuverlässig eingesetzt werden. In der Kursphase war technisches „*troubleshooting*" bei Nutzerfragen notwendig, fehlende Vorerfahrungen mit dem Einsatz spezifischer LMS-Module für derart große Nutzergruppen erforderte technischen Support. Rückblickend schätzen die Entwickler den finanziellen Aufwand zwischen Entwicklungs- und Implementierungsphase inkl. Nachbereitung in etwa gemäß der Pareto-Prinzips mit 80:20 ein.

Erfolgsfaktoren auf Organisationsebene

Wichtige Erkenntnisse auf organisatorischer Ebene wurden bereits aus der ersten Kursiteration gewonnen: Da das Projektteam bisher kaum in der Durchführung von Onlinekurse involviert war, war die Erfahrung, eine so große Anzahl von aktiv Lernenden relativ persönlich über die interaktive Plattform koordinieren und relativ persönlich betreuen zu können, eine wichtige Erkenntnis. Das fortwährend eingeholte Feedback der Teilnehmer während des Kursverlaufs ermöglichte eine noch passgenauere Nachjustierung bzw. bestätigte die Angemessenheit der Qualität, des Anspruchs und des Umfangs der Inhalte. Es wird vermutet, dass die geringeren Teilnehmerzahlen der zweiten Iteration mit dem Kursstart früh im Jahr zusammenhängen, zu dem der zweite Durchlauf gestartet wurde – zumindest bei den akademischen Teilnehmern überlappte der Kurs teils Prüfungszeiträume.

Der Anpassungsbedarf zwischen dem zweiten und dritten Kursdurchlauf war im Vergleich zum ersten Kursdurchlauf substanziell: Die dritte Iteration des Onlinekurses kann einerseits als Neuentwicklung angesehen werden, da ein großer Teil des Contents komplett neu entwickelt wurde (z. B. Audiodateien und Teilmodule), um die Lernbedarfe der neuen Zielgruppe optimal zu decken. Andererseits kann die dritte Iteration auch als eine Adaptierung des bestehenden Onlinekurses betrachtet werden, da das Kursdesign, der Ansatz der Zielgruppendefinition, die Struktur der Lernplattform sowie ausgewählte OER-Videoclips und die Moderation sowie die fachliche Betreuung der Lernenden zum Teil durch die zuvor eingesetzten erfahrenen Experten übernommen wurde.

Für die Umsetzung des Onlinekurses wurden neben projektinternen Kapazitäten auch weitere hochschulinterne und externe Ressourcen investiert. Das internationale Projektteam mit Hochschuldozenten aus Fiji, Mauritius und Deutschland unter Leitung der

HAW Hamburg entwickelte das Curriculum das Lerndesign und alle Inhalte. Daneben konnte auf technische Unterstützung seitens der HOOU-Teams der HAW Hamburg und eines externen IT-Spezialisten sowie didaktische Unterstützung eines renommierten externen Learning Designers zugegriffen werden. Trotz eines begrenzten Projektbudgets blieb das Projektteam im definierten Entwicklungs- und Implementierungszeitraum der Lernarrangements.

Der Logik eines Forschungsverbundes folgend ist die vielversprechendste Perspektive für eine Weiternutzung und -verwendung der mit hohem Ressourceneinsatz entwickelten Lernformats innerhalb der HAW Hamburg und des L3EAP-Fachbereiches das erneute Einwerben geeigneter Drittmittel. Dazu hat der jetzt Forschungs- und Transferzentrum Nachhaltigkeit und Klimafolgenmanagement (FTZ-NK) genannte Bereich der HAW zunächst mit eigenen Mitteln das Programm „*Digital Learning for Sustainability*" (DL4SD, s. www.dl4sd.org) ins Leben gerufen. Im Rahmen dieses Programms werden internetbasierte Lernangebote entwickelt, mit expliziter Ausrichtung an SDG 4 für die Gewährleistung inklusiver, gerechter und hochwertiger Bildung sowie der Förderung von Möglichkeiten für lebenslanges Lernen. Neben dem sukzessiven Aufbau eines Portfolios an Onlinekursen zu verschiedenen Nachhaltigkeitsthemen ist mit dem Einwerben von Mitteln für Spin-Off-Projekte bereits gelungen, ein langfristig tragfähiges Fundament zu legen für das fortlaufende Aktualisieren der technischen Plattform (*Infrastruktur*) und der Lernmaterialien (*Content*).

Dabei spielt die fortwährende Unterstützung der HOOU auch hier eine ausgesprochen bedeutsame Rolle. Mit einem breiten Portfolio offener Lernangebote kann eine effektivere Vernetzung mit Lernenden in aller Welt kann aufrechterhalten werden. Die organisatorische Struktur der HOOU erhöht gleichzeitig die Sichtbarkeit innerhalb der beteiligten Hochschulen, so dass die Wahrscheinlichkeit steigt, die entsprechenden Onlinekurse zu gegebenem Zeitpunkt enger mit dem universitären Curriculum der Präsenzlehre in Hamburg auf nationaler und internationaler Ebene zu verzahnen. Damit unterstützen diese Aktivitäten über mehrere Ebenen und Einheiten des Hochschulverbundes HOOU hinweg weiterhin bottom-up die strategischen Ziele der Hochschule. Digitale Lernangebote können damit gemäß der „dritten Mission" eingesetzt werden, um aus den lokalen Lehrangeboten der Hochschule hinaus auf internationaler Ebene auf breite gesellschaftliche Veränderungen hinzuwirken, bildungsferne und geographisch verstreute Lerngruppen anzusprechen sowie globale Bildungschancen zu verbessern.

Schlussfolgerungen: OER nachhaltig konzipieren, produzieren und implementieren

Mit diesem Kapitel zeigen die Autoren auf, wie ein digitales Lernarrangement mit Hilfe von OER nachhaltig konzipiert, produziert und als Onlinekurs in mehreren Iterationen implementiert werden konnte. Der Beitrag schildert Hürden und Erfolgsfaktoren bei der wiederholten Nutzung der investierten materiellen Ressourcen, der erworbenen praktischen Lehrerfahrungen und der entwickelten Prozesse für das Kursmanagement von digitalen Lernarrangements. Auf Projektebene betrachten die Autoren den Onlinekurs als nachhaltig, da die Lernumgebung und die Kursinhalte weiter- bzw. wiederverwendet wurden, aus dem ursprünglichen Projekt ein *spin-off* Programm generiert werden konnte und nicht zuletzt ein erfolgreiches *capacity building* unter den beteiligten Kursentwicklern, Lehrenden sowie Lernenden erfolgte. Als Gesamtorganisation kann die HAW Hamburg mit dem beschriebenen Onlinekurs auf einen international sichtbaren Meilenstein für erfolgreichen digitale Lernarrangements verweisen. Mit dieser Referenz konnten weitere externe Investitionen sowohl durch Sponsoren als auch durch öffentliche Landesmittel eingeworben werden. Sie bilden den Grundpfeiler der neuen Bildungsinitiative „Digital Learning for Sustainability" (DL4SD) am Forschungs- und Transferzentrum Nachhaltigkeit und Klimafolgenmanagement (FTZ-NK).

Der geschilderte Fall illustriert jedoch auch die komplexen Herausforderungen bei der nachhaltigen Verwertung von digitaler Kursformate. Unabhängig von ihrer didaktischen Leistungsfähigkeit und hochschulstrategischen Anreizen bleibt eine Übernahme innovativer Lernarrangements in den Kernbereich der Hochschullehre auch nach zwei Jahrzehnten Erfahrung mit eLearning deshalb aus Sicht der Organisation Hochschule unverändert risikobehaftet, die eingesetzten Ressourcen werden somit bisher wenig nachhaltig genutzt. Der OER-Ansatz beantwortet die Frage der nachhaltigen Nutzung für Lernmaterialien im akademischen Kontext auf der Ebene der Lernmaterialien. Kostenlose Nutzung und allfällige Anpassung von Content ist eine notwendige Voraussetzung, aber keine hinreichende Bedingung für die effiziente, effektive und einnehmende Mehrfachnutzung.

Die gewonnenen Ergebnisse sind insofern aufschlussreich für die nachhaltige Verwendung von OER, weil es sich hier um die Wieder- und Weiterverwendung von digitalen Lernarrangements handelte, deren Lehrmittel im entsprechenden Fachbereich und Lehrkontext selbst konzipiert und produziert worden waren. Typische Hindernisse für den Einsatz von OER waren damit gegenstandslos. Es lassen sich jedoch eine Reihe von Erfolgsfaktoren für den Hochschulkontext identifizieren (Personalfluktuation, Vorgaben von Drittmittelgebern, institutionelle Auflagen, Ressourcenknappheit u. a.), welche für die nachhaltige Verwertung vorhandener Lernmittel und Lehrerfahrungen ausschlaggebend sein können. Die Autoren sind der Auffassung, dass derartige Verläufe von digitalen Lehrprojekten in der deutschsprachigen Hochschullandschaft verbreitet sind, so dass eine Darstellung der eingesetzten Mechanismen und Strategien einen Beitrag liefert für die digitale Transformation akademischer Lehre und Weiterbildung bei Berücksichtigung der Rahmenbedingungen in der „besonderen und unvollständigen" Organisation Hochschule (vgl. Kehm 2012).

Notorisch knappe Projektressourcen für die Entwicklung digital gestützter Lernformate können nachhaltiger eingesetzt werden, wenn sie eine Mehrfachnutzung der produzierten Lernmaterialien von Beginn an berücksichtigen und dafür geeignete Rahmenbedingungen schaffen. Das Beispiel des Onlinekurses „Sustainable Energy for

SIDS" zeigt, welche Charakteristika der entwickelten OER, der Plattformkonzeption sowie der Projektorganisation eine Weiter- bzw. Wiederverwertung in mehreren Kursiterationen begünstigte. Auf der Content-Ebene ist eine modulare Grundstruktur, idealerweise auf Basis von OER-Lernmaterialien, bereits bei Konzeption und Produktion von Lernmaterialien zu berücksichtigen, damit einzelne Bausteine flexibel angepasst und in anderen Kontexten eingesetzt werden können. Auf didaktischer Ebene ist von Beginn an ein *outcome*-orientierter Aufbau mit klar definierten Lernzielen hilfreich, um in der Kursphase mit entsprechend kurzen Feedbackzyklen zu arbeiten, die erfolgreiche Lernverläufe für die Teilnehmer sichern und gleichzeitig ein breites Spektrum an möglichen Lernpfaden bietet.

Auf Organisationsebene ist die Einbindung des Projektvorhabens in einen überfachlichen Lernzusammenhang von der Pilotphase an ausschlaggebend für die effektive Nutzung von Ressourcen und das Bündeln von Expertise (z. B. Videoproduktion, Online-Didaktik, Peer Learning, e-Assessment) über einzelne Projektvorhaben hinaus und für eine nachhaltige Wiederverwendung. Dabei ist der spezifische Charakter von Hochschulen zu berücksichtigen, der neben einer klaren Struktur für Bedarfe an Infrastruktur, Expertise und Support der „losen Kopplung" einzelner Arbeitsbereiche gerecht wird. Nur so bleiben die notwendigen Freiheitsgrade akademischer Lehre für das sachgetriebene Entwickeln innovativer Strukturen und Prozesse außerhalb der bestehenden Organisation erhalten.

Die Einbindung peripherer Arbeitsbereiche der Hochschule über die Projektlaufzeit hinaus, in der Fallstudie etwa das federführende Forschungs- und Transferzentrum, sind extrem hilfreich, um praktische Arbeitserfahrungen verschiedener Projekte innerhalb des Stakeholder-Netzwerks zu verbreiten. Wertvolle Erfahrungen der Hochschulangehörigen in Einzelprojekten fließen so parallel in die sich entwickelnde Digitalisierungsstrategie der Gesamthochschule ein. Weitere Forschungsergebnisse mit Bezug auf die drei wesentlichen Nachhaltigkeitsebenen/-dimensionen sowie konkreten Indikatoren für digitale Lehr-/Lernformate sind erforderlich, um praxisrelevante Leitlinien zu entwickeln, mit denen Lerndesigner, Dozierende und Entscheidungsträger sowohl in der lehrnahen Verwaltung als auch im strategischem Hochschulmanagement bei der Entwicklung von digitalen Lernarrangements eine ganzheitliche Perspektive auf die Nachhaltigkeit von OER gewinnen können.

Literatur

Argyris, C. (1991). Teaching smart people how to learn. *Harvard Business Review, 4*(2), 4–15.
Atkins, D. E., Brown, J. S., & Hammond, A. L. (2007). A review of the open educational resources (OER) movement: Achievements, challenges, and new opportunities. *Educational Technology Research and Development, 64,* 573–590.
Belikov, O., & Bodily, R. (2016). Incentives and barriers to OER adoption: A qualitative analysis of faculty perceptions. *Open Praxis, 8*(3), 235–246.

Bitkom. (Hrsg.). (2016). *Massive Open Online Courses – Hype oder hilfreich?* Berlin: Bitkom.
BMZ. (2018). Agenda 2039 – 17 Ziele für nachhaltige Entwicklung, Berlin: BMZ. https://www.bmz.de/de/ministerium/ziele/2030_agenda/17_ziele/index.html. Zugegriffen: 10. Dez. 2018.
Bremer, C., & Thillosen, A. (2013). Der deutschsprachige Open Online Course OPCO12. In: C. Bremer, & D. Krömker (Hrsg.), *E-Learning zwischen Vision und Alltag. Medien in der Wissenschaft Band 64* (S. 15–27). Waxmann: Münster.
Bretschneider, M., & Pflaum, E. (2016). Lernendenzentrierung im Lehren und Lernen mit Medien. In W. Pfau, C. Baetge, S. M. Bendelier, C. Kramer, & J. Stöter (Hrsg.), *Teaching Trends 2016. Digitalisierung in der Hochschule: Mehr Vielfalt in der Lehre* (S. 111–120). Waxmann: Münster.
Brahm, T., Jenert, T., & Euler, D. (2015). Pädagogische Hochschulentwicklung als Motor für die Qualitätsentwicklung von Studium und Lehre. In T. Brahm, T. Jenert, & D. Euler (Hrsg.), *Pädagogische Hochschulentwicklung* (S. 19–36). Wiesbaden: Springer. https://doi.org/10.1007/978-3-658-12067-2_2.
Brown, J. S., & Adler, R. P. (2008). Minds on fire: Open education, the long tail, and learning 2.0. *Educause Review, 43*(1), 16–32. https://doi.org/10.1016/0307-4412(88)90092-1.
Cloud, J. (2014). The essential elements of education for sustainability (EfS). Editorial introduction from the guest editor. *Journal of Sustainable Education, 6.* https://www.jsedimensions.org/wordpress/wp-content/uploads/2014/05/Cloud-Jaimie-JSE-May-2014-PDF-Ready2.pdf. Zugegriffen:10. Dez. 2018.
Collis, B., & van der Wende, M. (2002). *Models of technology and change in higher education.* Twente: University of Twente.
Conole, G., Dyke, M., Oliver, M., & Seale, J. K. (2004). Mapping Pedagogy and tools for effective learning design. *Computers and Education, 43*(1–2), 17–33. https://doi.org/10.1016/j.compedu.2003.12.018.
Cormier, D., & Siemens, G. (2010). The open course: Through the open door – Open courses as research, learning, and engagement. *Educause Review, 45*(4), 30–39.
DAAD. (2014). *Die Internationalisierung der deutschen Hochschule im Zeichen virtueller Lehr-und Lernszenarien.* Bielefeld: Bertelsmann. https://doi.org/10.3278/6004449w.
Daradoumis, T., Bassi, R., Xhafa, F., & Caballé, S. (2013). A review of massive (MOOC) E-learning design, delivery and assessment. In: 8th International Conference on P2P, Parallel, Grid, Cloud and Internet Computing (S. 208–213). https://dx.doi.org/10.1109/3PGCIC.2013.37.
DeBoer, J., Ho, A. D., Stump, G. S., & Breslow, L. (2014). Changing "Course": Reconceptualizing educational variables for massive open online courses. *Educational Researcher, 43*(2), 74–84. https://doi.org/10.3102/0013189X14523038.
Deimann, M. M., Neumann, J., & Muuß-Merholz, J. (2015). Open Educational Resources (OER) an Hochschulen in Deutschland. Berlin: Transferstelle OER. https://open-educational-resources.de/oer-whitepaper-hochschule. Zugegriffen: 20. Dez. 2018.
Downes, S. (2007). Models for sustainable open educational resources. *Interdisciplinary Journal of E-Skills and Lifelong Learning, 3*(1), 29–44. https://doi.org/10.28945/384.
Downes, S. (2016). New models of open and distance learning. In: K. Mohamed Jemni, & M. K. Khribi (Hrsg.), Open education: From OERs to MOOCs (S. 1–22). Berlin: Springer. https://dx.doi.org/10.1007/978-3-662-52925-6.
Ebner, M., & Schön, S. (2013). Offene Bildungsressourcen als Auftrag und Chance – Leitlinien für (medien-) didaktische Einrichtungen an Hochschulen. In G. Reinmann, M. Ebner, & S. Schön (Hrsg.), *Hochschuldidaktik im Zeichen von Heterogenität und Vielfalt* (S. 7–29). Norderstedt: Books on Demand.

Etzkowitz, H., Webster, A., Gebhardt, C., & Terra, B. R. C. (2000). The future of the university and the university of the future: Evolution of ivory tower to entrepreneurial paradigm. *Research Policy, 29*(2), 313–330. https://doi.org/10.1016/s0048-7333(99)00069-4.

Euler, D., & Seufert, S. (2007). Change Management in der Hochschullehre: Die nachhaltige Implementierung von e-Learning-Innovationen. *Zeitschrift Für Hochschulentwicklung, 2*(3), 3–15. https://doi.org/10.3217/zfhd03/02.

Gamage, D., Fernando, S., & Perera, I. (2015). Quality of MOOCs: A review of literature on effectiveness and quality aspects. In: Proceedings of the International Conference on Ubi-Media Computing (S. 224–229). https://dx.doi/10.1109/UMEDIA.2015.7297459.

Glance, D., Forsey, M., & Riley, M. (2013). The pedagogical foundation of massive online courses. *First Monday, 24*(3), 437–449. https://doi.org/10.5210/fm.v18i5.4350.

Gunn, C. (2010). Sustainability factors for E-learning initiatives. *ALT-J, 18*(2), 89–103. https://doi.org/10.1080/09687769.2010.492848.

Hagenauer, G., Ittner, D., Suter, R., & Tribelhorn, T. (2018). Editorial: Evidenzorientierte Qualitätsentwicklung in der Hochschullehre: Chancen, Herausforderungen und Grenzen. *Zeitschrift Für Hochschulentwicklung, 13*(1), 9–24.

Heise, C. (2018). *Von Open Access zu Open Science.* Lüneburg: meson.

HFD. (2017). *Zur Nachhaltigen Implementierung von Lerninnovationen mit digitalen Medien.* Berlin: Hochschulforum Digitalisierung.

Hollands, F. M. (2014). Why Do Institutions Offer MOOCs? *Online Learning Journal, 77*(308). https://doi.org/10.1111/j.1468-0335.2010.00861.x.

HOOU. (2016). Synergie: Fachmagazin für Digitalisierung in der Lehre, 1(2), https://dx.doi/10.1007/978-3-658-11613-2_3.

HRK. (2016). Senatsbeschluss zu Open Educational Resources (OER). Berlin: Hochschulrektorenkonferenz. https://www.hrk.de/fileadmin/_migrated/content_uploads/Beschluss_HRK-Senat_zu_OER_15032016.pdf. Zugegriffen: 15. Jan. 2019.

Jemni, M., Kinshuk, & Khribi, M. K. (Hrsg.). (2016). *Open education: From OERs to MOOCs.* Berlin: Springer.

Kehm, B. M. (2012). Hochschulen als besondere und unvollständige Organisationen? – Neue Theorien zur „Organisation Hochschule". In U. Wilkesmann & C. Schmid (Hrsg.), *Hochschule als Organisation* (S. 17–25). Wiesbaden: VS.

Kember, D. (2007). *Reconsidering open and distance learning in the developing world.* London: Routledge.

Kerres, M. (2001a). Medien und Hochschule. Strategien zur Erneuerung der Hochschullehre. In: L. J. Issing, & G. Stärk (Hrsg.), *Studieren mit Multimedia und Internet* (S. 57–70). Münster: Waxmann.

Kerres, M. (2001b). *Multimediale und telemediale Lernumgebungen* (2. Aufl.). München: Oldenbourg.

Kerres, M. (2018). *Mediendidaktik.* Berlin: de Gruyter.

Khalil, H., & Ebner, M. (2014). MOOCs completion rates and possible methods to improve retention – A literature review. In J. Herrington, J. Viteli, & M. Leikomaa (Hrsg.), *Proceedings EdMedia2014* (S. 1236–1244). Chesapeake: World Conference on Educational Multimedia.

Koedinger, K. R., Kim, J., Jia, J. Z., McLaughlin, E. A., & Bier, N. L. (2015). Learning is not a spectator sport, doing is better than watching for learning from a MOOC. In: *ACM Conference on Learning at Scale* (S. 111–120). New York: ACM Press. https://dx.doi/10.1145/2724660.2724681.

Koper, R. (2004). Learning technologies in E-learning: An integrated domain model. In: W. Jochems, J. G. van Merriënboer, & R. Koper (Hrsg.), *Integrated E-learning* (S. 76–91). London: Routledge.

Kreijns, K., Kirschner, P., & Jochems, W. (2003). Identifying the pitfalls for social interaction in computer-supported collaborative learning environments: A review of the research. *Computers in Human Behaviour, 19*(3), 335–353.

Laurillard, D. M. (2013). *Teaching as a design science*. London: Routledge.

Laurillard, D. M. (2016). The educational problem that MOOCs could solve: Professional development for teachers of disadvantaged students. *Research in Learning Technology, 24*, 29369. https://doi.org/10.3402/rlt.v24.29369.

Law, P., & Jelfs, A. (2016). Ten years of open practice: A reflection on the impact of OpenLearn. *Open Praxis, 8*(2), 143–149. https://doi.org/10.5944/openpraxis.8.2.283.

Leal Filho, W., & Mannke, F. (2007). Linking sustainability, education, communication and climate change – Some international approaches and good practice. In: W. Leal Filho, F. Mannke, & P. Schmidt-Thomé (Hrsg.), Information, communication and education on climate change – European perspectives (S. 193–199). Frankfurt a. M.: Lang.

L3EAP. (2017). Strengthening human capacity for the development of energy access, security and efficiency in SIDS. Final report. https://project-l3eap.eu/downloads/Results/haw_l3eap_final-report.pdf. Zugegriffen: 4. Jan. 2019.

Mayrberger, K., & Steiner, T. (2015). Interdisziplinär, integriert & vernetzt – Organisations- und Lehrentwicklung mit digitalen Medien heute. In N. Nistor & S. Schirlitz (Hrsg.), *Digitale Medien und Interdisziplinarität* (S. 13–23). Wiesbaden: Waxmann.

McPherson, M. (2016). Evolution of learning technologies. In N. Rushby & D. W. Surry (Hrsg.), *The Wiley handbook of learning technology* (S. 77–95). London: Wiley.

Meishar-Tal, H., Yair, Y., & Tal-Elhasid, E. (2010). Institutional implementation of Wikis in higher education. In T. Anderson (Hrsg.), *Emerging technologies in distance education* (S. 215–229). Athabasca: AU Press.

Musselin, C. (2007). Are universities specific organisations? In: A. Kosmützky & G. Krücken (Hrsg.), *Towards a multiversity?* (S. 63–84). Bielefeld: transcript.

Najafi, H., Rolheiser, C., Harrison, L., & Håklev, S. (2015). University of Toronto instructors' experiences with developing MOOCs. *The International Review of Research in Open and Distributed Learning, 16*(3), 233–255. https://doi.org/10.19173/irrodl.v16i3.2073.

Oates, L., & Hashimi, J. (2016). Localizing OER in Afghanistan: Developing a multilingual digital library for Afghan teachers. *Open Praxis, 8*(2), 151–161. https://doi.org/10.5944/openpraxis.8.2.288.

OECD. (2006). *Open educational resources: Opportunities and challenges*. Paris: CERI.

OECD. (2015). *Open educational resources. A catalyst for innovation*. Paris: OECD.

Olcott, D. (2012). OER perspectives: Emerging issues for universities. *Distance Education, 33*(2), 283–290.

Reisswig, K. (2013). *Die „unternehmerische Mission" von Universitäten*. Postdam: Universität Potsdam.

Reutemann, J. (Hrsg.). (2018). *Media design expertise for videos in higher education*. Leiden: Universiteit Leiden.

Rodriguez, O. C. (2013). The concept of openness behind C- and X-MOOCs (Massive Open Online Courses). *Open Praxis, 5*(1), 67–73. https://doi.org/10.5944/openpraxis.5.1.42.

Rohs, M. & Ganz, M. (2015). MOOCs and the claim of education for all: A disillusion by empirical data. *The International Review of Research in Open and Distributed Learning, 16*(6), https://doi.org/10.19173/irrodl.v16i6.2033.

Rushby, N., & Surry, D. W. (2016). *The wiley handbook of learning technology*. Hoboken: Wiley.

Sarasvathy, S. D., & Dew, N. (2005). New market creation through transformation. *Journal of Evolutionary Economics, 15*(5), 533–565. https://doi.org/10.1007/s00191-005-0264-x.

Schulmeister, R. (2013). *MOOCs – Massive Open Online Courses*. Münster: Waxmann.

Seufert, S. (2008). Innovationsorientiertes Bildungsmanagement. *Hochschulentwicklung durch Sicherung der Nachhaltigkeit von eLearning.* Wiesbaden: Springer. https://doi.org/10.1007/978-3-531-91004-8.

Seufert, S., & Miller, D. (2003). Nachhaltigkeit von e-Learning-Innovationen: Von der Pionierphase zur nachhaltigen Implementierung. *Medien Pädagogik.* https://doi.org/10.21240/mpaed/00/2003.11.20.X.

Seyfarth, F.C. (2014). Emergente Formen digitaler Lehre aus Sicht des Hochschulmarketings. In DAAD (Hrsg.), Die Internationalisierung der deutschen Hochschule im Zeichen virtueller Lehr-und Lernszenarien (S. 120–148). Bielefeld: Lang.

Sharpe, R., Benfield, G., & Francis, R. (2006). Implementing a university e-learning strategy: Levers for change within academic schools. *Research in Learning Technology, 12*(3), 135–151. https://doi.org/10.3402/rlt.v14i2.10952.

Sidiropoulos, E. (2013). Education for sustainability in business education programs: A question of value. *Journal of Cleaner Production, 85,* 472–487.

Simon, H. A. (1969). *The sciences of the artificial.* Cambridge: MIT Press.

Siemens, G. (2013). Massive open online courses: Innovation in education? In: R. McGreal, W. Kinuthia, S. Marshall & T. McNamara (Hg.), Perspectives on open and distance learning: Open educational resources: Innovation, research and practice (S. 5–15). https://oerknowledgecloud.org/sites/oerknowledgecloud.org/files/pub_PS_OER-IRP_web.pdf. Zugegriffen: 12. Jan. 2019.

Tucker, J., & Neely, P. (2010). Unbundling faculty roles in online distance education programs. *The International Review of Research in Open and Distributed Learning, 11*(2), 20–32. https://doi.org/10.19173/irrodl.v11i2.798.

UNESCO. (2012). Paris OER declaration. https://en.unesco.org/oer/paris-declaration. Zugegriffen: 10. Jan. 2019.

Veletsianos, G. (2010). *Emerging technologies in distance education.* Athabasca: AU Press.

Wals, Arjen E. J., & Jickling, B. (2002). „Sustainability" in higher education. *International Journal of Sustainability in Higher Education, 3*(3), 221–232.

WCED. (1987). World commission on environment and development, our common future. https://www.un-documents.net/our-common-future.pdf. Zugegriffen: 10. Dez. 2018.

Whitchurch, C. (2018). From a diversifying workforce to the rise of the Itinerant academic. *Higher Education, 18*(Suppl. 1), 35–52. https://doi.org/10.1007/s10734-018-0294-6.

Wolf, F., Becker, D.V., Leal, W., Krink, J., Haselberger, J. & Kowald M. (2016). Sustainable energy generation and use in SIDS and beyond—introducing the L3EAP online learning approach. Brazilian Journal of Science and Technology, 3(2), https://doi.org/10.1186/s40552-016-0021-8.

Wolf, F., Seyfarth, F.C., & Pflaum, E. (2017). Scalable capacity-building for geographically dispersed learners. In: U. C. Pandey & V. Indrakanti (Hg.), Open and distance learning initiatives for sustainable development (S. 58–83). Hershey: IGI Global. https://doi.org/10.4018/978-1-5225-2621-6.ch003.

Zhang, Y. A. (2015). *Handbook of mobile teaching and learning.* Berlin: Springer.

Digitale Ansätze zur Vermittlung der SDGs in der Hochschullehre im deutschsprachigen Raum

Oliver Ahel und Katharina Lingenau

Entwicklung von BNE und SDGs in der Hochschullandschaft

Als politische Legitimation jeglicher BNE-Bemühungen an Hochschulen können die internationale UNESCO Dekade – Bildung für Nachhaltige Entwicklung (2005–2014) sowie das UNESCO Weltaktionsprogramm (2015–2019) gesehen werden. Ziele dieser politischen Kampagnen war und sind die Integration der Prinzipien, Werte, Einstellungen und Praktiken nachhaltiger Entwicklung in allen Bildungsebenen, die Stärkung aller Programme und Aktivitäten zur Vermittlung von BNE, bis hin zur expliziten Zielsetzung der Verankerung von BNE im akademischen Umfeld (UNESCO 2014a). Konkret soll dies durch die Integration von Zukunftsthemen wie bspw. Klimawandel, Biodiversität oder Ungleichheitsreduktion, etc. in die Lehrpläne und Curricula geschehen. All diese Themen zeichnen sich durch Unsicherheit, Überkomplexität und systemische Interaktion aus. Darüber hinaus benötigt BNE auch Methoden des Lernens und Lehrens, welche kritisches Denken, Kooperation oder die Vorstellung von Zukunftsszenarien, ermöglichen. All diese Maßnahmen würden einer Neuausrichtung der Bildungssysteme sowie der etablierten Vorstellungen von Lernen und Lehren gleichkommen (UNESCO 2014a). Trotz dieses Auftrages konnten aber bisher lediglich ca. 2 % der deutschlandweit fast 3 Mio. Studierenden im Sommersemester 2009 durch Lehrveranstaltungen mit Nachhaltigkeitsbezug erreicht werden (DUK 2009). Zwar entstanden in Deutschland innerhalb der UNESCO Dekade zu BNE ca. 2000 verschiedene Projekte, von einem BNE-Mainstream ist die deutsche Hochschullandschaft aber noch weit entfernt

---

O. Ahel · K. Lingenau (✉)
Virtuelle Akademie Nachhaltigkeit, Universität Bremen, Bremen, Deutschland
E-Mail: lingenau@uni-bremen.de

O. Ahel
E-Mail: oliver.ahel@uni-bremen.de

(Michelsen 2016). Gleiches gilt für die weltweite Integration von BNE in Curricula und Forschungsaktivitäten von Hochschulen UNESCO 2014a). Angesichts dieser eher zögerlichen Entwicklungen wurden in der Agenda für Nachhaltige Entwicklung 2030 der United Nations (UN) die Forderungen nach der Integration von BNE noch einmal bekräftigt und verstärkt. Im Zuge der Agenda 2030 wurden dabei 17 Sustainable Development Goals (SDGs) formuliert und mit 169 Unterzielen versehen. Erklärtes Ziel der SDGs ist es Nachhaltige Entwicklung in Entwicklungsländern und Industrienationen bis 2030 zu erreichen (United Nations 2015). Dabei decken die SDGs eine Bandbreite von komplexen sozialen, ökologischen und ökonomischen Herausforderungen ab und adressieren diese lösungsorientiert mit sehr konkreten Zielesetzungen (eine umfassende Liste mit allen Zielen und Unterzielen kann unter https://sustainabledevelopment.un.org/sdgs eingesehen werden). Gegenüber dem Konzept der Bildung für nachhaltige Entwicklung werden den SDGs von der Fachcommunity einige Vorteile zugeschrieben: So dienen die SDGs als gemeinsamer Referenzrahmen für die individuellen Bemühungen zugunsten nachhaltiger Entwicklung. Neben den Inhalten wird auch die einzigartige Gestaltung (klare Visualisierung der Ziele in markanter Kachelform, eingängige Icons und unterschiedliche Farbgebung) als besonders hilfreich hervorgehoben (Müller-Christ et al. 2017). Diese Darstellungsformen bieten sehr viel Orientierung und erzeugen gleichzeitig das Gefühl von Differenz und Integration (Müller-Christ et al. 2017). Einerseits wird wahrgenommen, dass die Ziele zusammengehören und in die gleiche Richtung verweisen (Integration), andererseits werden die Ziele aber auch als inhaltlich sehr disparate Entwicklungsthemen mit unterschiedlichen, teilweise widersprüchlichen Maßnahmen (Differenzierung) erkannt. Zudem vermitteln die auch im deutschsprachigen Raum etablierten, englischsprachigen Titel der SDGs das Gefühl die eigenen Handlungen in einen globalen Bezugsrahmen einzusortieren. All diese Faktoren geben den Akteur/innen im deutschen Bildungssystem die Zuversicht, auch mit kleineren Projekten einen identifizierbaren und positionierbaren lokalen Beitrag zum globalen Zielsystem der UN beizusteuern und dies sichtbar machen zu können (Müller-Christ et al. 2017). Im SDG 4 wird explizit eine qualitativ hochwertige Bildung für alle Menschen gefordert und es wird unterstrichen, dass ohne diese keines der anderen SDGs erreicht werden kann (UNESCO 2014b).

Dank ihrer einzigartigen Rolle in der Gesellschaft, vermögen Hochschulen es einen überaus wichtigen Beitrag im Sinne der SDGs zu leisten. Durch Lehre und Lernen werden den Studierenden jene Kompetenzen vermittelt, welche sie zur Entwicklung der Lösungen zum Erreichen der SDGs benötigen. Gleichzeitig werden junge Menschen ermutigt, mobilisiert und vernetzt diese Lösungen auch umzusetzen. Auch auf der Forschungsebene unterstützen Hochschulen die Integration der SDGs in die Gesellschaft, indem entsprechendes Wissen, Handlungsweisen, Technologien und Innovationen bereitgestellt, sowie Lösungen für konkrete Entwicklungsprobleme erforscht werden. Nicht zuletzt können Hochschulen auch durch die Berücksichtigung der Prinzipien der SDGs in der eigenen Organisationsstruktur, der eigenen Hochschulkultur und in den täglichen operativen Entscheidungen zu einer Nachhaltigen Entwicklung beitragen. Allerdings sind die SDGs, ebenso wie BNE an sich, nur sehr selten konkret in die Hochschulen integriert. Zukunftsgewandte Inhalte und innovative Lehrmethoden werden an Hochschulen weitestgehend vernachlässigt, während stattdessen eher etablierte Bestrebungen, wie bspw. das Einwerben von Drittmitteln oder das Anfertigen internationaler Publikationen weiterhin honorieren werden (Müller-Christ et al. 2017). In Anbetracht der Tatsache, dass sich derzeit ein enormes und stetiges Wachstum der weltweiten Studierendenzahlen in staatlichen und privaten Hochschulen und Fernstudiengängen verzeichnen lässt, sollte dieses Potential zur Verbreitung von BNE dennoch unbedingt genutzt werden (UNESCO 2017).

Digitalisierung in der Hochschullandschaft

Während BNE weiterhin eine Randerscheinung in akademische Curricula bleibt, wurde der rasch voranschreitende Trend digitalen Lehrens und Lernens bereits von diversen Hochschulen in Entwicklungspläne integriert. Da es sich bei der Hochschullandschaft aber um ein alteingesessenes System handelt, vollzieht sich der digitale Wandel im Gegensatz zu anderen Bereichen (bspw. Musikindustrie oder Einzelhandel) dennoch vergleichsweise zögerlich. Die Art und Weise wie an Hochschulen gelernt wird hat sich nur geringfügig geändert. Immerhin bringt die Digitalisierung aber einen gewissen Veränderungsdruck mit, sodass digitale Medien in den meisten hochschulpolitischen Zukunftsvorstellungen Eingang fanden und auch im aktuellen operativen Geschäft zumindest in Ansätzen zu den Bestandteilen der meisten Lehrveranstaltungen zählen. Die Intensität der Nutzung digitaler Medien variiert dabei je nach Hochschule und auch hochschulintern je nach Fachbereich und Studiengang stark. Häufigste Anwendungsformen sind die Organisation des Lehrbetriebs über Campusmanagementsysteme sowie die elektronische Präsentation und Distribution von Lehrmaterialien. Seit Beginn des Jahrtausends hat sich das Produzieren und Bereitstellen von Lernvideos etabliert und weiterentwickelt. Im Sinne freier Bildung stellten zahlreiche Hochschullehrende ihre Inhalte – häufig in Form von Massive Open Online Courses (MOOCs) – im Netz zur Verfügung. Innerhalb kürzester Zeit wurden MOOCs zum gängigen Lehr- und Lernformat und somit zu einem Thema von Interesse mit dem sich moderne Hochschulen auseinanderzusetzen hatten. Zeitgleich stieß die Globalisierung eine Phase weitreichender Veränderungen der Arbeitswelt, innerhalb und außerhalb von Hochschulen an. Die Arbeit in interdisziplinären und internationalen Teams, selbstorganisiertes Arbeiten und virtuelle Zusammenarbeit gewannen an Bedeutung und der Umgang mit digitalen Medien wurde ein selbstverständlicher und grundlegend integrierter Bestandteil des täglichen Lebens. Das Zeitalter des Internets ermöglichte neue Formen der Zusammenarbeit und der Verbreitung von Wissen und mit dem Web 2.0 waren digitale Medien nicht länger auf den Konsum von Content limitiert, sondern es wurde durchaus üblich eigene Inhalte zu produzieren und bereitzustellen. All diese Entwicklungen übten auch Einfluss auf die Hochschullehre aus. Die Einbindung digitaler Medien in neuen Lernszenarien findet immer mehr statt und es werden bspw. Inverted-Classroom-Modelle oder Blended Learning Szenarien entwickelt und umgesetzt, wobei aktives und kollaboratives Arbeiten im Vordergrund steht (HfD 2016). Auch wenn sich MOOCs wegen zahlreicher Nachteile wie bspw. nicht handhabbare Gruppengrößen, zu große Unterschiede in Anspruchsniveau oder extrem hohe Dropout-Raten, nicht durchsetzen konnten, gelten der digitale Wandel und die Sinnhaftigkeit des Einsatzes digitaler Medien nach Jahren der Diskussion heute als unumstritten (Mayrberger 2015). Digitale Lehre wird vor allem als sinnvolle Ergänzung zur analogen Lehre gesehen, in virtueller Form aber auch als eine geeignete Alternative zur Präsenzlehre, welche spezifische Vorteile (bspw. Flexibilität, Barrierefreiheit, Integration von Multimedia und IT in die Lehre) mit sich bringt (NMC 2015, Dräger & Müller-Eiselt 2015). Ebenso tragen digitale Medien dazu bei die Lernmotivation, den Lernerfolg sowie die Lerneffizienz zu steigern (Kerres 2016). Bei den gegenwärtigen und zukünftigen Herausforderungen des Hochschulsektors, wie bspw. die steigende Anzahl Studierender, die Zunahme der Vielfalt der Lebensmodelle der Studierenden und die damit verbundene Nachfrage nach flexibleren und personalisierten Studienmodellen (HIS 2010) oder die zunehmende Internationalisierung der Zusammenarbeit an Hochschulen, soll digitalisierte Lehre Abhilfe schaffen. Studierende profitieren insbesondere von online verfügbaren Lehrformaten und der daraus resultierenden zeitlichen und räumlichen Flexibilität sowie der Selbstbestimmung des Lerntempos. Dies kommt den Bedürfnissen von Studierenden mit anderweitigen Verpflichtungen entgegen und bietet einen Lösungsansatz für die alltäglichen Herausforderungen der modernen Gesellschaft. Darüber hinaus orientiert sich digitale Lehre nicht nur an den alltäglichen Lebenssituationen und Gewohnheiten der Studierenden, sondern richtet sich auch an deren zukünftiger Berufspraxis aus. Jene Berufsfelder, welche unmittelbar mit den digitalen Medien in Verbindung stehen gelten als die stärksten Wachstumsbranchen der Zukunft (The World Economic Forum 2016). Darüber hinaus werden digitale Medien auch verstärkt in Berufsbereichen zum Einsatz kommen, in denen dies derzeit noch nicht so intensiv der Fall ist (The World Economic Forum 2016). Die Nutzung digitaler Lehre im Studium vermag es die Studierenden fachdisziplinübergreifend auf Berufsfelder vorzubereiten in denen die praktische Arbeit ebenfalls zum überwiegenden Teil in digitaler Form erfolgen wird. In Anbetracht dieses wachsenden Bedarfes an Kompetenzen im Umgang mit digitalen Medien ist die digitale Lehre schlicht als zeitgemäße Form der Hochschullehre zu bezeichnen. Als treibende Kräfte hinter der Implementierung von digitalen Medien in der Lehre sind neben engagierten und überzeugten Lehrenden auch politische Kräfte wie bspw. der Bologna-Prozess und das Leitbild des Lebenslangen Lernens zu nennen (Pietraß 2011). Aufgrund der heterogenen Strukturen der Hochschullandschaft (verschiedene Studiengänge mit unterschiedlichen und spezifischen Inhalten, große Handlungsspielräume der Lehrstuhlinhaber/innen) werden zur optimalen Verankerung digitaler Lehre maßgeschneiderte Lösungen nötig, deren Ausdifferenzierung eine Herausforderung darstellt. Darüber hinaus kann digitale Lehre nur funktionieren, wenn die Studierenden diese über die entsprechenden Endgeräte abrufen können. Bei den Studierenden herrscht diesbezüglich die Präferenz ‚Mobile First', was bedeutet, die Lerninhalte auch für mobile Geräte zu konzipieren (eMarketer 2016).

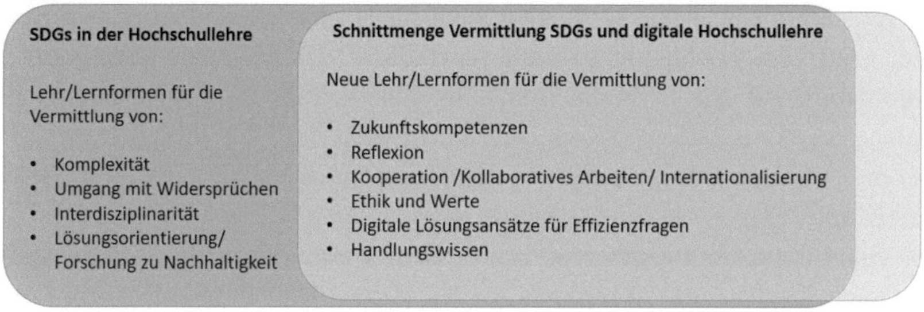

SDGs in der Hochschullehre	Schnittmenge Vermittlung SDGs und digitale Hochschullehre
Lehr/Lernformen für die Vermittlung von: • Komplexität • Umgang mit Widersprüchen • Interdisziplinarität • Lösungsorientierung/ Forschung zu Nachhaltigkeit	Neue Lehr/Lernformen für die Vermittlung von: • Zukunftskompetenzen • Reflexion • Kooperation /Kollaboratives Arbeiten/ Internationalisierung • Ethik und Werte • Digitale Lösungsansätze für Effizienzfragen • Handlungswissen

Abb. 7.1 Gemeinsamkeiten von Digitalisierung und Nachhaltigkeit in der Hochschullehre. (Quelle: eigene Darstellung, Auflistung nicht abschließend)

Es lässt sich Zusammenfassen, dass zwischen den beiden viel diskutierten Themen BNE und Digitalisierung starke Überschneidungen existieren (siehe Abb. 7.1). In beiden Fällen handelt es sich um politisch gewünschte und durch finanzielle Förderprogramme vom Bund unterstützte Bereiche. Beide Themenbereiche stehen vor der Herausforderung übergreifend und flächendeckend in die Hochschullandschaft integriert zu werden und dabei den Status quo der Hochschullehre infrage zu stellen. Auch handelt es sich jeweils um Reaktionen auf gesellschaftlichen Wandel (Digitalisierung der Arbeitswelt, Internationalisierung, Klimawandel, Lebenslanges Lernen etc.). Entscheidend ist aber, dass beide Themen denselben Fokus haben: neue Lehr-/Lernformate zu entwickeln um Studierenden jene Fähigkeiten und Kompetenzen zu vermitteln, welche Sie benötigen um den Problemen und Herausforderungen der Zukunft zu begegnen, die heute noch gar nicht bekannt sind.

Digitale Vermittlung der SDGs in der Hochschullehre

Digitalisierung sowie die Vermittlung der SDGs stellt die Hochschullehre (sowie den Hochschulbetrieb) vor herausfordernde Transformationsprozesse. Beide Stränge werden in ihren jeweiligen Fachdisziplinen beackert und vorangetrieben. Eine gemeinsame Betrachtung und damit einhergehenden Zusammenführung von gemeinsamen Zielen und Herausforderungen findet, wie bereits erwähnt, kaum statt. Erst in der neusten Zeit wird sich in der Fachliteratur und auf Tagungen mit kombinierten Fragestellungen von Digitalisierung und Nachhaltigkeit auseinandergesetzt. Diese fokussieren allerdings meinst auf betriebswirtschaftliche Umwelt- und Ressourcenaspekte im positiven wie negativen Sinne (Digitalisierung und Energieverbrauch in Produktion und Produktbetrieb, der Ressourcenverbrauch seltener Rohstoffe, Entsorgung), oder wie in Lange und Satarius (2018) auf die soziale Komponente in Bezug auf den verantwortungsvollen Umgang mit Daten, Wirtschaftswachstum und Konsum. Neben diesen ebenfalls wichtigen Fragestellungen finden aber eine Kombination der beiden Themenbereiche auf die Hochschullehre kaum statt. Aber auch für Hochschulen, ähnlich wie für Unternehmen, sind die Nachhaltigkeitsziele und die Digitalisierung eine ganzheitliche Herausforderung die alle Disziplinen und Bereiche betrifft: Lehre, Forschung, Betrieb, Verbindung zu Wirtschaft und Gesellschaft. Insbesondere für diesen transformativen Prozess müssen neue Inhalte und Lehr- und Lernformen entwickelt und implementiert werden (Kurz 2018).

Um einen Veränderungsprozess anzustoßen wirkt die Kombination von BNE und digitalen Medien als vielversprechender Hebel. Digitale Medien als Lehr- und Lernwerkzeug können dazu beitragen, wichtige BNE-Gestaltungskompetenzen zu erwerben. Durch das Bewusstmachen der enormen Vorteile von Informations-und Kommunikationstechnologien kann die Mobilisierung junger Menschen für Nachhaltigkeit (die Ausbildung von Change Agents) gelingen. Denn soziale Medien können nicht nur zum Kommunizieren und Interagieren im Jetzt genutzt werden, sondern auch für das Lernen und Qualifizieren der Zukunft sowie für den notwendigen Aufbau von künftig entscheidenden Netzwerken (Kernschbaumer & Gaisch 2018).

Bei der Betrachtung der 12 Teilkompetenzen der Gestaltungskompetenz einer Nachhaltigen Entwicklung nach De Haan (2008) wird deutlich, dass mittels digitaler Werkzeuge die Herausbildung dieser Kompetenzen unterstützt bzw. teilweise auch erst möglich gemacht wird (siehe Tab. 7.1). So ist es zum Beispiel nur mittels digitalen Werkzeugen möglich, sich global zu vernetzen, sich auszutauschen und gemeinsam an Lösungen zur Bewältigung globaler Probleme zu arbeiten. Dies fördert sowohl interkulturelle Kompetenzen und trägt zum Handlungswissen (und dessen Auswirkungen auf globaler Ebene) bei.

Ebenso ist in der (in Bezug auf Werkzeugen und Beispielen nicht abschließende) Tabelle zu sehen, das Kompetenzen, die komplexe Sachverhalte, Zukunftsszenarien oder auch Aktivierungsmerkmale aufweisen, gut mittels digitaler Hilfe unterstützbar sind. So lassen sich zum Beispiel mit Hilfe von Animationssoftware Zusammenhänge und systemische Verbindungen besser visualisieren und zum anderen helfen Lernplattformen und Social Media bei der Verbreitung von Erkenntnissen, tragen zur Diskussion von Themen bei und fördern die Reichweite. Neue, durch digitale Vernetzung entstandene Möglichkeiten des Lernens und Lehrens, bieten den Hochschulen außerdem die Chance auf den Bedarf nach selbstbestimmten und intuitivem Lernen zu reagieren (NMC 2015).

Zusammenfassend ist zu erkennen, dass viele Teilkompetenzen sowohl analog als auch mittels digitaler Lehre entwickelt werden können. Ebenso sind auch Limitationen und Grenzen ersichtlich: nur digital geht es auch nicht, digitale Lehre kann den persönlichen Austausch nicht ersetzen. Dieser ist aber insbesondere bei Überwindung von Komplexität und der Schaffung von emphatischem Bewusstsein sehr wichtig. Aber genauso ist es auch umgekehrt: nur analoge Lehre wird den Ansprüchen der Bildung einer Gestaltungskompetenz einer Nachhaltigen Entwicklung nicht gerecht. Insbesondere nicht, wenn sie zum großen Teil noch in Form von Frontalvorträgen und inaktiver Beteiligung der Studierenden existiert. Es wird deutlich, dass die Nutzung digitaler Unterstützung zu größeren Crowd-Effekten führen kann: eine Vielzahl von

Tab. 7.1 Gestaltungskompetenz und digitale Unterstützung

Gestaltungskompetenz einer Nachhaltigen Entwicklung (de Haan 2008)	Unterstützende (digitale) Werkzeuge	Umsetzungsmöglichkeit Digital	Umsetzungsmöglichkeit Analog	Anwendungsbeispiele/Nutzung digitaler Werkzeuge
1. weltoffen und neue Perspektiven integrierend Wissen aufbauen	Möglichkeiten zur globalen Vernetzung, Zusammenarbeit, Kennenlernen von anderen Projekten und Arbeitsweisen	X		Internationale digitale Netzwerkuniversität*
2. vorausschauend denken und handeln	Szenarioentwicklung, Animation, Systemzusammenhänge	X	(X)	Animationssoftware, Visualierungsprogramme (z. B. Concept Maps)
3. interdisziplinär Erkenntnisse gewinnen und handeln	Wissensverbreitung, Autausch von Daten und Forschungsergebnissen	X	X	Wissenschaftsplattform*
4. gemeinsam mit anderen planen und handeln können	Ermöglichung von Gruppenarbeiten auch über Seminargrößen hinaus (große Kohorten), Zusammenarbeit über Fachdisziplinen hinaus	X	(X)	Virtuelle Akademie Nachhaltigkeit*
5. an Entscheidungsprozessen partizipieren können	Arbeiten auf gemeinsamen Plattformen, Einbezug Praxispartner und Bevölkerung	X	X	Reallabore (z. B. Wuppertal Institut)
6. andere motivieren können, aktiv zu werden	Mobilisierung durch Social Media, Auffinden und Vernetzung von anderen Aktiven, gegenseitige Information über Erfolge	X	(X)	netzwerk n*, Blogs,Social Media (Twitter etc.)
7. die eigenen Leitbilder und die anderer reflektieren können	Austausch, Fragenkataloge, Diskussion	X	X	Internationale digitale Netzwerkuniversität
8. selbstständig planen und handeln können	Zeit- und ortsunabhängige Zugänge zu Wissen und Lehre, Projektarbeit	X	(X)	SDG Academy*, Lernvideos, digitale Lernmaterialien

(Fortsetzung)

Tab. 7.1 (Fortsetzung)

Gestaltungskompetenz einer Nachhaltigen Entwicklung (de Haan 2008)	Unterstützende (digitale) Werkzeuge	Umsetzungsmöglichkeit Digital	Umsetzungsmöglichkeit Analog	Anwendungsbeispiele/Nutzung digitaler Werkzeuge
9. Empathie und Solidarität für Benachteiligte, Arme, Schwache und Unterdrückte zeigen können	Austausch, Exkursion, Video	(X)	X	Dokumentationen, Lernvideos, Interviews
10. Risiken, Gefahren und Unsicherheiten erkennen und abwägen können	Interdisziplinärer Austausch, Zugang zu neuen Forschungserkentnissen	X	X	Student Crowd Research (SCoRe)*
11. Zielkonflikte bei der Reflexion über Handlungsstrategien berücksichtigen können	Austausch mit anderen Disziplinen/Community, Lebenslanges Lernen, Verfügbare Informationen	X		Hoch[N]*, Diskussionsforen
12. sich motivieren können, aktiv zu werden	Leuchtturmprojekte, Best Practices, Lösungsansätze, Austausch mit anderen	X	X	Foren, Online-Communities, Best-Practice Sammlungen

Quelle: eigene Darstellung, Gestaltungskompetenzen angelehnt an Rieß et al. (2018)

Lernenden werden erreicht, mehr Lernende können auf zahlreiche Informationen und Daten für Forschungszwecke zurückgreifen und weiterentwickeln, Austauschprozesse in großer Anzahl (inhaltlich sowie personell) sind möglich. Dies bietet die große Chance, das nicht an vielen, kleinen Stellen zu gleichen Themen geforscht wird, sondern vorhandene Ideen schnell verbreitet werden und als Ansätze für weitere Forschungsvorhaben dienen. Daraus ergeben sich durch das geteilte Wissen gegenüber dem Einzelnen viel mehr Möglichkeiten und hochwertige Ergebnisse (ähnlich des Crowd-Sourcing-Effekts) (Ebner & Schön 2011). Darüber hinaus ist ebenso ersichtlich, dass – sei es analog oder digital – eine Veränderung der Hochschullehre unabdingbar ist, wenn die Lehre auf Gestaltungskompetenzen ausgerichtet werden soll. Hier kann die Digitalisierung vorantreiben und unterstützen, indem sie zum Beispiel das Forschende Lernen ermöglicht.

Die digitale Vermittlung von BNE und damit auch der SDGs in der Hochschullehre bietet demnach eine Vielzahl von Möglichkeiten und Chancen. Diese stehen aber natürlich auch großen Herausforderungen für Hochschulen, Lehrende und Studierende gegenüber. Gerade in Deutschland ist die Integration von Digitalisierung in der Bildung, nicht nur im Hochschulbereich ein hoch aktuelles und immer wieder diskutiertes Thema: es geht dabei um die fehlende Finanzierung und Einigkeit über Zuständigkeiten, das Nicht-Vorhandensein einer passenden Infrastruktur und dem hinterherhinken Deutschlands im Vergleich zu europäischen Fortschritt. Von den landesweiten strukturellen Fragestellungen fernab bedarf es aber auch an jeder Hochschule selbst eine Digitalisierungsstrategie. Auch hier machen sich die Hochschulen erst langsam auf den Weg (Budde & Oevel 2016). Denn selbst wenn Technik und Organisation bereitstehen, müssen auch Lehrende und Lernende partizipativ am Prozess teilnehmen. Sie selbst müssen erst digitale Kompetenzen erwerben um aktiv Lehre und Lernen gestalten zu können. Darüber hinaus stellen sich nicht nur Fragen zu Fähigkeiten und Kompetenz. Veränderungen bedürfen auch Akzeptanz und einer gewissen Offenheit gegenüber Neuem und evtl. auch noch nicht Geklärtem. Ein gutes Beispiel ist hier die Frage nach Besitz und geistigem Eigentum. Die bisherige Auffassung von Besitz, Patentschutz und Copyright wird zu überprüfen sein. Das gilt auch für Datenhoheit und Datenzugang. Welchem individuellen Eigentums- und Selbstbestimmungsbegriff folgen wir künftig? (Knaut 2017)

Noch komplexer wird es, wenn zur Digitalisierungsstrategie auch noch eine „SDG-Strategie" hinzukommt: neben der Herausforderung der Vermittlung neuer, komplexer und mit Unsicherheiten verbundenen Inhalten und nach der Frage nach geeigneten Lernsettings und -methoden ergeben sich auch hier Veränderungsprozesse für das Gesamtsystem Hochschule, vergleichbar mit Innovationsmanagement- oder Changemanagement-Prozessen (Budde & Oevel 2016).

Trotz aller Herausforderungen gibt es einige Ansätze zur digitalen Vermittlung der Sustainable Development Goals in der Hochschullehre. Diese, schon teilweise in der Tab. 7.1 und mit einem * markierten Beispiele, sollen im Folgenden näher vorgestellt und ihre jeweilige „Erfolgsstrategie" aufgezeigt werden.

Ansätze zur Vermittlung der SDGs im Hochschulkontext im deutschsprachigen Raum

Beim Betrachten der Herangehensweise deutschsprachiger Hochschulen an die SDGs sind einige besondere Charakteristika der Hochschullandschaft zu beachten. So zeichnen sich Hochschulen als Bildungseinrichtungen durch einem hohen Komplexitätsgrad aus, haben traditionell den Anspruch auf Lehre und Forschung in Autonomie und Freiheit tief verankert und sind sehr darauf bedacht diesen Anspruch auch zu nutzen und zu schützen. Trotz der Standardisierungsbestrebungen des Bolognaprozesses und zunehmenden Vernetzungsbestrebungen gestalten die Institutionen der Hochschullandschaft die eigenen Strukturen weitgehend eigenständig und individuell. Vor diesem Hintergrund stellt sich die hochkomplexe Aufgabe der Integration der SDGs in den Hochschulbetrieb. Die Integration dieses interdisziplinären Themas bedeutet für die hochspezialisierten Fachdisziplinen der Hochschulen, sich für ihre gesellschaftliche Verantwortung zu öffnen und den sicheren Rahmen der eigenen Fachkultur zu verlassen (Müller-Christ et al. 2017). Da solcherlei interdisziplinäre Bestrebungen in der Wissenschaftscommunity in der Regel nur geringe Anerkennung finden, erfolgt die Auseinandersetzung mit dem Prozess der Integration der SDGs in die Hochschullandschaft in einer übersichtlichen interdisziplinären Nachhaltigkeitsszene (Müller-Christ et al. 2017). Prototypisch für diese Szene sind beispielsweise das Nachhaltigkeitsnetzwerk Hoch^N (www.hochn.uni-hamburg.de) in welchem ein reger interdisziplinärer Austausch von nachhaltigkeitsinteressierten Lehrenden und Forschenden auf allen Ebenen des Hochschulbetriebs (Forschung, Lehre, Betrieb, Berichterstattung, Transfer) stattfindet oder das Studentische *netzwerk n* (www.netzerk-n.org) welches auf (hochschul-)politischer Ebene dem studentischen Wunsch nach mehr BNE Ausdruck verleiht. Nur in seltenen Fällen erfolgt die Integration in ein konkretes Fach hinein, um somit der Fachdisziplin angerechnet zu werden. Die bestehenden Ansätze zur Integration der SDGs ins deutsche Bildungssystem wurden in einer explorativen Studie von Müller-Christ et al. (2017) analysiert: Die Studie kam zu dem Schluss, dass die SDGs hauptsächlich dort transportiert werden, wo Themen wie Umwelt- und Naturbildung, Globales Lernen oder Bildung für nachhaltige Entwicklung bereits in irgendeiner Form vermittelt werden. In den seltensten Fällen erfolgt eine eigenständige Anpassung der Bildungsprozesse und Curricula ohne diesen Hintergrund. Insbesondere in den Jahren 2016 und 2017 führte die Initiierungsphase der Agenda 2030 dazu, dass viele Akteur/innen und Institutionen begannen sich verstärkt mit dem Thema Nachhaltige Entwicklung zu befassen. In welcher Form hieraus neue nachhaltigere Strukturen erwachsen sind wird sich in einigen Jahren feststellen lassen. Befassen sich deutschsprachige Hochschulen mit den SDGs, geschieht dies entweder durch Kommunikation der SDGs oder Implementierung der SDGs. Die SDGs zu kommunizieren bedeutet im Sinne des SDG 4 Bildung für nachhaltige Entwicklung allen Lernenden zugänglich zu machen oder die SDGs mit Projekten aktiv in die Institutionen hinein zu kommunizieren. Die SDGs zu implementieren hingegen bedeutet die Hochschulen selbst gemäß der SDGs umzustrukturieren und die internen

Strukturen und Abläufe, wie Bildung vermittelt wird oder entsteht, hinsichtlich der Kriterien einer nachhaltigeren Entwicklung anzupassen. Der klare Ordnungsrahmen der SDGs vermag es den ‚Schwung' bestehender Aktivitäten aufzugreifen und mitunter sehr verstreute Nachhaltigkeitsinitiativen zu Teilen eines großen Ganzen zu verbinden, wodurch diese an Bedeutung und Sichtbarkeit gewinnen. Auch sind die einzelnen klar formulierten Ziele wesentlich anschlussfähiger an bestehende Inhalte anzubinden als der schwerer zu greifende allgemeine Begriff der Nachhaltigkeit. Die SDGs sowie die einzelnen Unterziele zunächst einzeln zu berücksichtigen (bspw. indem bereits verfolgte Zwecke oder das eigene Handeln einem SDG zugeordnet werden) bildet für die meisten Institutionen, auch wenn SDGs bisher noch keine Berücksichtigung fanden, einen ersten relativ einfach umsetzbaren Zugang in das Feld der Agenda 2030. Der Großteil der einzelnen Projekte mit SDG-Bezug findet im Hochschulbereich auf einem mittleren Ambitionsniveau statt, was bedeutet, dass sich nicht nur mit einzelnen isoliert betrachteten SDGs beschäftigt wird, sondern auch die Beziehungen der SDG untereinander und insbesondere Wechselbeziehungen und Zielkonflikte thematisiert werden. Sofern Hochschulen mehrere Ziele zur Kommunikation und/oder zur Umsetzung aussuchen und die Konflikte und Dilemmata zwischen diesen offen thematisieren, kann es mitunter einfacher sein, Dilemmata zu kommunizieren als diese in der Umsetzung in der eigenen Institution auch wirklich konstruktiv zu bewältigen. Die Unvereinbarkeit vieler gesellschaftlicher Ziele und die Wertekonflikte moderner Gesellschaften werden dann als zu bewältigende Spannung formuliert. Auch wenn sich im deutschsprachigen Bildungsraum vermehrt systemische Perspektiven finden lassen, sind bislang keine Projekte bekannt, welche die SDGs über dieses Ambitionsniveau hinaus thematisieren und damit einhergehend bspw. die grundlegenden Folgen für die Gestaltung unserer gesellschaftlichen Rahmenbedingungen reflektieren. Eine Auseinandersetzung mit den SDGs auf diesem hohen Ambitionsniveau könnte aber kommunikativ bspw. in Lehrveranstaltungen oder Seminaren durchaus umgesetzt werden. Eine Implementierung der SDG auf diesem Niveau ginge im Bildungssektor mit modernen Bildungsprozesse auf Augenhöhe einher, in denen die SDGs sowohl Inhaltlich als auch in der Gestaltung Berücksichtigung finden. Aus der systemischen Perspektive heraus kann es sehr sinnvoll sein, auf einem geringen Ambitionsniveau anzufangen und zunächst kleinere SDG-Projekte im eigenen System umzusetzen um anschließend die Wirkungen zu kommunizieren. Zur Umsetzung der SDGs in Bildungseinrichtungen führt die Einnahme einer systemischen Perspektive dazu, dass dezentral viele kleine Impulse zur Umsetzung der SDGs entstehen und gemeinsam wirken können. Um eine Wirkung in Richtung einer nachhaltigen Entwicklung zu erzielen bedarf es als Fundament einer hohen Anzahl von Angeboten auf unterem Ambitionsniveau auf denen die komplexeren Lehr-Lern-Arrangements der nächsten Stufen aufbauen können. Die Wirkqualitäten jeder Stufe sind für die Erreichung der SDG gleichermaßen wichtig. Als Fazit zeichnete die Studie von Müller-Christ et al. (2017) ein gemischtes Bild der deutschsprachigen Hochschullandschaft, in dem die SDGs einerseits noch längst kein etabliertes Thema sind und in dem große Potenziale weitgehend ungenutzt verbleiben, in dem aber andererseits bereits eine Vielzahl von vielversprechenden Projekten die SDGs aufgreift und die Hochschullandschaft in Richtung einer nachhaltigen Entwicklung verändert.

Da im deutschsprachigen Raum bisher wenig hochschulübergreifende Maßnahmen zur Implementierung SDGs in die Lehre existieren, muss verstärkt auf US-Amerikanische bzw. internationale Angebote zurückgegriffen werden. Ein gutes Beispiel hierfür ist die SDG Academy der UN (www.sdgacademy.org). Das Sustainable Development Solutions Network der Vereinten Nationen erschuf die SDG Academy um der breiten Masse der Studierenden weltweit verschiedene Onlinekurse zu den SDGs anbieten zu können. Konkret werden die Kurse über den MOOC Anbieter edX abgewickelt. Auf Grund der Nähe zu den Vereinten Nationen und den damit verbundenen Ressourcen, zeichnen sich diese Veranstaltungen inhaltlich durch die Beteiligung hochkarätiger Expert/innen und technisch durch eine qualitativ sehr hochwertige Umsetzung aus. Allerdings gestaltet sich die Anrechenbarkeit der Veranstaltungen für ein laufendes Studium im deutschsprachigen Raum nicht so einfach, als stünde eine deutsche Hochschule hinter dem Angebot.

Auf der wissenschaftlichen Ebene befasst sich vorwiegend der Deutscher Akademischer Austauschdienst (DAAD) mit Maßnahmen zur Implementierung der SDGs in die deutsche Hochschullandschaft. Bei den Maßnahmen des DAAD handelt es sich meist um Wissenschaftskooperation, Förderprogramme von Projekten oder Stipendien für Einzelpersonen. Da die etablierten Fördermodelle des Bundesministeriums für wirtschaftliche Zusammenarbeit und Entwicklung für (BMZ) und des Bundesministeriums für Bildung und Forschung (BMBF) bislang oft nur die Förderung eines jeweils abgegrenzten Teils innovativer und integrierter Ansätze erlauben, versucht der DAAD verstärkt die Integration von Forschung und Lehre in Kooperationsprojekten, zur fachlichen Vernetzung über institutionelle Grenzen hinweg zu erreichen um damit transformationspolitische Bildungsarbeit zu leisten (DAAD 2018). Orientiert wird sich bei den Maßnahmen zur Implementierung der SDGs an der Nachhaltigkeitsstrategie der Bundesregierung und den darin enthaltenen Meilensteinen für 2020. Zur Erreichung der Hochschulkomponente des SDG 4 sollen beispielsweise bilaterale SDG-Graduiertenkollegs beitragen (DAAD 2018). Diese entstehen aus bilateralen Partnerschaften zwischen deutschen Hochschulen sowie Hochschulen in Ländern des globalen Südens heraus. In allen kooperativen Partnerschaften der DAAD Programme leisten die deutschen Hochschulen oft einen erheblichen Eigenbeitrag, indem bspw. unentgeltliche Lehrleistungen, Infrastruktur und wissenschaftliches Personal bereitgestellt werden. Der Nutzen liegt für die deutschen Hochschulen hauptsächlich darin, in diesen Kooperationen auf externe Kreativität zurückzugreifen und gemeinsame Lösungen für konkrete globale Herausforderungen (beispielsweise aus den Bereichen nachhaltige Energieproduktion, Energieeffizienz oder Tropenwaldschutz) zu erarbeiten (DAAD 2018). Auf diese Weise werden die SDGs auch für deutsche Hochschulen sehr real und konkret. Bilaterale, globale und regionale Hochschulkooperationen sind dabei auf Dauer angelegt und werden in den meisten Fällen auch nach dem Auslaufen der Förderung fortgesetzt. Dabei ist laut DAAD (2018) zu beachten, dass sich die langfristigen Wirkungen der Maßnahmen, insbesondere im Wissenschaftsbereich mit kurzen Projektlaufzeiten, nicht immer eindeutig zuordnen und messen lassen, da Wirkungen oftmals auch zeitverzögert eintreten. Die Umsetzung der SDGs soll auch durch Praxispartnerschaften mit der Wirtschaft vorangebracht werden. Ziel dieser Kooperation von Hochschulen und Wirtschaft ist es eine nachhaltige Wirtschaftsweise zu fördern und die SDGs auch im Kontext der Wirtschaft bekannt zu machen. Da die Wissenschaftler/innen das zentrale Element jedweder Wissenschaftskooperation sind, soll diese Gruppe durch Stipendien gefördert werden in SDG-Projekten mitzuwirken. Auch wenn all diese Programme vielversprechend klingen und die Hochschulen mit ihren engen Verbindungen zu Wirtschaft, Staat und Zivilgesellschaft als entscheidender Partner in der Vermittlung der SDGs unverzichtbar sind, existieren auf dieser Ebene weitere Handlungsbedarfe. So muss die Agenda 2030 und ihre Grundprinzipien den Hochschulen noch umfassender bekannt gemacht werden. Weiter bedarf es zusätzlicher Anreize für Hochschulen und Wissenschaftler/innen, damit diese sich mit den SDGs und globaler Transformation im Sinne der Agenda 2030 beschäftigen (DAAD 2018). Für eine ausbalancierte Implementierung der SDGs an Hochschulen ist bei der Umsetzung der Maßnahmen darauf zu achten, dass Forschung und Lehre gleichermaßen beachtet werden und geförderte Kapazitäten eines Bestandteils die Umsetzung des anderen Bestandteils der Hochschulaktivitäten nicht blockieren.

Auch die geplante Encyclopedia of the Sustainable Development Goals (Encyclopedia of the Sustainable Development Goals: Transforming the World we want) befasst sich mit den SDGs und trägt dazu bei diese in den Hochschulkontext zu integrieren. In 17 Ausgaben wird je ein SDG von verschiedenen interdisziplinären Wissenschaftler/innen (von Sozialwissenschaften über Naturwissenschaften bis hin zur Kunst) behandelt. Da leider noch immer ein Mangel an integrativer Fachliteratur zu den SDGs vorherrscht, können solcherlei interdisziplinäre Standardwerke ein vielversprechender Ansatz sein, der breiten Hochschullandschaft die SDGs zugänglich zu machen. Dabei kann der Input aus den zahlreichen Forschungsfeldern als hilfreich eingeschätzt werden um ein besseres Verständnis der verschiedenen Ebenen der SDGs zu vermitteln.

Als internationales gutes Beispiel mit dem Fokus auf der Verständigung von Kulturen untereinander sei auch noch auf die in 2018 entstandene Internationale digitale Netzwerkuniversität des Goethe Instituts (Moskau) (siehe auch www.goethe.de/ins/ru/de/eng/inu.html) verwiesen. Hier arbeiten zum einen Lehrende und Hochschulen aus den konfliktären Ländern: Russland, Ukraine, Georgien und Deutschland gemeinsam an der Konzeption von onlinebasierten Lehrveranstaltungen. Alle entstehenden Lehrveranstaltungen decken dabei thematisch verschiedene SDGs ab, denn diese werden hier als Basis für die Lösung von Konflikten gesehen: die SDGs und BNE bilden eine gemeinsame Wertegemeinschaft, die zur Verständigung der Bevölkerungen führt. Die über die Internationale Netzwerkuniversität angebotenen Lehrveranstaltungen werden von Studierenden aller 4 Länder belegt es wird gemeinsam an Aufgaben gearbeitet. Digitale Lernmaterialien werden mit aktivierenden und interagierenden Aufgaben aufbereitet und tragen so zur Verständigung und gegenseitigem Verständnis bei.

Die Chancen der digitalen Entwicklung nutzend sowie die Vorteile der SDGs aufgreifend soll mit dem Projekt „Virtuellen Akademie Nachhaltigkeit" (www.va-bne.de) der Universität Bremen die beiden Themengebiete, Digitalisierung und Bildung für Nachhaltige Entwicklung miteinander verknüpft werden. Das Projekt wird vom BMBF gefördert, mit dem Ziel videobasierte Online-Lehrveranstaltungen zu verschiedenen Nachhaltigkeitsthemen in die Curricula und Programme deutschsprachiger Hochschulen zu integrieren. Die Lernvideos stehen online über YouTube und die Website der Virtuellen Akademie jederzeit kostenfrei zur Verfügung, so dass Studierende und Nachhaltigkeitsinteressierte orts- und zeitunabhängig darauf zugreifen können. Seit der Gründung im Jahr 2011, im Zuge der Dekade Bildung für Nachhaltige Entwicklung, wurden 17 Lehrveranstaltungen produziert und zu diesen fast 25.000 Credit Points von Studierenden durch Prüfungen erworben. Thematische Schwerpunkte der Lehrveranstaltungen liegen auf den verschiedenen Aspekten der Nachhaltigkeit: Ökologie, Ökonomie und Soziales. Darüber hinaus werden in den einzelnen Veranstaltungen aber auch die Inhalte verschiedener SDGs behandelt. Zur Kommunikation der SDGs an die Studierenden wurde jeder Lehrveranstaltung auf der Homepage ein Set jener SDGs zugeordnet, deren Inhalten in den entsprechenden Lernvideos vorwiegend thematisiert werden. Es handelt sich meist um Sets die sich durch eine thematische Nähe auszeichnen und untereinander nur geringe Zielkonflikte aufweisen. Dargestellt wird auch wie die einzelnen thematisch gruppierten SDGs untereinander in Verbindung stehen und welche Abhängigkeiten bestehen. Aus diesen Gründen lässt sich das Angebot in Relation zum gegenwärtigen Stand der deutschsprachigen Hochschullandschaft tendenziell in das mittlere Ambitionsniveau einordnen. Da es sich um Grundlagenveranstaltungen handelt, kann das Angebot ohne große Einstiegsbarrieren von Bachelor- und Masterstudierenden aller Fachsemester und Fachbereiche genutzt werden. Hierdurch wird eine Kommunikation der SDGs weit in die deutschsprachige Hochschullandschaft hinein ermöglicht. Ein wichtiger Erfolgsfaktor hierbei stellt das Prüfungsnetzwerk der Virtuellen Akademie Nachhaltigkeit dar. Auch wenn prinzipiell jeder Studierende die Möglichkeit hat sich die Prüfungen zu den Veranstaltungen der Virtuellen Akademie an der Heimathochschule anrechnen zu lassen, erhöht die Existenz eines Prüfungsnetzwerkes die Attraktivität des Angebots für Studierende stark. Die Möglichkeit elektronische Prüfungen zu einem der mehr als 60 Terminen im Semester an einem der mehr als 20 Standorte in Deutschland ablegen zu können, bietet Flexibilität und erleichtert den Studierendenalltag. Studierende müssen sich nun nicht nur freiwillig und zusätzlich mit den SDGs befassen, sondern können sich ihre erbrachten Leistungen auch ohne großen Aufwand für ihr eigenes Studium anerkennen lassen. Für die Zukunft soll sowohl die Reichweite des Angebots als auch der SDG-Bezug noch ausgebaut werden. In Umsetzung befindliche Ansätze sind der Ausbau der Lernumgebung, die Kooperation mit dem Goethe-Institut in einer gemeinsam gegründeten virtuellen Netzwerkuniversität sowie die Produktion einer SDG-Veranstaltung. Insbesondere die letztgenannte Maßnahme stellt in der deutschen Hochschullandschaft ein Novum dar. Geplant ist die Produktion einer innovativen Lehrveranstaltung, die sich exklusiv den

SDGs verschrieben hat. Die Lehrveranstaltung mit dem Titel „SDGs – Globale Ziele und Zukunftskompetenzen" ist mit einen Work Load von 90 h, zur Erreichung von 3 Credit Points konzipiert und wird wie gewohnt über die Onlineplattform der Virtuellen Akademie für die Studierenden aller Hochschulen bereitstehen. Im Zuge der Veranstaltung werden zu jedem der 17 SDGs drei Lernvideos unterschiedlichem Umfangs produziert um die Inhalte und Hintergründe der SDGs zu transportieren. In kurzen, animierten Clips werden die SDGs, die zugrundeliegenden Probleme in der Welt sowie Lösungsansätze prägnant zusammengefasst. In circa 15-min Vortragsepisoden werden die jeweiligen SDGs etwas ausführlicher erläutert und damit verbundene Theorien vermittelt. Für eine stärkere Praxisnähe werden dazu noch Projekte, Institutionen oder Initiativen sowie deren Wirken für die Umsetzung bestimmter SDGs portraitiert. Die Struktur der Videos folgt einem einheitlichen Rahmen, der jedoch viel Platz für kreative Gestaltungsformen bietet. Das Prüfungskonzept der Veranstaltung setzt sich aus einer Kombination verschiedener digitaler Prüfungsformen (eTest mit Antwort-Wahl-Fragen und Szenarioaufgaben, Peer Review, Videokommentierung, Prozess Portfolio, Videoerstellung, Concept Map) zusammen. Hiermit sollen auch Ansätze kompetenzorientierter Prüfungen sowie forschendem und kollaborativem Lernens im Rahmen der verschiedenen digitalen Assessmentformen eingebracht werden. Mit der Einführung der Veranstaltung wird zum einen die Umsetzung des SDG 4 Quality Education angestrebt, indem hochwertige Lehre für eine nachhaltige Entwicklung deutschlandweit zur Verfügung gestellt wird und zum anderen eine institutionelle Verankerung der SDGs in universitärer Lehre erwirkt.

Schlussfolgerungen und Ausblick

Um die SDGs in ihren dynamischen Wechselbeziehungen zu berücksichtigen bedarf es mehr als reiner Wissensvermittlung. Um dem holistischen Anspruch der SDGs gerecht zu werden, sind systemische und analytische Kompetenzen bei den Studierenden zu schärfen und in neuen Studiengängen mit innovativen didaktischen Methoden zu vermitteln.

Es lässt sich zusammenfassen, dass Hochschulen mit ihren großen Möglichkeiten innerhalb der Gesellschaft einen wichtigen Beitrag zur Erreichung der Nachhaltigkeitsziele beizutragen noch nicht gerecht werden. Im Konkurrenzkampf mit Drittmitteleinwerbung, Veröffentlichungsdruck und Mainstreamlehre sind es oft überzeugte Einzelkämpfer/innen oder Projekte, die die Integration der SDGs in Lehre und Forschung vorantreiben.

Neben nachhaltiger Entwicklung tauchen auch immer wieder andere themenübergreifende Strömungen auf, die in Bildungseinrichtungen und Curricula integriert werden sollen, wie zum Beispiel das Lebenslange Lernen oder die Vereinbarkeit von Familie und Beruf. Eines dieser Themen ist die aktuelle Digitalisierungsdebatte. Digitalisierung ist der dominierende Gegenstand in allen aktuellen Bildungsdiskussionen und in allen

Bildungsbereichen, auch in der Hochschulbildung. Aufgrund der Dominanz dieses Themas und die, auch von der Ökonomie getriebene, Dringlichkeit droht das schwer greifbare und weniger „griffige" Thematik der nachhaltigen Entwicklung wieder in den Hintergrund zu treten.

Werden beide Bestrebungen in ihren Zielen aber genauer betrachtet, fällt schnell auf, das sie nicht konkurrierend zueinanderstehen müssten, sondern viele gemeinsame Ziele definieren, die synergetisch verfolgt werden können und sollten. Genau wie Knaut (2017) die neue digitale Arbeitswelt als eine definiert „…in der wir in nicht allzu fernen Zukunft auf gemeinsamen Plattformen arbeiten. Grenzen werden nicht verschwinden, aber ihre Gültigkeit wird temporär begrenzt und selten ausschließlich sein. Management und Angestellte kollaborieren auf neue Art und Weise. Sie diskutieren Ideen auf projektbezogenen Plattformen, auf die sie räumlich überall und zeitlich jederzeit Zugriff haben.", sollten die Hochschulen diese Entwicklungen, die durch die Digitalisierungsstrategien auf sie zukommt, für die gleichzeitige Integration der Nachhaltigkeitsziele nutzen. Nicht zuletzt, da auch die Nutzung moderner, digital unterstützter Didaktik Studierende durchaus motiviert, sich auch aktiv am Lernen zu beteiligen.

Ersichtlich ist, dass diese Transformation der Hochschulbildung nur mit neuen und anderen Lehr- und Lernkonzepten zu realisieren ist. Dem Ansatz des Forschenden Lernens wird hierbei ein großes Potenzial zugeschrieben. Denn wenn sich Studierende innerhalb ihres Studiums oder auch innerhalb einer Lehrveranstaltung mit der Thematik ihres Fachs forschend auseinandersetzen müssen – also Teile oder einen gesamten Forschungsprozess selbst durchleben, durchlaufen sie eine Vielzahl von Prozessen die zum einen die Entwicklung von Gestaltungskompetenz fördert und ebenso dem digitalen Lernen entspricht (Healey & Jenkins 2009). Mittels digitaler Werkzeuge kann insbesondere der erhöhte Vorbereitungs- und Betreuungsaufwand solcher Lehrmethodik entgegenwirken und unterstützen wirken. Um das Potenzial des forschenden Lernens für BNE und mittels Digitalisierung genauer bestimmten zu können, bedarf es weiterer Forschungs- und Entwicklungsarbeit. Mit Projekten, wie dem vom BMBF geförderten Projekt „Student Crowd Research" (SCoRe) (siehe www.scoreforschungs.de), dass die Vermittlung von Gestaltungskompetenz einer nachhaltigen Entwicklung für Viele (Crowd) mittels forschenden Lernens und unterstützt durch digitale Technologien, wird diesem Anspruch Rechnung getragen.

Ebenso sollte überlegt werden, wie erfolgreiche Konzepte verbreitet und besser kommuniziert werden können. Sei es durch Leitfäden für die Integration von Nachhaltigkeit in alle Bereiche des Hochschulbetriebs, wie sie das Projekt Hoch[N] konzipiert, oder durch die Übertragung und Erweiterung der Konzepte ins Ausland, wie es bei der Internationalen Digitalen Netzwerkuniversität des Goethe-Instituts der Fall ist.

In der gesamtheitlichen Betrachtung wird klar, dass eine ganzheitliche Integration der SDGs in die Hochschullandschaft nicht nur die Veränderung der Hochschullehre, sondern ein Wandel des gesamten Hochschulsystems voraussetzt. Unter systemtheoretischen Aspekten – die den Wandel von Systemen als sehr langsam und als nicht steuerbar begreift – eine große und vielleicht nicht zu bewältigende Herausforderung.

Digitalisierung kann hier ansetzen und als ein Hebel dienen, indem sie dazu beiträgt, die Grenzen des Systems Hochschule aufzubrechen (zum Beispiel durch die zukünftige Möglichkeit sein Studium aus vielen digitalen Lehrveranstaltungen selbst zusammenzustellen) und zu verändern (zum Beispiel durch Projekte und Institutionen, wie die Virtuelle Akademie Nachhaltigkeit oder die SDG-Academy, die zwischen den Hochschulen entstehen, aber auch sie wirken).

Literatur

Budde, J., & Oevel, G. (2016). Innovationsmanagement an Hochschulen: Maßnahmen zur Unterstützung der Digitalisierung von Studium und Lehre. In H. Mayr & M. Pinzger (Hrsg.), *INFORMATIK2016. Lecture Notes in Informatics (LNI)* (S. 947–959). Bonn: Gesellschaft für Informatik.

DAAD – Deutschen Akademischen Austauschdienst. (2018). Die Umsetzung der „Agenda 2030 für nachhaltige Entwicklung" im Deutschen Akademischen Austauschdienst (DAAD) Stand und Herausforderungen. Bonn: DAAD.

De Haan, G. (2008). Gestaltungskompetenz als Kompetenzkonzept der Bildung für nachhaltige Entwicklung. In I. Bormann & G. de Haan (Hrsg.), *Kompetenzen der Bildung für nachhaltige Entwicklung. Operationalisierung, Messung, Rahmenbedingungen, Befunde* (1. Aufl., S. 23–44). Wiesbaden: VS Verlag.

Dräger, J., & Müller-Eiselt, R. (2015). *Die digitale Bildungsrevolution. Der radikale Wandel des Lernens und wie wir ihn gestalten können.* München: Deutsche Verlags-Anstalt.

DUK – Deutsche UNESCO-Kommission. (2009). Bildung für nachhaltige Entwicklung. Tagungsbericht. https://www.ifa.de/fileadmin/pdf/abk/inter/unesco_esd09_rep.pdf. Zugegriffen: 26. Nov. 2018.

Ebner, M., & Schön, K. (2011). Mit Vielen offene Bildungsressourcen erstellen: Neue Wege der Erstellung von Lehrbüchern am Beispiel von L3T. In Wissensgemeinschaften (Hrsg.), Digitale Medien – Öffnung und Offenheit in Forschung und Lehre, (S. 21–35). Münster: Waxmann.

eMarketer. (2016). Mobile phone, smartphone usage varies globally. November 2016. https://www.emarketer.com/Article/Mobile-Phone-Smartphone-Usage-Varies-Globally/1014738. Zugegriffen: 24. Jan. 2018.

Healey, M., & Jenkins, A. (2009). Developing undergraduate research and inquiry. York: Higher Education Academy. https://www.heacademy.ac.uk/assets/York/documents/resources/publications/DevelopingUndergraduate_Final.pdf. Zugegriffen: 26. Dez. 2018.

HfD – Hochschulforum Digitalisierung. (2016). The digital turn. Hochschulbildung im digitalen Zeitalter. https://hochschulforumdigitalisierung.de/sites/default/files/dateien/Abschlussbericht.pdf. Zugegriffen: 26. Nov. 2018.

HIS – Hochschulinformationssystem. (2010). Ursachen des Studienabbruchs in Bachelor und in herkömmlichen Studiengängen. Ergebnisse einer bundesweiten Befragung von Exmatrikulierten des Studienjahres 2007/08. Hannover: HIS.

Kerres, M. (2016). *Mediendidaktik. Konzeption und Entwicklung mediengestützter Lernangebote* (4. Aufl.). München: Oldenbourg.

Kernschbaumer, B., & Gaisch, M. (2018). Bildung für nachhaltige Entwicklung an Hochschulen. Ein spezieller Blick auf die Informatik. In *Tagungsband des 12. Forschungsforum der österreichischen Fachhochschulen (FFH)*. Salzburg: Fachhochschule Salzburg GmbH.

Knaut, A. (2017). Corporate Social Responsibility verpasst die Digitalisierung. In A. Hildebandt & W. Landhäußer (Hrsg.), *CSR und Digitalisierung. Der digitale Wandel als Chance und Herausforderung für Wirtschaft und Gesellschaft* (S. 51–60). Berlin: Springer Gabler.

Kurz, R. (2018). Die UN Sustainable Development Goals. Disruptiv für Unternehmen und Hochschulen? In M. Raueiser & M. Kolb (Hrsg.), *CSR und Hochschulmanagement* (S. 115–128). Berlin: Springer Nature.

Lange, S., & Santarius, T. (2018). *Smarte grüne Welt? Digitalisierung zwischen Überwachung, Konsum und Nachhaltigkeit*. München: oekom.

Mayrberger, K. (2015). Hamburg Open Online University (HOOU) – Open Education für Hamburger Bürgerinnen und Bürger und Studierende der Hamburger Hochschulen. *Hamburger eLearning-Magazin, 1,* 6–7. https://www.uni-hamburg.de/elearning/hamburger-elearning-magazin-01.pdf. Zugegriffen: 26. Nov. 2018.

Michelsen, G. (2016). Policy, politics and polity in higher education for sustainable development. In M. Barth, G. Michelsen, M. Rieckmann, & I. Thomas (Hrsg.), *Routledge handbook of higher education for sustainable development* (S. 40–55). New York: Routledge.

Müller-Christ, G., Giesenbauer, B., & Tegeler, M. K. (2017). Studie zur Umsetzung der SDG im deutschen Bildungssystem. Bremen: Universität Bremen. https://www.nachhaltigkeitsrat.de/wp-content/uploads/2017/11/Mueller-Christ_Giesenbauer_Tegeler_2017-10_Studie_zur_Umsetzung_der_SDG_im_deutschen_Bildungssystem.pdf. Zugegriffen: 26. Dez. 2018.

NMC. (2015). Horizon report: 2015 higher education edition. New Media Consortium. https://www.mmkh.de/fileadmin/dokumente/Publikationen/2015-nmc-horizon-report-HE-DE.pdf. Zugegriffen: 26. Nov. 2018.

Pietraß, M. (2011). Digitale Medien in der Hochschullehre – Einführung in den thematischen Schwerpunkt. *Zeitschrift für Pädagogik, 14,* 307–311.

Rieß, W., Waltner, E., & Mischo, C. (2018). Ziele einer Bildung für eine nachhaltige Entwicklung in Schule und Hochschule: Auf dem Weg zu empirisch prüfbaren Kompetenzen. *GAIA: Ökologische Perspektiven Wissenschaft und Gesellschaft, 27*(3), 298–305.

The World Economic Forum. (2016). The future of jobs employment, skills and workforce strategy for the fourth industrial revolution. https://www3.weforum.org/docs/WEF_Future_of_Jobs.pdf. Zugegriffen: 6. Jan. 2019.

UNESCO. (2014a). Shaping the future we want. UN decade of education for sustainable development (2005–2014). Final report. Paris: United Nations Educational, Scientific and Cultural Organization, Education Sector.

UNESCO. (2014b). "Teaching and learning: achieving quality for all." EFA global monitoring report 2013–2014. Paris: United Nations Educational, Scientific and Cultural Organsization.

UNESCO. (2017). Policy Paper 30. Global education monitoring report. Six ways to ensure higher education leaves no one behind. Paris: United Nations Educational, Scientific and Cultural Organization, Education Sector and International Institute for Educational Planning.

United Nations. (2015). "A/RES/70/1". Transforming our world: The 2030 agenda for sustainable development. New York: United Nations General Assembly.

Angewandtes Text Mining im Kontext der Nachhaltigkeitsforschung am Beispiel der deutschen Forschungslandkarte der Hochschulrektorenkonferenz

Manuel W. Bickel und Christa Liedtke

Einleitung

Die Digitalisierung ist bereits ein integraler Bestandteil unserer Gesellschaft und kann zur gesellschaftlichen Transformation in Richtung Nachhaltigkeit beitragen. Digitalisierung hat viele Facetten und betrifft physische Aspekte bzw. Hardware, z. B. den Ausbau der Hochleistungskommunikationsinfrastruktur, sowie digitale Aspekte bzw. Software, z. B. Methoden des maschinellen Lernens. Besonders interessant in der Anwendung sind Kombinationen von Hardware und Software, z. B. die Digitalisierung in der Produktion durch Einsatz von Robotern oder Augmented Reality. Diese und weitere Einblicke in das Thema der Digitalisierung ergeben sich beispielsweise aus Studien des Fraunhofer Institutes zu maschinellem Lernen (Döbel et al. 2018) und den Marktpotenzialen für künstliche Intelligenz (Hecker et al. 2017). Daraus wird ersichtlich, dass das grundsätzliche Potential der Digitalisierung vor allem seitens wirtschaftlicher Akteure erkannt worden ist.

Auch für die Nachhaltigkeitswissenschaften (Heinrichs und Michelsen 2014) besteht ein großes Potential der Digitalisierung, welches es noch zu heben bzw. klarer zu fassen gilt. Im Folgenden sind einige motivierende Beispiele aufgeführt. Im Bereich der Hardware sind Fortschritte beispielsweise in der energie- und materialeffizienten Nutzung von Informationstechnologie, Green IT (Murugesan 2008), zu sehen. Kombinationen von Hardware und Software finden sich im Kontext der Digitalisierung der Energiewende (Weigel und Fischedick 2018) bzw. einer digitalen Kreislaufwirtschaft (Reuter 2016; Wilts und Berg 2017). Beispiele

---

M. W. Bickel (✉) · C. Liedtke
Wuppertal Institut für Klima, Umwelt, Energie gGmbH, Wuppertal, Deutschland
E-Mail: manuel.bickel@wupperinst.org

C. Liedtke
E-Mail: christa.liedtke@wupperinst.org

© Springer-Verlag GmbH Deutschland, ein Teil von Springer Nature 2021
W. Leal Filho (Hrsg.), *Digitalisierung und Nachhaltigkeit,* Theorie und Praxis der Nachhaltigkeit, https://doi.org/10.1007/978-3-662-61534-8_8

aus dem Bereich der Software sind die automatisierte Nachhaltigkeitsanalyse von Klimaschutzplänen (Bickel 2017), die Analyse der Forschungslandschaft im Bereich nachhaltiger Energiesysteme (Bickel 2019a) oder der Environmental Insights Explorer zur Analyse städtischer CO2-Fußabdrücke (Google o. J.), der aus einer Kooperation zwischen Google und dem Global Covenant of Mayors (GCoM 2018) entstand.

Diese Studie geht näher auf den Bereich von Softwarelösungen ein und verdeutlicht Potentiale im Bereich der computergestützten Textanalyse, Text Mining (Blake 2011; Fayyad et al. 1996; Hotho et al. 2005). Text Mining stützt sich auf Methoden des maschinellen Lernens und erlaubt es große Mengen an Text automatisiert zu analysieren. Die Vorteile des Text Mining kommen insbesondere dann zum Tragen, wenn die Menge der Textdaten bzw. die Anzahl der zu untersuchenden Variablen so groß wird, dass die Analyseaufgabe zu komplex wäre, um sie rein mit menschlichem Verstand zu lösen. Text Mining kann dazu dienen, Muster und Trends in Sammlungen von Texten, sogenannter Korpora, zu erkennen. Korpora können alle Arten von Texten beinhalten wie Gesetzestexte, Strategiepapiere, Planungsdokumente, Internetseiten oder Einträge aus sozialen Medien. Text Mining kann dazu beitragen institutionelle bzw. gesellschaftliche Kommunikation zu analysieren und aus Nachhaltigkeitsperspektive zu bewerten.

In dieser Studie wird ein sogenannter Topic Modeling (Blei 2012; Hofmann 1999) Ansatz gewählt, um beispielhaft die Forschungslandschaft des deutschen Hochschulsektors zu untersuchen. Topic Modeling erlaubt es mittels eines unüberwachten generativen Algorithmus Verteilungen von Themen über Dokumente zu analysieren. Die hier durchgeführte Analyse zeigt Hauptthemengebiete der Forschung in Deutschland auf und zeigt beispielhaft ein methodisches Vorgehen auf, um mögliche Vernetzungspotentiale zwischen Hochschulen zur Fortentwicklung der Nachhaltigkeitswissenschaften zu identifizieren. Im Folgenden stellt Kap. 2 die Datengrundlage hierfür vor. Kap. 3 beschreibt die Methodik zur Modellierung und Analyse der verwendeten Textdaten. Kap. 4 fasst die Ergebnisse der Analyse zusammen. Kap. 5 hinterfragt kritisch die Methodik, diskutiert die Ergebnisse inhaltlich und zieht Schlussfolgerungen.

Daten

Die Datengrundlage für diese Studie bildet die Forschungslandkarte, die seitens der Hochschulrektorenkonferenz (HRK) zur Verfügung gestellt wird (Stiftung zur Förderung der Hochschulrektorenkonferenz o. J.). In dieser Datenbank präsentieren Universitäten und Fachhochschulen ihre jeweiligen Forschungsschwerpunkte in Form von Kurzbeschreibungen von maximal 300 Zeichen, Stichwortlisten bezüglich disziplinärer Einordnung sowie Stichwortlisten zu fachlichen Schlüsselbegriffen. Es handelt sich insgesamt um rund 600 Forschungsprofile. Da keine Option zum Herunterladen des Gesamtdatensatz vorhanden ist, wurde ein Webscraping Script erstellt, das automatisiert die entsprechenden Datensätze der einzelnen Institutionen aus den HTML Webseiten extrahiert. Hierfür wurde das R Paket rvest genutzt (Wickham 2016).

Methodik

Zur Analyse der Textdaten wurde ein Text Mining Ansatz genutzt, in dessen Kern die Methodik des sogenannten Probabilistic Topic Modeling (Blei 2012) mittels Latent Dirichlet Allocation (LDA; Blei et al. 2003) steht. Der methodische Ansatz der probabilistischen Themenmodellierung erlaubt es über einen generativen Algorithmus, in einer Sammlung von Texten, einem sogenannten Korpus, statistisch zusammenhängende Wörter zu Themen zu gruppieren. Themen sind in diesem Zusammenhang Wortlisten. Jedem Wort wird dabei eine Wahrscheinlichkeit zugeordnet zu einem bestimmten Thema zu gehören. Zudem weist der Algorithmus jedem Dokument eine Verteilung von Themen zu, d. h. er gibt für jedes Thema den Grad der Wahrscheinlichkeit an, zu dem sich ein Dokument auf dieses Thema bezieht. Auf dieser Basis kann der Inhalt des Korpus analysiert werden. Diese Studie untersucht die Auftretenswahrscheinlichkeit einzelner Themen über alle Dokumente, die Hauptthemengebiete bzw., Themengruppen im Korpus sowie die Vernetzung der Themen. Im Folgenden werden die einzelnen methodischen Schritte zur Vorbereitung und Modellierung der Daten sowie der Modellanalyse beschrieben. Der Code für diese Studie wurde in R (R Core Team 2019) programmiert und greift auf zahlreiche Pakete zurück, die im Folgenden an den entsprechenden Stellen im Text genannt werden. Der Code ist über das Github Open Source Repository textility verfügbar (Bickel 2019b). Grenzen der Untersuchung bzw. der Methodik werden in Kap. 4 adressiert.

Themenmodellierung

Für die computergestützte Analyse unstrukturierter Textdaten, müssen diese in einem ersten Schritt aufbereitet werden. Um das Rauschen in den Daten zu verringern, d. h., den Anteil der unerwünschten Varianz in den Daten auf der Wortebene zu reduzieren, und damit die Qualität der Ergebnisse zu erhöhen, wurden in dieser Studie zwei Verfahren angewendet. Erstens wurden die in den Texten enthaltenen Wörter mittels des Porter Stemming Algorithmus (Bouchet-Valat 2014; Porter 1980) auf ihre Wortstämme vereinfacht und dabei gleichzeitig in Kleinschreibung umgewandelt, so dass z. B. die Wörter „Nachhaltigkeit" und „nachhaltig", welche bedeutungsähnlich sind, beide einheitlich als „nachhalt" auftauchen. Ergänzend wurden in diesem Schritt alle Symbole, die nicht aus dem lateinischen Alphabet stammen, aus den Wörtern entfernt. Im zweiten Schritt wurden Wörter mit sehr hoher Häufigkeit und gleichzeitig geringer Aussagekraft im Kontext des Datensatzes aus dem Korpus entfernt, z. B. „und" oder „Forschungsbereich".

Zur Strukturierung der Textdaten wurden diese anschließend in Form einer Document Term Matrix (DTM) in eine Vektordarstellung überführt. Diese gibt die Frequenz eines jeden Wortes für jedes Dokument an. Dies entspricht einem sogenannten Bag of Words (BoW) Modell für Dokumente. Die grammatikalische Struktur der Texte findet in diesem

Modell keine Berücksichtigung. Dies ist eine sehr vereinfachende Annahme, die jedoch erwiesenermaßen zur Identifikation größerer Muster in Korpora zu nutzbaren Ergebnissen führte und die Grundlage für probabilistische Themenmodellierung bildet.

Die in der DTM strukturierten Daten wurde schließlich mittels LDA in ein Themenmodell mit 20 Themen überführt. Hierfür wurde das R Paket text2vec genutzt (Selivanov und Wang 2017), welches eine besonders schnelle Implementierung für LDA, den WarpLDA Algorithmus (Chen et al. 2016), zur Verfügung stellt. Die wichtigsten einzustellenden Parameter für LDA Modelle sind die sogenannten Hyperparameter *alpha* und *beta* sowie die Anzahl der Themen n, die für den Korpus angenommen wird. Der Hyperparameter *beta* stellt die Annahme bzgl. der Breite der Themen ein, d. h., ob Themen auf wenige spezielle Wörter beschränkt sind oder ein breiteres Spektrum von Wörtern beinhalten. *Alpha* stellt die Verteilung der Themen über die Dokumente ein, d. h. ob ein Dokument wenige oder viele Themen anspricht. Für diese Studie wurden die Werte $alpha = 50/n$ und $beta = 1/n$ gesetzt, die in der Literatur bereits zu sinnvollen Ergebnissen führten (Griffiths und Steyvers 2004). Um eine Auswahl an Modellen zu erstellen, aus denen das Modell gewählt werden kann, welches die Daten am sinnvollsten beschreibt, wurden mehrere Modelle mit unterschiedlicher Anzahl n an Themen generiert. Diese Themenmodelle wurden mittels der Visualisierungstechnik, die im R Paket LDAvis bereit gestellt wird (Sievert und Shirley 2015), untersucht. Dabei wurden jeweils die 5 Wörter mit der höchsten Wahrscheinlichkeit für ein einzelnes Thema betrachtet. Für den Kontext dieser Studie, erschien das Modell mit 20 Themen eine sinnvolle Perspektive auf die Daten zu erzeugen und wird daher hier genauer analysiert.

Methodik für die Analyse des Themenmodells

Um das gewählte Themenmodell zu analysieren, wird im ersten Schritt die Gesamthäufigkeit einzelner Themen im gesamten Korpus betrachtet. Dazu wurde die Auftretenswahrscheinlichkeit der einzelnen Themen in den einzelnen Dokumenten über alle Dokumente summiert.

Über die Betrachtung einzelner Themen hinaus werden in einem zweiten Schritt die sich am stärksten unterscheidenden Themenfelder, also Themengruppen, beleuchtet. Dies ist eine Möglichkeit zur Betrachtung einzelner Themen im Kontext aller Themen. Diese Analyse wurde auf Basis des Codes aus dem R Paket LDAvis (Sievert und Shirley 2015) durchgeführt. Die Unterschiedlichkeit der einzelnen Themen untereinander kann über die sogenannte Jensen-Shannon Divergence (Kullback und Leibler 1951; Rao 1982), ein Distanzmaß für Wahrscheinlichkeitsverteilungen, berechnet werden. Auf die sich ergebenden Distanzen, kann eine multidimensionale Skalierung bzw. Hauptkoordinatenanalyse (Gower 1966; Mardia 1978) angewendet werden, um schließlich die Distanzen zwischen den Themen auf eine Ebene zu projizieren. Es handelt sich also um eine Dimensionsreduktion auf 2 Dimensionen. In dieser Ebene werden die zwei inhaltlichen Hauptgradienten des Korpus dargestellt. Über eine hierarchische Clusteranalyse mittels der von Ward entwickelten Methode (Ward 1963), angewendet auf die Koordinaten der Themen in dieser Ebene, können schließlich Themen zu Themenfeldern gruppiert werden.

Schließlich wurde die Vernetzung von Themen analysiert, die sich aus der Korrelation der Wahrscheinlichkeiten der einzelnen Wörter für die einzelnen Themen ergibt. Hierfür wurde der Pearson Korrelationskoeffizient genutzt (Becker et al. 1988). Als Basis für eine Netzwerkanalyse werden die Korrelationen, d. h. Beziehungen, aller Themen untereinander in einer Korrelationsmatrix festgehalten. Die einzelnen Themen sind dabei die Knoten des Netzwerks. Die Korrelationen stellen die Verbindungen der Themen dar. Diese Netzwerkdaten wurden mittels des R Paketes igraph (Csardi und Nepusz 2006) visualisiert.

Die Verbindungslinien des Netzwerkes können schließlich dazu genutzt werden mögliche Forschungskollaborationen zu identifizieren. Die Grundidee dabei ist, sinnvolle Pfade zwischen zwei nicht direkt miteinander verbundenen Themen im Netzwerk zu finden und so einen konsistenten Themenpfad zu erzeugen, der potentiell zu funktionierenden Kollaborationen führen könnte. Die Institutionen, bei denen die Themen dieses Pfades am stärksten in den Profilbeschreibungen in der Datenbank auftreten, sind über Wörter, d. h. Inhalte, verknüpft und könnten potentiell ein sich ergänzendes Forschungskonsortium darstellen.

Ergebnisse und Diskussion

Gesamthäufigkeit einzelner Themen

Die kumulative Auftretenswahrscheinlichkeit einzelner Themen im gesamten Korpus ist in Abb. 8.1 dargestellt. Es ist zu erkennen, dass die häufigen Themen größere allgemeine Themenfelder ansprechen wie die Forschung im Bereich der Kultur- und Sozialwissenschaften, der Energiewende, der Medizin auf allgemeiner und molekularer Ebene, der Materialwissenschaften, sowie der Automatisierung und Digitalisierung. Die Themen mit geringerer kumulativer Auftretenswahrscheinlichkeit stellen größtenteils spezielle Gebiete oder Aspekte dar, die die genannten größeren Themenfelder um Details ergänzen.

Themenfelder

In Abb. 8.2 sind die Hauptthemenfelder dargestellt, die sich am meisten innerhalb des Korpus unterscheiden. Zur Klarstellung sollte nochmals erwähnt werden, dass diese Darstellung die kumulative Auftretenswahrscheinlichkeit nicht berücksichtigt und nur die generellen Unterschiede zwischen den beobachteten Themen aufzeigt. Die Betrachtung

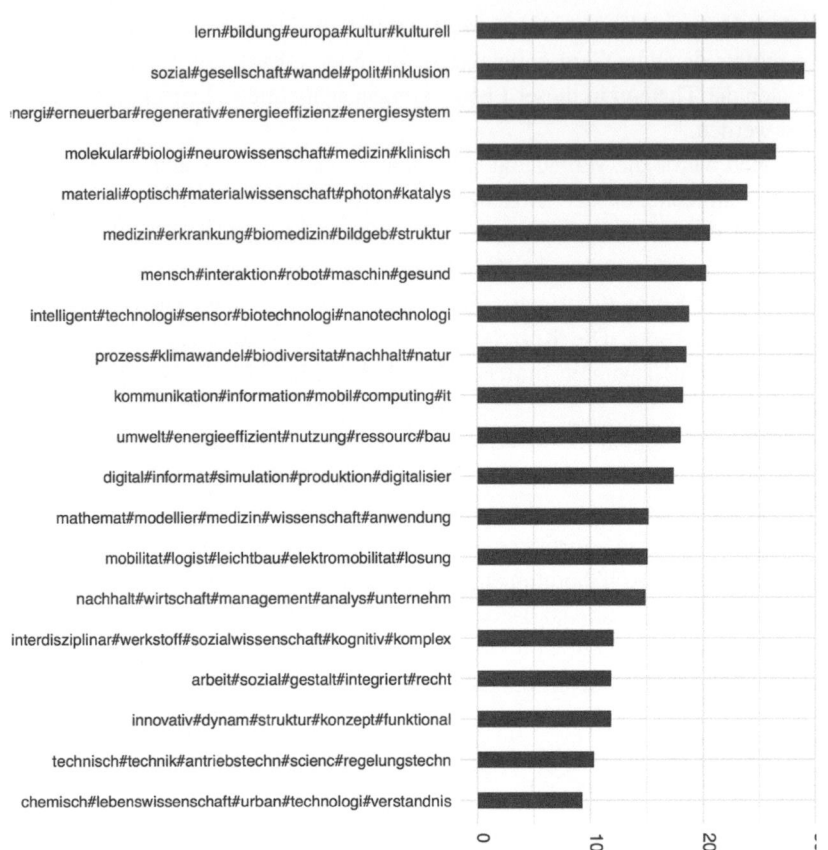

Abb. 8.1 Kumulative Auftretenswahrscheinlichkeit modellierter Themen über alle Dokumente

der Hauptachsen in Abb. 8.2 weist auf die folgenden entscheidenden inhaltlichen Gradienten hin. Der erste Gradient (von links nach rechts) besteht zwischen Themen, die sich auf großskaliger Ebene mit gesellschaftlichem Wandel in Richtung Nachhaltigkeit aus sozialer, ökonomischer und ökologischer Perspektive beschäftigen, und Themen, die sich auf kleinskaliger Ebene aus einer naturwissenschaftlichen und technologischen Perspektive mit Medizin und Neurowissenschaften, Biotechnologie, Materialwissenschaft, oder mathematischer Modellierung beschäftigen. Der zweite Gradient (von oben nach unten) besteht zwischen Themen aus dem Bereich der Sozial, Kultur- und Bildungswissenschaften und Themen aus dem Bereich der Natur-, Umwelt, und Ingenieurswissenschaften.

Auf Basis der Ergebnisse der Clusteranalyse erscheint eine Einteilung der modellierten Themen in 5 Themenfelder sinnvoll. Die in Abb. 8.2 markierten Cluster können folgendermaßen interpretiert werden. Der erste Cluster (oben links) entspricht dem Extrem des zweiten Gradienten und bildet die Sozial, Kultur- und

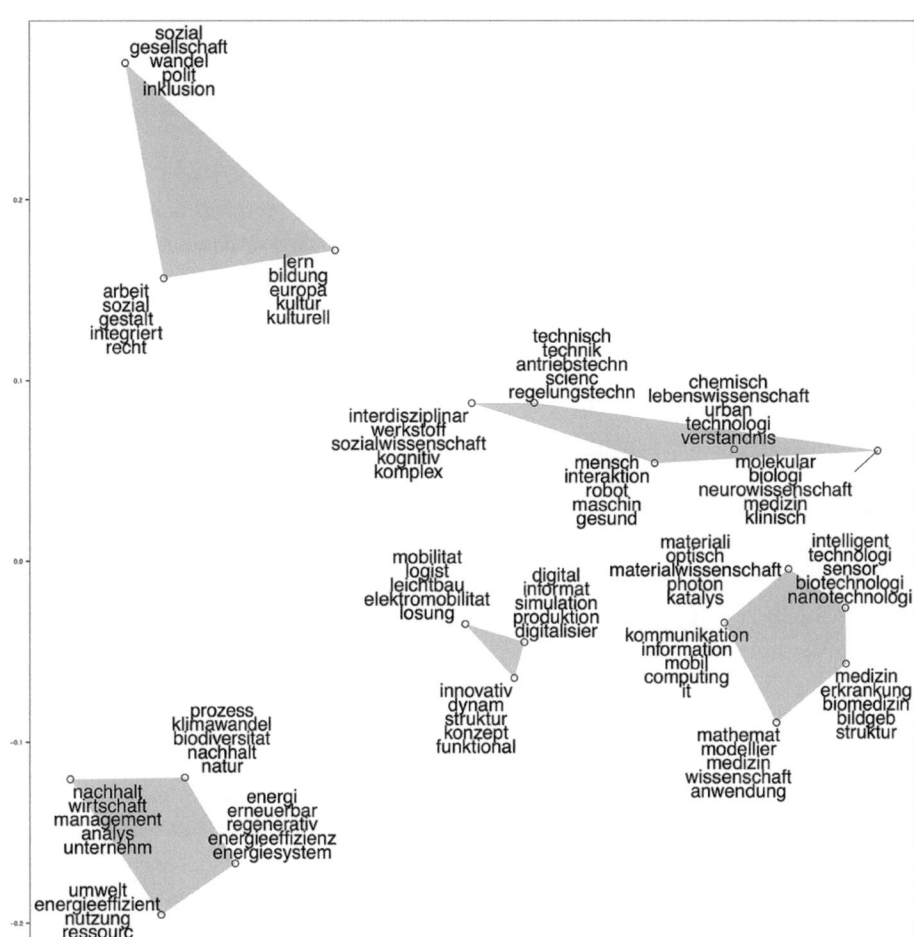

Abb. 8.2 Hauptthemenfelder bzw. Themencluster im Korpus; inhaltliche Gradienten sind von links nach rechts bzw. oben nach unten zu erkennen

Bildungswissenschaften ab. Der zweite Cluster (unten links) entspricht einem Teil des Extrems dieses Gradienten und bildet die Umwelt- und Nachhaltigkeitswissenschaften ab. Der dritte Cluster (rechts außen) fällt mit dem Extrem des ersten Gradienten zusammen und bildet naturwissenschaftliche und technologische Themen ab, wobei ergänzend das Thema Informationstechnik bzw. der Computerwissenschaften in diesen Cluster fällt. Der vierte Cluster (rechts oberhalb der Mitte) bildet eine Mischung von Themen hinsichtlich der Mensch-Technik Interaktion bzw. der Lebenswissenschaften ab. Der fünfte Cluster (mittig) weist auf die innovative Nutzung der Digitalisierung in Anwendungsbereichen wie Mobilität, Logistik und Produktion hin.

Themennetzwerk

Abb. 8.3 zeigt das Netzwerk der Themen auf Basis der Korrelation der Verteilung der Wörter über die Themen. Eine deutliche Verbindungsachse (von links nach rechts) kann zwischen den Themen ausgemacht werden, die zu den Clustern 1 und 2 gehören. Es besteht demnach eine Verbindung zwischen sozialen, ökonomischen und ökologischen Themen der Nachhaltigkeitswissenschaften. Weitere starke Verbindungen (beginnend rechts oben) stellen einen interdisziplinären Mix im Bereich der Lebenswissenschaften dar, um komplexe Mensch-Technik Interaktion aus naturwissenschaftlicher und sozialwissenschaftlicher Perspektive zu erfassen und zu analysieren. Die dritte Verbindungsroute (beginnend links oben) verknüpft medizinische Themen, u. a. auf molekularer

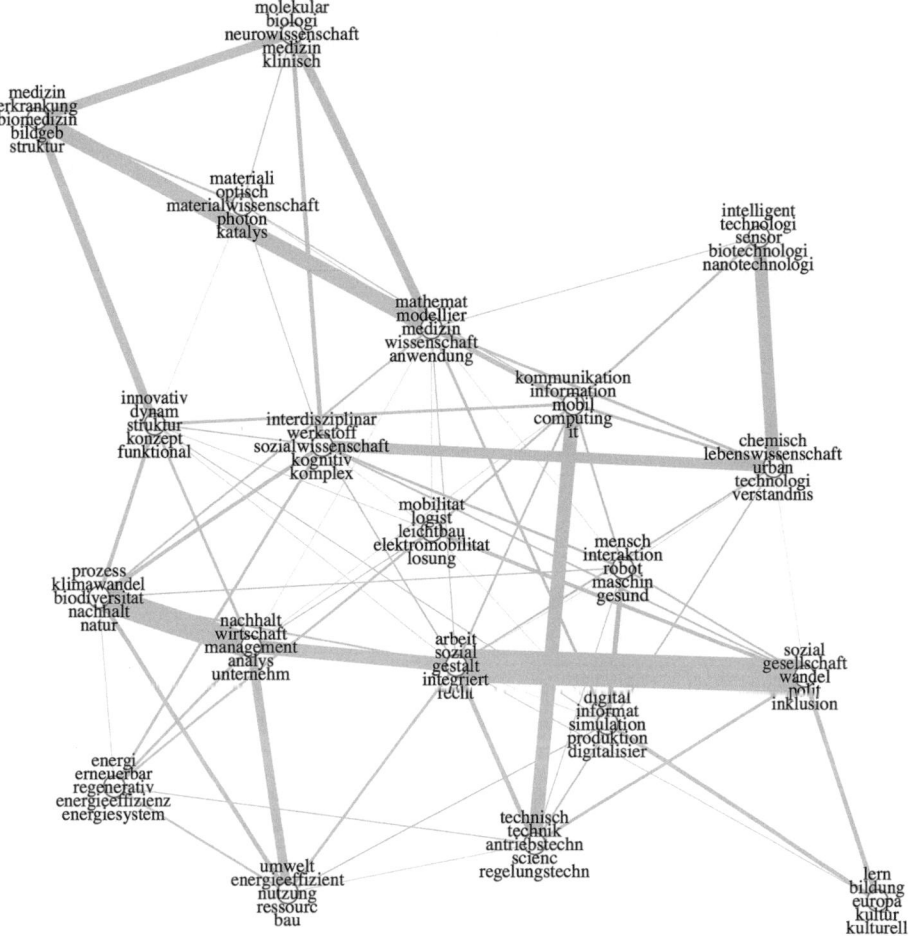

Abb. 8.3 Themennetzwerk auf Basis der Korrelation der Wahrscheinlichkeit der Wörter für die einzelnen Themen

Ebene, mit mathematischer Modellierung. Die letzte Verbindungsroute mit ausgeprägter Verknüpfung enthält zwei Themen bezüglich Computerwissenschaften und deren technische Anwendungen. Zwischen den bisher genannten Verbindungsrouten mit stark ausgeprägter Verknüpfung bestehen zahlreiche schwächere Quervernetzungen, auf die hier im Detail nicht eingegangen wird.

Beispielhaft wird hier anhand des Themennetzwerks aufgezeigt, welche Forschungsinstitutionen Konsortien bilden könnten, um die Nachhaltigkeitswissenschaften mit Themen der Digitalisierung zu verknüpfen. Hierzu wurde im Themennetzwerk eine Route über die folgenden drei Themen gewählt (von links unten in Richtung rechts oben): i) arbeit, sozial, gestalt, integriert, recht; ii) umwelt energieeffizient, nutzung, ressourc, bau; iii) kommunikation, information, mobil computing, it. Diese Route stellt eine potentiell thematisch konsistente Verbindung zwischen den Themen her. Tab. 8.1 listet für jedes der Themen eine Institution mit hoher Auftretenswahrscheinlichkeit des entsprechenden Themas auf. Grundsätzlich erscheint die Zuordnung von Themen zu Institutionen auf der Wortebene durch den LDA Algorithmus Sinn zu ergeben. Auf Basis der Profilbeschreibungen und Fachgebieten der hier aufgelisteten Institutionen wäre Forschung denkbar, welche die Digitalisierung in der Verwaltung vorantreibt und dabei thematisch im Bereich der Umwelttechnik angesiedelt ist. In der Praxis wäre selbstverständlich genauer zu prüfen, ob tatsächlich Verknüpfungen bestehen, die zu einer konkreten Zusammenarbeit führen könnten. Weitere Gedanken hierzu folgen in der Diskussion.

Diskussion und Schlussfolgerungen

In dieser Studie wurden beispielhaft Möglichkeiten aus dem Bereich des Text Mining aufgezeigt, um die Forschungslandschaft in Deutschland auf Basis textlicher Beschreibungen zu analysieren und Kooperationsansätze zu identifizieren. Hierfür wurde ein Topic Modeling auf die Forschungsprofildatenbank der HRK angewendet. Im Folgenden wird die angewendete Topic Modeling Methodik kritisch reflektiert, um Grenzen dieser Studie zu verdeutlichen. Anschließend werden die Ergebnisse inhaltlich diskutiert und Schlussfolgerungen für die Forschung in Deutschland gezogen.

Grenzen und Potentiale der Methodik

Datenbasis
Grundsätzlich ist anzumerken, dass die Ausgangsdatenbasis für diese Studie nicht optimal ist. Die Forschungsprofile listen ihre Profile in der Datenbank der HRK in sehr knapper Form auf und stellen daher nur einen Teil ihrer Forschung in sehr zugespitzter Form vor. Da jede Institution sinnvollerweise versucht eine Forschungslücke zu bedienen, war von vornherein davon auszugehen, dass mögliche interdisziplinäre

Tab. 8.1 Auflistung von Institutionen und deren Profilen mit hoher Auftretenswahrscheinlichkeit ausgewählter Themen zur Verknüpfung von Nachhaltigkeitswissenschaften mit Themen der Digitalisierung

Top 5 Wörter des modellierten Themas	Institution mit hoher Auftretenswahrscheinlichkeit des Themas	Ausgewählte Stichworte aus der Profilbeschreibung der Institution	Fachgebiet(e) aus der Profilbeschreibung der Institution
Arbeit, sozial, gestalt, integriert, recht	Deutsche Universität für Verwaltungswissenschaften Speyer (DUV)	Interdisziplinäre Forschung, Transfer in die Praxis, verwaltungs-, rechts-, wirtschafts-, sozial- und geschichtswissenschaftliche Zugänge	Geisteswissenschaften; Sozial- und Verhaltenswissenschaften
Umwelt, energieeffizient, nutzung, ressourc, bau	Hochschule Magdeburg-Stendal (HMS)	Wasserwirtschaft, Umweltschutz, Stoffstrom- und Ressourcenmanagement, Computergestützte Umweltsimulationen, Nachhaltige Energieversorgung, Effiziente Gebäudesysteme	Bauwesen und Architektur; Geowissenschaften; Materialwissenschaft und Werkstofftechnik; Wärme- und Verfahrenstechnik
Kommunikation, information, mobil, computing, it	Rheinisch-Westfälische Technische Hochschule Aachen (RWTH)	Informations- und Kommunikationstechnologie (IKT), Smart Systems, Visual Computing, eingebettete und Verteilte Systeme, Data Bases and Data Mining, Operations Research	Informatik, System- und Elektrotechnik; Maschinenbau und Produktionstechnik; Materialwissenschaft und Werkstofftechnik; Sozial- und Verhaltenswissenschaften

Vernetzungen auf textlicher Ebene nicht sehr ausgeprägt sein würden. Daher ist diese Studie nur als exemplarische Anwendung von Text Mining Methoden mit eingeschränkter inhaltlicher Aussagekraft zu betrachten.

Eine ausführliche Studie, welche die Inhalte der Webseiten und Publikationen der einzelnen Institutionen berücksichtigt, hätte eine weitaus höhere Aussagekraft. Derzeit ist eine standardisierte Schnittstelle, die einen schnellen und strukturierten Zugriff auf diese Art und Menge von Daten ermöglicht, nicht vorhanden. Ein klarer Grund hierfür ist, dass eine entsprechende Standardisierung sehr aufwändig wäre. Ein weiterer Grund könnte aber auch darin vermutet werden, dass es bisher methodisch nicht vorstellbar bzw. möglich war, eine derart große Datenmenge sinnvoll nutzen zu können. Diese Studie macht daher darauf aufmerksam, dass die Bereitstellung von reichhaltigen Texten keine Barriere für eine großangelegte sinnvolle Analyse darstellt.

Dabei ist jedoch zu beachten, dass eine einfach anzusprechende und im besten Fall standardisierter Datenschnittstelle vorhanden sein sollte, um den Aufwand für die Datenbeschaffung gering zu halten. Dies ist eine Herausforderung für die Programmierer bzw. Betreiber von Informationsplattformen wie der Forschungslandkarte der HRK. Hier müsste ergänzend zur Nutzerschnittstelle, also dem normalen Webinterface, eine öffentliche Datenschnittstelle geschaffen werden. Diese würde zusätzlichen Aufwand bedeuten. Für diese Studie wurde wie erwähnt ein Webscraping Programm geschrieben, da keine entsprechende Datenschnittstelle vorhanden war. Webscraping kann bezüglich Datenbeschaffung ein Mittelweg sein, der keine separate Datenschnittstelle fordert und automatisiert über das normale Webinterface Daten extrahiert. Hierfür ist es jedoch notwendig, dass die Inhalte der Webseiten nach einer einheitlichen Logik abgelegt sein sollten, so dass ohne größeren Aufwand Schleifen programmiert werden können, die die einzelnen Webseiten abrufen. Gut wäre z. B. www.beispiel.de/Seite1, www.beispiel.de/Seite2, etc. und schlecht wäre www.beispiel.de/Seite1, www.beispiel.de/SeiteNummerZwei, etc. In Ergänzung dazu wäre es erstrebenswert wie ebenso herausfordernd, neben formalen Standards wie html einen ontologischen Standard für die Benennung von Webseiteninhalten zu etablieren, um eine höhere Konsistenz der im Internet verwendeten (Meta-)Kategorien zu erreichen. Dies würde automatisierte Zugriffe erleichtern.

Einem einfachen Datenzugriff steht jedoch auch der Schutz von Urheberrechten über die Daten entgegen, welche selbstverständlich ihre Berechtigung haben. Üblicherweise sind die Inhalte auf Webseiten mit der Idee erstellt worden, von individuellen menschlichen Nutzern abgerufen zu werden, die keine Datensammlung in großem Stile durchführen. Vor dem Hintergrund neuer digitaler Analysemethoden großer Datenmengen, Big Data Analysis, wird es nötig sein, eine sinnvolle Balance bzw. Regelung zwischen Urheberrechten und freiem Datenzugriff zu definieren, um Potenziale der Digitalisierung im Sinne einer rechtsstaatlichen demokratischen Gesellschaft positiv nutzen zu können. Vor diesem Hintergrund ist die Herausforderung erkennbar, dass gesellschaftlich ein besseres generelles Verständnis über moderne Datenanalysemethoden geschaffen werden sollte. Dies würde zum einen dazu dienen, sich vor unerwünschten Eingriffen in die

Privatsphäre besser schützen zu können und zum anderem jedoch dazu, die Potentiale dieser Methoden positiv nutzen zu können und ggf. an geeigneter vertrauensvoller Stelle den Zugriff auf Informationen sogar aktiv zu erlauben und zu fördern, um einem nachhaltigen Zwecke zu dienen.

Methodischer Ansatz

Für diese Studie wurde ein einfacher Text Mining bzw. Topic Modeling Ansatz genutzt. Es gibt zahlreiche Möglichkeiten für komplexere Ansätze, die potentiell die Qualität der Ergebnisse noch verbessern könnten, vorausgesetzt die Ausgangsdatenlage ist von ausreichend guter Qualität.

In Bezug auf die Vorbereitung der Textdaten können beispielsweise statistische relevante Multiwortkombinationen über sogenannte Collocation Models (Thanopoulos et al. 2002) erkannt werden, so dass die Nichtberücksichtigung der Grammatik innerhalb eines Themenmodells abgeschwächt werden kann. Des Weiteren können über Part of Speech Tagging (Brill 1995) Modelle Wortarten erkannt und gefiltert werden. So können Texte auf relevante Wortarten reduziert werden, z. B. Substantive und Adjektive, um unerwünschte Varianz in den Daten weiter zu reduzieren.

Optimierungspotential bei der Modellierung betrifft die Wahl der Anzahl der Themen bzw. der Hyperparameter für Themenmodelle. Betrachtet man die resultierenden Zuordnung von Worten zu den 20 Themen, die in dieser Studie angesetzt wurden, wird klar, dass die Wahl eines kleineren n, d. h. weniger Themen, zur Integration der in Abb. 8.1 schwächer erscheinenden Themen am Ende der Liste in die stärkeren Themen geführt hätte. An dieser Stelle wird eine generelle Charakteristik des LDA Algorithmus deutlich. Die Wahl der Anzahl der Themen beeinflusst deutlich das Ergebnis. Die Verwendung einer niedrigen Themenanzahl generiert meist einfach zu interpretierende Themen, die jedoch wenig aufschlussreich sind. Eine höhere Themenanzahl führt zur Aufteilung der generellen Themen in Unterthemen. Diese Aufteilung kann dazu führen, dass einzelne Themen generiert werden, die schlecht interpretierbar sind. Die Anzahl der anzusetzenden Themen kann z. B. durch Nutzung von Kohärenzmaßen (Röder et al. 2015) für Themenmodelle optimiert werden. Die Forschung bezüglich dieses Optimierungsschrittes ist fortlaufend. Eine weitere Möglichkeit, ein möglichst gutes Themenmodell für Textdaten zu finden, ist eine Parametervariation der Hyperparameter, die die inhaltliche Breite der Themen und deren Verteilung über die Dokumente beeinflussen. Auf diese Weise kann eine größere Auswahl von Modellen erzeugt werden, die ggf. ein besseres Modell enthält als die Auswahl auf Basis von Standardwerten für die Hyperparameter.

Auch bezüglich der grundsätzlichen Wahl für eine bestimmte Art von Themenmodell gibt es weitere Optionen. In dieser Studie wurde das LDA Basismodell genutzt. Es existieren zahlreiche Variationen dieses Modells (Blei 2012), welche für bestimmte Fragestellungen potentiell bessere Ergebnisse sowie ergänzende Perspektiven liefern können. Beispielsweise fokussiert sich das Correlated Topic Model (Blei und Lafferty 2007) auf Beziehungen zwischen Themen. Das Dynamic Topic Model (Blei und Lafferty

2006) eignet sich dafür, die zeitliche Veränderung von Themen zu untersuchen, sofern entsprechende zeitliche Metadaten über die Dokumente vorhanden sind.

Aus obiger Beschreibung der zahlreichen Einflussfaktoren auf die Ergebnisse bei der Themenmodellierung wird deutlich, dass die Mensch-Maschine Interaktion den wohl größten Einfluss hat. Maschinelles Lernen erlaubt es, dass Maschinen ein Modell für einen gegebenen Datensatz entwickeln, dass für sich genommen immer richtig ist, sofern die Regeln der Mathematik und Programmierung eingehalten werden. Eine andere Frage ist, ob Menschen die entsprechenden Modelle und Ergebnisse verstehen und sinnvoll interpretieren können (Schmidt 2012). Der Einsatz maschinellen Lernens bedeutet also immer, dass sowohl die Maschinen als auch die Menschen lernen müssen. Die Aufgabe des Anwenders dieser Art von Methoden ist es, über entsprechende Parametereinstellungen und Qualitätsmaße Modelle zu finden, die eine sinnvolle und interpretierbare Perspektive auf die Daten erlaubt (Chang et al. 2009), die jedoch niemals als die ausschließlich gültige Perspektive betrachtet werden sollte (DiMaggio et al. 2013). Die folgende Diskussion der Ergebnisse und der entsprechenden Schlussfolgerung sollte demnach im Lichte dieser Einschränkungen gesehen werden.

Ergebnisse und Inhalte

Betrachtet man die Gesamthäufigkeit der Themen in Abb. 8.1, die in der Forschung in Deutschland behandelt werden, ergibt sich ein interdisziplinäres Bild. Sowohl Sozialwissenschaften als auch Ingenieur- und Naturwissenschaften sind vertreten, die gemäß Abb. 8.2 sich stark unterscheidende Diskurse darstellen. Dies ist positiv in Bezug auf eine ausbalancierte Forschung zu beurteilen. Bei genauerem Hinsehen wird jedoch deutlich, dass zwar die Sozialwissenschaften mit zwei starken Themen vertreten sind, die überwiegende Anzahl der anderen Themen jedoch einen technischen oder naturwissenschaftlichen Einschlag haben. Vergleicht man diese Beobachtung mit den Fördersummen für Forschung in Deutschland (BMBF 2017) kann man eine ähnliche Tendenz feststellen. Diese monetäre Perspektive ist verzerrt, da technische Forschung höhere Investitionen für physikalische Infrastruktur benötigt. Die grundsätzliche Aussage hinsichtlich der Tendenz zu technischer Forschung bleibt jedoch bestehen. Dieser Vergleich zeigt auf, dass die gewählte Text Mining Methodik die Realität zu einem gewissen Grad abbilden kann.

Aus der Perspektive der Nachhaltigkeitswissenschaften ist positiv zu beurteilen, dass die Energiewende ein sehr prominentes Thema darstellt, welches jedoch noch stärker mit weiteren nachhaltigkeitsrelevanten Themen bzw. Disziplinen vernetzt werden könnte. Als wichtiger Sektor zur Einschränkung des Klimawandels steht der Energiesektor gemäß der Ergebnisse dieser Studie in Deutschland im Fokus der Nachhaltigkeitsforschung. Im Hinblick auf weitere planetare Grenzen (Rockström et al. 2009) kann dieser Sektor als Bindeglied für weitere Nachhaltigkeitsthemen dienen. Aus dem Themennetzwerk in Abb. 8.2 wird ersichtlich, dass innerhalb der Nachhaltigkeitsforschung eine interdisziplinäre

Verknüpfung statt findet. Das Thema der Energiewende scheint im Netzwerk in Abb. 8.2 jedoch schwächer mit anderen Nachhaltigkeitsthemen verknüpft zu sein, als diese untereinander verknüpft sind. Wichtig wird daher zukünftig sein, dass die Energieforschung in Deutschland aktiv weitere Aspekte der Nachhaltigkeit integriert und aufgrund ihrer Prominenz eine brückenbildende Rolle einnimmt.

Um Nachhaltigkeitsforschung weiter zu voran zu treiben, könnte es gewinnbringend sein, ergänzend Themen aus dem Bereich der Materialwissenschaften und der Digitalisierung stärker zu berücksichtigen. Diese beiden genannten Themenbereiche gehören zu den häufig auftretenden Themen in Abb. 8.1 und dem naturwissenschaftlich bzw. technischen Themencluster, der weit vom Diskurs der Nachhaltigkeitsforschung entfernt zu sein scheint. Deren Integration würde die Wissensbasis im Bereich Nachhaltigkeit um neue Aspekte erweitern, die in anderen Bereichen bereits etabliert sind.

Der hier verwendete Text Mining Ansatz zeigt exemplarisch auf, wie Ansätze für thematisch bereichernde Kollaboration gefunden werden könnten. Rein über die inhaltliche Vernetzung modellierter Themen könnte eine Kombination aus RWTH, DUV und HMS für die kombinierte Forschung zu Digitalisierung, Verwaltung und Umwelttechnik Sinn ergeben. Diese Kombination könnte in eine Art von Projekt münden wie dem Google Environmental Inspector, das allerdings nicht CO_2-Footprints, sondern Ressourcen- bzw. Materialfußabdrücke ins Auge fasst. Die Verwaltungsforschung hätte dabei die Aufgabe sinnvolle und realisierbare institutionelle Konstellationen und Prozesse entwerfen, die es ermöglichen würden, die entsprechende Datenbasis zu schaffen und zu organisieren. Die Forschung im Bereich der Umwelttechnik bzw. Ressourcenwirtschaft würde einen Beitrag leisten, zu definieren welche Daten inhaltlich am relevantesten sind und entsprechende ökologische Indikatoren zur Bewertung anlegen. Die Computerwissenschaften könnten schließlich zur Visualisierung und Analyse der Daten beitragen, um die komplexe Datenbank derart greifbar zu machen, dass sie in der Praxis nutzbar ist.

Selbstverständlich unterliegen sinnvolle Kooperationen weit mehr Faktoren als nur einer Verknüpfung auf textlicher Ebene. Die Verfügbarkeit von Fördergeldern, die räumliche Entfernung zwischen den Institutionen, Fragen der operativen Auslastung oder die persönliche Sympathie auf Arbeitsebene spielen eine maßgebliche Rolle, die hier nicht berücksichtigt wurde. Die in dieser Studie vorgestellte Herangehensweise kann jedoch als Werkzeug verstanden werden, das eine Reflexion der Selbstdarstellung von Hochschulen innerhalb der Forschungslandschaft erlaubt und das Impulse zur Bildung möglicher Partnerschaften geben kann.

Schlussfolgerung

Die Diskussion der Datenbasis, Methodik und Ergebnisse dieser Studie zeigt Grenzen und Potentiale von Text Mining Methoden auf, die auf maschinellem Lernen basieren, insbesondere Topic Modeling. Derartige Ansätze können dazu beitragen zahlreiche methodische Ansätze der Nachhaltigkeitswissenschaften effizienter zu gestalten und weiter auszubauen, z. B. im Rahmen textbasierter Nachhaltigkeitsbewertungen oder Diskursanalysen. Die Kopplung dieser Methodik, die als Grundlage zur Analyse von Informationsflüssen gesehen werden kann, mit Methoden zur Analyse und Modellierung physikalischer umweltrelevanter und sozio-ökonomischer Daten bietet hohes Potential für eine holistische Analyse von Mensch-Umwelt Systemen. Ergänzend zu dieser methodischen Perspektive, geben die Ergebnisse Hinweise, wie die Struktur der Nachhaltigkeitswissenschaften in Deutschland weiter entwickelt werden könnte. Inhaltlich gesehen scheint es an der Zeit die bisher stark auf Energie und Umwelt fokussierte Perspektive, verstärkt um Wissen aus dem Bereich der Materialwissenschaften zu ergänzen. Eine weitere mögliche Weiterentwicklung ergibt sich aus dem methodischen Ansatz. Da der Faktor Mensch beim Einsatz digitaler Methoden von entscheidender Bedeutung ist, kommt den Sozialwissenschaften zukünftig eine wichtige Rolle zu, einen sinnvollen und verantwortungsvollen Umgang mit den entsprechenden Methoden zu gestalten, in der Forschung als auch gesellschaftlich. Ein derartiges Bindeglied bzw. ein Anknüpfungspunkt kann im aufkommenden Forschungsbereich der Digital Humanities gesehen werden.

Abschließend wird deutlich, dass zum Nutzen des Gemeinwohls und aus der Perspektive der Nachhaltigkeitswissenschaften erstrebenswert wäre, Digitalisierung als integratives Bindeglied in Bildung und Forschung zu entwickeln. Die Vorteile, die sich z. B. aus dem Zugriff auf große Datenmengen ergeben, die derzeit aber Unternehmen wie Google oder Amazon mehr oder weniger für sich alleine nutzen, könnten stärker für das Gemeinwohl genutzt werden. Hierfür stellt sich die Herausforderung, dass entsprechendes Verständnis und Wissen bezüglich Digitalisierung, z. B. hinsichtlich Programmierung und Datenanalyse, über Bildungsangebote in Schule, Ausbildung, Studium, und Beruf gesellschaftlich breiter verfügbar werden müsste. Ein Gegenargument hierzu könnte der hohe Aufwand für eine derartige Wissensvermittlung sein. Da jedoch die Installation digitaler Infrastruktur bereits global erfolgt ist, erscheint es notwendig, die Gesellschaft als Ganzes zu befähigen, mit dieser technologischen Infrastruktur sinnvoll umgehen zu können und das Ausschöpfen der Potentiale nicht vornehmlich ökonomischen Interessen zu überlassen. Digitale Technologien sind für einen breiten Querschnitt von Disziplinen, wenn nicht gar für alle Disziplinen, relevant. Daher ist es eine schwierige Aufgabe, die Wissensvermittlung entsprechend zielgruppenorientiert zu gestalten. In den Nachhaltigkeitswissenschaften ist eine interdisziplinäre Zusammenarbeit bzw. Wissensvermittlung bereits etabliert. Die Erfahrungen, die in diesem Querschnittsfeld zur Verknüpfung von Disziplinen gemacht wurden, könnten für Bildungskonzepte für Digitalisierung Inspiration bieten. Digitalisierung und Nachhaltigkeit haben beide einen Querschnittscharakter. Dies birgt Herausforderungen aber auch Ansatzpunkte für eine integrierte Entwicklung der beiden Bereiche.

Literatur

Becker, R. M., Chambers, J. M., & Wilks, A. R. (1988). *The new S language data analysis: A programming environment for data analysis and graphics*. Pacific Grove: Wadsworth & Brooks/Cole.

Bickel, M. W. (2017). A new approach to semantic sustainability assessment: Text mining via network analysis revealing transition patterns in German municipal climate action plans. *Energy, Sustainability and Society, 7*(1), 641. https://doi.org/10.1186/s13705-017-0125-0

Bickel, M. W. (2019a). Reflecting trends in the academic landscape of sustainable energy using probabilistic topic modeling. *Energy, Sustainability and Society, 9*(1).

Bickel, M. W. (27 Januar 2019b). textily – An R package for applied text mining with an example of topic modellling in the field of research on sustainable energy. *Zenodo*. https://doi.org/10.5281/zenodo.2550719.

Blake, C. (2011). Text mining. *Annual Review of Information Science and Technology, 45*(1), 121–155. https://doi.org/10.1002/aris.2011.1440450110.

Blei, D. M. (2012). Probabilistic topic models. *Communications of the ACM, 55*(4), 77–84. https://doi.org/10.1145/2133806.2133826.

Blei, D. M., & Lafferty, J. D. (2006). Dynamic topic models. In W. Cohen & A. Moore (Hrsg.), *Proceedings of the 23rd international conference on Machine learning – ICML '06* (S. 113–120). New York: ACM Press. https://doi.org/10.1145/1143844.1143859.

Blei, D. M., & Lafferty, J. D. (2007). A correlated topic model of science. *The Annals of Applied Statistics, 1*(1), 17–35. https://doi.org/10.1214/07-AOAS114.

Blei, D. M., Ng, A. Y., & Jordan, M. I. (2003). Latent dirichlet allocation. *Journal of Machine Learning Research, 3*(Jan), 993–1022.

BMBF. (2017). Bildung und Forschung in Zahlen 2017. Bundesministerium für Bildung und Forschung; Referat Statistik, Internationale Vergleichsanalysen. Bonn. www.datenportal.bmbf.de.

Bouchet-Valat, M. (2014). SnowballC: Snowball stemmers based on the C libstemmer UTF-8 library. https://CRAN.R-project.org/package=SnowballC.

Brill, E. (1995). Transformation-based-error-driven learning and natural language processing: A case study in part-of-speech tagging. *Computational Linguistics, 21*(4), 543–565.

Chang, J., Gerrish, S., Wang, C., Boydgraber, J. L., & Blei, D. M. (2009). Reading tea leaves: How humans interpret topic models. Advances in neural information processing systems, 288–296.

Chen, J., Li, K., Zhu, J., & Chen, W. (2016). WarpLDA: A cache efficient O(1) algorithm for latent dirichlet allocation. *Proceedings of the VLDB Endowment, 9*(10): 744–755. https://doi.org/10.14778/2977797.2977801.

Csardi, G., & Nepusz, T. (2006). The igraph software package for complex network research. InterJournal, Complex Systems, 1695. http://igraph.org.

DiMaggio, P., Nag, M., & Blei, D. (2013). Exploiting affinities between topic modeling and the sociological perspective on culture: Application to newspaper coverage of US government arts funding. *Poetics, 41*(6), 570–606. https://doi.org/10.1016/j.poetic.2013.08.004.

Döbel, Inga, Leis, Miriam, Vogelsang, Manuel Molina, Neustroev, Dmitry, Petzka, Henning, Rüping, Stefan, ... Welz, Juliane. (2018). Maschinelles Lernen – Kompetenzen, Anwendungen und Forschungsbedarf. Sankt Augustin: Fraunhofer-Gesellschaft (IAS, IMW, Zentrale).

Fayyad, U., Piatetsky-Shapiro, G., & Smyth, P. (1996). From data mining to knowledge discovery in databases. *AI Magazine, 17*(3), 37–53.

GCoM. (1 Januar 2018). [InternetDocument]. https://www.globalcovenantofmayors.org/.

Google. (o. J.). Environmental Insights Explorer. https://insights.sustainability.google/. Zugegriffen: 11. Jan. 2019.

Gower, J. C. (1966). Some distance properties of latent root and vector methods used in multivariate analysis. *Biometrika, 53*(3–4), 325–338. https://doi.org/10.1093/biomet/53.3-4.325.

Griffiths, T. L., & Steyvers, M. (2004). Finding scientific topics. *Proceedings of the National Academy of Sciences of the United States of America, 101*(Suppl 1), 5228–5235. https://doi.org/10.1073/pnas.0307752101.

Hecker, D., Döbel, I., P., Petersen, U., Rauschert, A., Schmitz, V., & Voss, A. (2017). *Zukunftsmarkt Künstliche Intelligenz – Potenziale und Anwendungen* (S. 64). Sankt Augustin: Fraunhofer-Allianz Big Data.

Heinrichs, H., & Michelsen, G. (Hrsg.). (2014). Nachhaltigkeitswissenschaften. Berlin: Springer. https://doi.org/10.1007/978-3-642-25112-2.

Hofmann, T. (1999). Probabilistic latent semantic analysis. In K. B. Laskey (Hrsg.), *Uncertainty in artificial intelligence: Proceedings of the fifteenth conference (1999), July 30–August 1, 1999, Royal Institute of Technology (KTH), Stockholm, Sweden* (S. 289–296). San Francisco: Kaufmann.

Hotho, A., Nürnberger, A., & Paaß, G. (2005). A brief survey text mining. *Ldv Forum, 20*(1), 19–62.

Kullback, S., & Leibler, R. A. (1951). On information and sufficiency. *The Annals of Mathematical Statistics, 22*(1), 79–86.

Mardia, K. V. (1978). Some properties of classical multi-dimesional scaling. *Communications in Statistics – Theory and Methods, 7*(13), 1233–1241. https://doi.org/10.1080/03610927808827707.

Murugesan, S. (2008). Harnessing green IT: Principles and practices. *IT Professional, 10*(1), 24–33. https://doi.org/10.1109/MITP.2008.10.

Porter, M. F. (1980). An algorithm for suffix stripping. *Program: Electronic Library and Information Systems, 14*(3), 130–137. https://doi.org/10.1108/eb046814.

R Core Team. (2019). R: A language and environment for statistical computing. https://www.R-project.org/.

Rao, C. R. (1982). Diversity and dissimilarity coefficients: A unified approach. *Theoretical Population Biology, 21*(1), 24–43. https://doi.org/10.1016/0040-5809(82)90004-1.

Reuter, M. A. (2016). Digitalizing the circular economy: Circular economy engineering defined by the metallurgical internet of things. *Metallurgical and Materials Transactions B, 47*(6), 3194–3220. https://doi.org/10.1007/s11663-016-0735-5.

Rockström, J., Steffen, W., Noone, K., Persson, Å, Stuart Chapin, F., Lambin, E. F., et al. (2009). A safe operating space for humanity. *Nature, 461*(7263), 472–475. https://doi.org/10.1038/461472a.

Röder, M., Both, A., & Hinneburg, A. (2015). Exploring the space of topic coherence measures. In X. Cheng, H. Li, E. Gabrilovich, & J. Tang (Hrsg.), *Proceedings of the eighth ACM International Conference on Web Search and Data Mining – WSDM '15* (S. 399–408). New York: ACM Press. https://doi.org/10.1145/2684822.2685324.

Schmidt, B. M. (2012). Words alone: Dismantling topic models in the humanities. *Journal of Digital Humanities, 2*(1), 49–65.

Selivanov, D., & Wang, Q. (2017). text2vec: Modern text mining framework for R. https://CRAN.R-project.org/package=text2vec.

Sievert, C., & Shirley, K. (2015). LDAvis: Interactive visualization of topic models. https://CRAN.R-project.org/package=LDAvis.

Stiftung zur Förderung der Hochschulrektorenkonferenz. (o. J.). https://www.forschungslandkarte.de/landkarte.html. Zugegriffen: 3. Jan. 2019.

Thanopoulos, A., Fakotakis, N., & Kokkinakis, G. (2002). Comparative evaluation of collocation extraction metrics. *LREC, 2,* 620–625.

Ward, J. H. (1963). Hierarchical grouping to optimize an objective function. *Journal of the American Statistical Association, 58*(301), 236–244. https://doi.org/10.1080/01621459.1963.10500845.
Weigel, P., & Fischedick, M. (2018). Rolle der Digitalisierung in der soziotechnischen Transformation des Energiesystems. *Energiewirtschaftliche Tagesfragen, 68*(5), 10–16.
Wickham, H. (2016). rvest: Easily harvest (scrape) web pages. https://CRAN.R-project.org/package=rvest.
Wilts, H., & Berg, H. (April 2017). Digitale Kreislaufwirtschaft. *Wuppertaler Impulse zur Nachhaltigkeit*. https://epub.wupperinst.org/frontdoor/deliver/index/docId/6977/file/6977_Wilts.pdf.

Maschinenbaustudium im Spannungsfeld von Ingenieurskompetenzen, Digitalisierung und Nachhaltiger Entwicklung

9

Alexander Landfester, Sven Linow und Florian van de Loo

Einführung

Ingenieurinnen und Ingenieuren kommt bei den aktuellen Themen nachhaltige Entwicklung und Digitalisierung eine besondere Rolle zu: Sie sind es, die die benötigten technischen Lösungen ermöglichen und so gesellschaftliche Erwartungen materialisieren können. Umgekehrt formt die Technik selbst den Handlungsspielraum, in dem sich Ingenieurinnen und Ingenieure bewegen können: Durch das, was technisch kostengünstig machbar ist und gut vermarktet werden kann, durch das, was technisch tatsächlich möglich ist (der reale technische Möglichkeitsraum), sowie durch das, was in Mythen oder Vorstellungen der Gesellschaft möglich erscheint (hier enthalten sind auch verborgene Wünsche und magische Vorstellungen). Aus diesen formen sich der gesellschaftliche Umgang mit technischen Lösungen und die Erwartungen an diese: Durch den Gebrauch unserer Artefakte nehmen diese Einfluss auf uns. Dies gilt allgemein, gesellschaftlich und konkret für Ingenieurinnen und Ingenieure.

Viele Probleme einer Nachhaltigen Entwicklung, insbesondere die größeren Herausforderungen, wie Energiewende (SDG 7) oder der Umgang mit der Erderwärmung (SDG 13), die vordergründig als technische Probleme erscheinen, werden als boshafte Probleme klassifiziert, d. h. Probleme, deren Lösung nicht auf rein technische Aspekte reduziert werden kann und für das es keine einfache richtige Lösung gibt wie Seager et al. (2012) mit Bezug auf Rittel und Webber (1973) zeigen. SDG steht hier für die jeweiligen Sustainable Developments Goals der Vereinten Nationen (2015). Blickt man ausgehend von diesen Herausforderungen auf ein typisches Ingenieurstudium, so stellt sich das in aller Regel folgendermaßen dar: Das Ingenieurstudium beginnt mit

---

A. Landfester · S. Linow (✉) · F. van de Loo
Hochschule Darmstadt, Darmstadt, Deutschland
E-Mail: sven.linow@h-da.de

Grundlagenfächern, in denen in der Lehre für das eigene Aneignen der Lernziele und Kompetenzen Aufgaben verwendet werden. Aufgaben sind zahme Probleme, die eindeutig formuliert sind, für die es genau eine richtige Lösung und zumindest einen richtigen Lösungsweg gibt. Zur Klärung der Begriffe siehe VDI 2221-1:2018 und Rittel und Webber (1973). Recht früh werden in Praktika und in der Konstruktionslehre dann erste Probleme bearbeitet. Probleme haben keine eindeutige Lösung. Dieser Übergang stellt im Studium oft eine der größeren Herausforderungen dar, da für die Bearbeitung von Problemen eine grundlegend andere Lösungsmethodik benötigt wird. Die dafür benötigte eigentlich universelle Methode ist auf die Strukturen typischer Ingenieurstätigkeit hin in der VDI Richtlinie VDI 2221-1:2018 spezifiziert. Kernelement der Methode ist es, zuerst das Problem ausreichend zu beschreiben, regulatorische Vorgaben und Erwartungen der Stakeholder zu formulieren und Kriterien für eine ausreichende Lösung zu definieren, bevor Lösungsmöglichkeiten gesucht werden. Es wird angestrebt, möglichst mehrere relevante Lösungsmöglichkeiten zu finden, aus denen dann mit den zuvor definierten Kriterien bewertet und ausgewählt wird. Diese Methodik will den Lösungsprozess bewusst verlangsamen, um vorschnelle Entscheidungen, bei denen wesentliche Aspekte unter Umständen unberücksichtigt bleiben würden, zu vermeiden. Einen letztendlich gleichen Ansatz verfolgt die Delta-Analyse nach Bizer und Führ (2014), deren Ursprung in einer gesellschaftswissenschaftlichen Perspektive liegt und die auf das Handeln der Akteure abzielt. In dieser Konstruktionsmethode ist die Berücksichtigung gesellschaftlicher Anforderungen enthalten, wird aber unter anderem aus Zeitmangel in der Bachelor-Ausbildung oft nicht mit eingeführt. Die Vorbereitung auf den Umgang mit boshaften Problemen, wie oben beschrieben, fällt also in den meisten Fällen sehr knapp aus.

Sieht man sich die aktuelle Entwicklung digitaler Technik an, so lässt sich diese in drei Kernbereiche unterteilen:

1. Der Einsatz von digitalen Werkzeugen für nahezu alle Aufgaben und insbesondere der Einsatz von Rechnern nahezu überall (Ubiquitous Computing), Stichworte sind hier Smart Home, Smart Office, Smart Car, Smart City, Smart Products sowie Industrie 4.0. In all diesen Bereichen soll es um Effizienzsteigerung gehen und es sollen so die Bereiche Energie, Verkehr und Konsum auch im Sinne einer nachhaltigen Entwicklung beeinflusst werden können. So können hier Informationen über Inhaltsstoffe, Umweltwirkungen und Verwertung in der Wertschöpfungskette eingesetzt werden.
2. Die Analyse, Auswertung und gezielte Verwertung sehr großer Datenmengen, in denen komplexere Zusammenhänge verborgen sind (Big Data). Hier fallen Methoden hinein, wie die Analyse von Verhaltensmustern, Steuerung von Produktion, Logistik-, Verkehrs- und Energieströmen. Industrie 4.0 wird Big Data Methoden verwenden, um die gesetzten Ziele zu erreichen. Auch in der (virtuellen) Produktentwicklung ist die Beherrschung sehr großer Datenmengen relevant. Big Data ist auch die Grundlage für „Nudging" von Personen hin zu einem erwünschten Verhalten.

3. Selbstlernende Systeme, die oft als künstliche Intelligenz (KI) bezeichnet werden. Diese Systeme sollen statt menschlicher Assistenten wirken (erste Einsätze werden in den Bereichen Energie, Mobilität, Konsum, Finanzen vorbereitet) oder menschliche Handlungen übernehmen, wie bei autonomen Fahrzeugen.

Alle drei Ansätze können auch im Hinblick auf eine nachhaltige Entwicklung wirken, werden aber bevorzugt für andere Anwendungsbereiche vorangetrieben. Über den gefühlt sehr schnellen Fortschritt bei digitalen Werkzeugen in allen Bereichen entsteht eine hohe Erwartung, dass Technik insgesamt so schnell form- und gestaltbar sei wie es die Gesellschaft gerade im digitalen Bereich erlebt und damit auch die Probleme einer nachhaltigen Entwicklung bei ausreichendem Druck oder ausreichender Notwendigkeit schnell technisch lösbar sind. Die Geschichte der Ingenieurswissenschaften selbst und die technische Entwicklung aller anderen Sektoren zeigen einen anderen sehr viel zögerlicheren Verlauf, wie Smil (2017) zeigt. Inwieweit angehende Ingenieurinnen und Ingenieure in ihrer Ausbildung eine differenzierte Sicht auf den tatsächlichen Möglichkeitsraum von Technik entwickeln, hängt maßgeblich vom Curriculum ab. Die Kompetenz, die sie in die Lage versetzt, dies bei Bedarf der Gesellschaft zu erklären, wird allerdings üblicherweise nicht im Studium vermittelt.

Studentinnen und Studenten, die heute in technischen Fächern ausgebildet werden, müssen auf große technische und gesellschaftliche Veränderungen vorbereitet werden, ohne dass dabei der Kern der Ausbildung beschnitten wird: Wirtschaftsverbände und Industrie formulieren hier klar ihre Erwartungen, was eine vollwertige Ingenieursausbildung umfasst – dies lässt dann wenig Freiraum für eine großräumige Neugestaltung der Inhalte. Der Kern der Ingenieursausbildung besteht in einer breiten Methodenkenntnis und der Fähigkeit diese Methoden anwenden zu können. Dabei sollen die Absolventinnen und Absolventen zugleich Veränderungen akzeptieren, gestalten und vorantreiben können. Für die weitere Betrachtung sind folgende für den technischen Möglichkeitsraum relevante jetzt ablaufende starke Veränderungsprozesse identifiziert:

- Die digitale Transformation, die gerade mit beeindruckender Intensität stattfindet (s. o. für die Kernaspekte);
- die Herausforderungen aus der Erderwärmung, wie Energiewende, Klimaanpassung oder Geoengineering (Linow 2019a);
- die Energiewende als Übergang von erschöpflichen, heute verlässlichen hin zu fluktuierenden aber regenerativen Energiequellen (Linow 2019a);
- die weitere Verfügbarkeit oder Nichtverfügbarkeit günstiger Ressourcen (Exner et al. 2016);
- sowie ggf. die Große Transformation hin zu einer nachhaltig wirtschaftenden Gesellschaft (WBGU 2011).

Es ist also zu klären, welche Schwerpunkte jetzt im Studium gesetzt werden sollten, um Studentinnen und Studenten zu ermöglichen, in ihrer sich schnell verändernden Umwelt gestaltend zu wirken. Konkreter und im Hinblick auf eine Verknüpfung von digitaler Technologie und Zielen Nachhaltiger Entwicklung werden mehrere Aspekte deutlich:

- Ingenieurinnen und Ingenieure sind keine reinen Nutzer digitaler Technik, im Gegenteil, sie sollen diese auf allen Ebenen mitgestalten.
- Ingenieurinnen und Ingenieure sollen in der Lage sein, technische Lösungen für die boshaften Probleme einer nachhaltigen Entwicklung zu entwickeln, insbesondere wenn dies gesellschaftlich gewollt ist – dabei können sie jedoch erst einmal nur im Rahmen der technischen Möglichkeiten handeln.
- Ingenieurinnen und Ingenieure sollen technisch klären können, welche Lösungen zu einer nachhaltigen Entwicklung beitragen können und welche nicht – wenn diese Information für gesellschaftliche Entscheidungsprozesse herangezogen werden soll.
- Ingenieurinnen und Ingenieure sollen in der Lage sein, Defizite bekannter Entwicklungs- und Problemlösungsmethoden, welche sich aus dem stetigen technischen, ökonomischen, ökologischen und gesellschaftlichen Wandel ergeben, zu erkennen und diese Methoden entsprechend zu verändern.

Aus diesen Randbedingungen heraus stellen sich die Kernfragen: Welche konkreten Kompetenzen benötigen Ingenieure zukünftig, um auch unter Einsatz digitaler Werkzeuge (also unter Nutzung der der fortschreitenden Digitalisierung) eine nachhaltige Entwicklung zu gestalten? Welche spezifischen digitalen Werkzeuge können Ingenieurinnen und Ingenieure nutzen, um wirksam zu einer Transformation beizutragen? Wo im Studium sollen diese Kompetenzen bevorzugt verankert werden?

Um diese Fragen geeignet beantworten zu können, wird zuerst ein grober Überblick gegeben, welche digitalen Methoden heute schon im Ingenieursbereich angewendet werden. Im Anschluss werden relevante Ingenieurs-Kompetenzen zusammengetragen, die es Ingenieurinnen und Ingenieuren ermöglichen, aktiv für eine Transformation im Sinne der SDGs wirken zu können. Daraus folgen dann konkrete Elemente, die zukünftig fester und intensiver im klassischen Studium des allgemeinen Maschinenbaus verankert werden sollen.

Digitale Werkzeuge im Maschinenbau

Der Einsatz digitaler Werkzeuge ist heute fest im Maschinenbau verankert. Die Heranführung an erste wichtige Werkzeuge beginnt in der Ausbildung sehr früh. Die Abb. 9.1 gibt eine Übersicht über einige wesentliche digitale Werkzeuge, die heute selbstverständlich den Ingenieursprozess unterstützen und regelmäßig verwendet werden. Zugeordnet sind diese Werkzeuge jeweils ausgehend von Kernaufgaben entlang eines gesamten Produkt-Lebenszyklus und seinen Aufgaben, auf den die Ingenieurinnen und Ingenieure in ihrer Ausbildung vorbereitet werden. Wir können unterscheiden zwischen Tätigkeiten (blau), wie Konstruieren oder Planen und dafür üblich verwendeten digitalen Werk-

9 Maschinenbaustudium im Spannungsfeld von Ingenieurskompetenzen ...

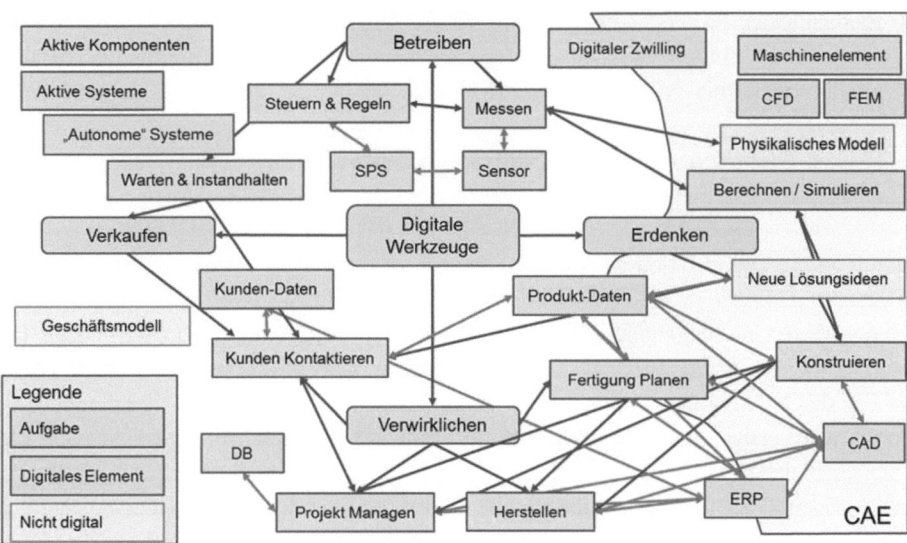

Abb. 9.1 Technische Kernaufgaben und der Einsatz verbreiteter digitaler Werkzeuge

zeugen (grün). Dazu finden sich einige Elemente, die nicht digitalisierbar sind (gelb). Dabei können einige Tätigkeiten automatoisiert werden (orangene Pfeile), andere nicht (grüne Pfeile)

Bei den **nicht digitalisierbaren Elementen** handelt es sich um solche Tätigkeiten, die bewusstes Entscheiden, Intuition und komplexere Denkprozesse enthalten: Grundsätzlich können auch Teile davon an KI und Big Data übertragen werden, dies ist aber mit erheblichen Risiken für den einzelnen, die Organisation und die Gesellschaft verbunden. So kann eine KI beispielsweise ein Geschäftsmodell erzeugen, das dann jedoch genau das Geschäftsmodell ist, das aus den Modellen resultiert, mit dem die KI trainiert wurde. Gute Geschäftsmodelle sind Aushandlungsprozesse in Organisationen, bei denen alle relevanten menschlichen Akteure langfristig mitwirken müssen, damit ein gelebtes und anpassungsfähiges Modell entsteht. Gleiches gilt für die Lösungsfindung für (technische) Lösungen: Das Finden guter neuer Lösungen, die sich wirklich vom vorhandenen Angebot abheben, ist auch im technischen Bereich eine hohe Kunst, die selber gelernt werden will. Beispiele zu Ansätzen für die Lösungsfindung gibt Orloff (2006). Das Erzeugen von physikalischen Modellen für eine Simulation kann grundsätzlich an eine KI übertragen werden, hier ist das Argument für den Verbleib in der menschlichen Tätigkeit ein anderes: Die Daten müssen mit der notwendigen Expertise interpretiert und in der Organisation kommuniziert werden. Dazu dienen Berechnungen als Grundlage für weitere Entscheidungen. In einigen dieser Prozesse werden moralische Entscheidungen getroffen, die von der Organisation getragen werden müssen und nicht im Rahmen der Gewährleistung an den Lieferanten einer KI übertragen werden können, wie die VDI Ingenieursethik (2002) erläutert: Als Beispiel von Prozessen, die immer eine ethische und moralische Wertung enthalten, seien genannt:

- Elemente der Produktsicherheit, wie sie für Produkte und Anlagen in der Risikobetrachtung ermittelt werden müssen, um so eine zumindest hinreichend Risikominderung herbei zu führen – die Methode ist in der DIN EN ISO 12100:2010 festgelegt.
- Risiken durch den Einsatz von Stoffen von denen eine Gefährdung ausgehen kann, durch die Entsorgung von Stoffen usw.

Damit ist die Organisation gezwungen, diese Entscheidungen bewusst selber zu treffen, siehe Hubig (1993).

Aus dem Geschäftsmodell, den Kundenanforderungen und den Lösungsideen entsteht dann ein neues Produkt: Die Konstruktion von physischen Produkten erfolgt nahezu durchgängig inzwischen mit 3D Computer Aided Design (CAD), hierbei wird ein drei-dimensionales Modell des Produktes in Computer generiert. Moderne CAD-Software unterstützt dabei die Arbeit des Konstrukteurs mit einer beeindruckenden Vielzahl von Werkzeugen. Diese Werkzeuge dienen erst einmal der fehlerfreien und widerspruchsfreien Konstruktion. Im CAD lassen sich bereits viele Funktionen des zukünftigen Produktes testen und bewerten. Auf diesem Wege können relevante Anwendungen und Belastungsfälle nachgebildet und analysiert werden. Das Ergebnis der CAD sind heute Modelle aller Komponenten, die direkt an Lieferanten oder an eine Fertigung übergeben werden können. Produktionsabläufe lassen sich direkt ableiten und die Produktdaten werden direkt in der Datenbank einer Enterprise Ressource Planning Software (ERP) abgelegt. Moderne CAD-Modelle sind daher weit mehr als nur die digitale Repräsentation einer Geometrie, sie sind inzwischen vollständige Produktmodelle, die alle relevanten Daten des Produkts beinhalten, die entlang des Produktlebenszyklus wichtig sind und so als zentrale Instanz für alle damit verknüpften Unternehmensprozesse dienen können.

Voraussetzung für das Erzeugen von sicheren, belastbaren, sowie geringe Ressourcen und Energie benötigende Produkte ist eine Berechnung oder Simulation von Bauteilen und dem Produktsystem im Hinblick auf weitere Eigenschaften. Hierfür wurden mit den ersten Rechenmaschinen Verfahren entwickelt, die heute aus der Ingenieurspraxis nicht mehr wegzudenken sind:

- Früh als Werkzeug eingeführt sind Festigkeitsberechnungen von einzelnen Bauteilen über die Finite-Elemente Methode (FEM). Diese Methode kommt mit relativ wenigen Zellen und wenigen Rechenschritten – also geringen Anforderungen an Hardware und Zeit – aus, so dass diese Methode sehr früh eine weite Verbreitung fand. FEM ist inzwischen in vielen CAD-Werkzeugen mit integriert (s. o.). Weiterentwicklungen umfassen Algorithmen, mit denen Bauteile schrittweise im Hinblick auf spezifische Designziele, wie z. B. hohe Festigkeit bei geringer Masse optimiert werden könne oder die Simulation von anderen technisch relevanten physikalischen Vorgängen wie z. B. im Rahmen von Fertigungsprozessen. Diese Methoden werden schon lange eingesetzt, um Produkte im Hinblick auf Material und Energieverbrauch so effizient, wie möglich zu gestalten.

- Zeitgleich entwickelt, aber aufgrund des viel höheren Rechenaufwandes erst später weit verbreitet sind komplexe Strömungssimulationen mittels Computational Fluid Dynamics (CFD). Die Anzahl der Zellen, der Rechenaufwand je Schritt und die Zahl der Rechenschritte erreicht schnell beeindruckende Ausmaße. Gleichzeitig wird von der Ingenieurin und dem Ingenieur, die die digitalen Modelle aufbauen und die Berechnung analysieren und interpretieren ein sehr hohes Fachwissen benötigt, damit die Verwendung dieser Methode überhaupt gute Ergebnisse liefern kann. Weit verbreitet wurde CFD zuerst in Bereichen, wie Flugzeugbau, im Automobilbau und für Turbomaschinen: Dort standen schon früh die benötigten Ressourcen zur Verfügung, um komplette Produkte in Strömungen zu simulieren. Diese Methode dient heute vorrangig direkt oder indirekt der Steigerung der Energie-Effizienz, sie kann jedoch auch für viele andere Zwecke gut eingesetzt werden.
- Neben diesen beiden sehr verbreiteten Werkzeugen gibt es noch eine Vielzahl weiterer so genannter CAx-Werkzeuge – also rechnergestützte Ingenieursmethoden auf Basis numerischer Berechnungsverfahren – welche aus dem Ingenieurwesen heute nicht mehr wegzudenken sind und zu einer immer weiter zunehmenden Virtualisierung der Entwicklungsprozesse führen: Die Anfertigung realer Demonstratoren oder Prototypen erfolgt in immer geringem Umfang und sehr spät im Produktlebenszyklus.
- Zusätzlich existiert eine beeindruckende Vielzahl von speziellen Werkzeugen von Herstellern oder für spezifische Produktbereiche, mit denen Maschinenelemente, wie Getriebe, Lager, Verbindungen o. ä., Antriebe und Motoren, angetriebene Elemente, wie Pumpen und Lüfter, Wärmetauscher, Heizungen usw. für spezifische Anwendungen ausgelegt werden können. Der Zweck dieser Werkzeuge ist immer, dass optimale Produkt für eine spezifische Anwendung auszuwählen: Dabei stehen durchgehend Anforderungen an Sicherheit, Lebensdauer, Effizienz und den Wirkungsgrad im Fokus, da diese direkt die Kosten und Betriebskosten eines Produktes beeinflussen. Oft sind dies Werkzeuge, die von einem Hersteller als niederschwelliges Marketingelement konzipiert wurden. All diesen Werkzeugen gemein ist der Versuch, bekannte Berechnungsverfahren zu den jeweiligen Problemen (welche oft grundsätzlich auch manuell ausgeführt werden könnten) durch deren Digitalisierung zu beschleunigen und gleichzeitig auf immer größere Datenmengen anwenden zu können.

Eine zweite Ebene der Digitalisierung ist die Integration von digitalen Geräten in Maschinen. Auch hier liegen die Anfänge weit zurück: Programmierbare Steuerungen sind inzwischen Standard. Dazu kommen immer mehr Sensoren, die das einzelne Maschinenelement in die Lage versetzen, seinen eigenen Zustand zu beurteilen und diesen der Steuerung, dem Betreiber oder dem Hersteller mitzuteilen. Auf diesem Wege wird vorausschauende Wartung optimiert, Elemente können im technisch günstigsten Bereich gefahren werden und die Effizienz der Nutzung von Elementen und Anlagen steigt deutlich: bei Einsatz von weniger Material und Energie kann mehr produziert werden.

Die nächste Stufe, die gerade unter dem Stichwort „Industrie 4.0" diskutiert wird, ist das Ausstatten von Produkten mit digitalen Komponenten, die es z. B. in der Produktion gestattet, unterschiedliche Produkte auf einer gemeinsamen Linie zu fertigen: Die Produktionslinie soll erkennen, welche spezifische Komponente gerade zu bearbeiten ist und wie sie zu bearbeiten ist. Zusätzlich werden weitere Sensoren antizipiert, die den Zustand der Anlage oder des Produktes genauer erkennen und entweder dem Produkt oder einer externen Logik erlauben, daraus Aussagen über dessen Zustand zu treffen. Dazu sollen die bisher unabhängigen Systeme, so wie sie in der Abb. 9.1 dargestellt sind, untereinander in Verbindung treten und ohne weitere Unterstützung ihre Daten untereinander in sinnvoller Form austauschen. Hierzu sind z.Zt. weitere Grundlagenentwicklungen vorzunehmen. Auch müssen die Normen für den zukünftigen Datenaustausch festgelegt werden, siehe das Weißbuch des IEC (2018a). Als Motivation wird oft genannt, dass auf diesem Wege insgesamt eine erhöhte Energie- und Materialeffizienz erreicht werden könne.

In diesem Zusammenhang ist auch das Konzept des Internet of Things (IoT) anzusehen. Bei diesem Konzept sollen möglichst alle Artefakte internetfähig sein und Daten miteinander austauschen. Auch hier geht es heute vorrangig darum, wie diese Vision ggf. durch geeignete Protokolle ermöglicht wird, um zukünftig den visionierten Datenaustausch zu ermöglichen. Auch hierzu hat das IEC ein Weißbuch veröffentlicht, in dem die notwendige Standardisierung der Kommunikation als Grundlage und Voraussetzung diskutiert wird (2018b). Angestrebt ist hierbei die automatisierte und autonome Auswertung und Verarbeitung dieser Daten, wobei dafür zuerst die Voraussetzung permanent und vollständig vorhandener Daten sowie die geeignete Vernetzung aller Geräte geschaffen werden muss. Das Vordringen so genannter künstlicher Intelligenz (KI) in Produkte oder externalisiert in ‚Cloud'-Anwendungen, d. h. in sehr großen zentralen Rechenzentren, ist ein weiteres der relevanten Themen – hierbei geht es zurzeit entweder um den Einsatz lernfähiger Algorithmen, die anhand vorgegebener Datenmassen ein ‚neuronales Netz' generieren, dass dann ausgehend von einem Input Aussagen erzeugt (bemerkenswert ist, dass die eigentliche Entscheidungsgrundlage der KI damit einem Beobachter verborgen bleibt), oder durch ‚brute force' Algorithmen, die nach festen Mustern Korrelationen in großen Datenmengen suchen (big data). Beiden Ansätzen ist gemein, dass grundsätzlich auf Verstehen, auf Modelle und damit auf Erkenntnisgewinn in einem wissenschaftlichen Sinne verzichtet wird, wie auch auf eine Kommunikation zwischen dem inneren der Maschine und uns Menschen (Bridle 2018). Insbesondere bei KI ist auch die Überprüfbarkeit von Entscheidungen unmöglich. Reale Anwendung finden diese Techniken beispielsweise bei der Entwicklung von autonomen Fahrzeugen. Diese Punkte sind aufgeführt, um zu verdeutlichen, dass für Ingenieurinnen und Ingenieure unterschiedlicher Fachrichtungen digitale Aspekte eher als bekannt, vorhanden und alles Durchdringendes angesehen werden, denn als etwas Neues.

Bei diesen letzten digitalen Aspekten stehen Fragestellungen, die mit Zielen einer Nachhaltigen Entwicklung verbunden sind, nicht in nennenswerter Form im Fokus. Trotzdem sind sie ausgesprochen relevant, da die Durchsetzung dieser Technologien in starkem Maße nahezu alle Aspekte einer Nachhaltigen Entwicklung berührt. Die beeindruckenden Mengen an Ressourcen und Energie für diese Technik stehen dann für andere Projekte nicht mehr zur Verfügung (Exner et al. 2016). Für die mit der Bereitstellung dieser Technik verbundenen Organisationen entstehen hoch-relevante gesellschaftliche und ethische Fragestellungen. In wie weit insbesondere KI dazu dient, unternehmerische und ethische Verantwortung zu externalisieren, ist nicht Gegenstand dieser Untersuchung, siehe aber (Bridle 2018).

Ingenieurs-Kompetenzen für nachhaltige Entwicklung

Die Kernaspekte Nachhaltiger Entwicklung, wie sie mit den SDGs definiert wurden, ist eines der langfristigen Politikziele in Deutschland. Viele Unternehmen bemühen sich, ihre Produkte oder ihr Handeln an Leitplanken oder Strukturen einer nachhaltigen Entwicklung zu orientieren. Die Europäische Union hat als langfristige Ziele viele Elemente Nachhaltiger Entwicklung: Die Rahmen der ErP Richtlinie (2009/125/EG), IED (2010/75/EG) und MCP Richtlinie (EG 2015/2193) erfordern regelmäßige Anpassungen von betroffenen Produkten; absehbar wird es weitere Anforderungen an eine Produktgestaltung für eine ‚Circular Economy' geben, die weite Produktbereiche umfasst. RohS (2011/65/EG) und WEEE (2012/19/EG), wie auch der Rahmen der ReaCH Verordnung (1907/2006) beeinflussen schon heute, wie Ingenieurinnen und Ingenieure den Produkt-Lebenszyklus einzelner Produkte gestalten müssten. Unabhängig davon erwarten Verbraucher von Produkten, dass sie „nachhaltig" sind oder zumindest dies durch entsprechende Labels dokumentieren. Zudem finden sich in vielen Sektoren Unternehmen, die Modelle eines ‚green procurements' durchführen und so ihre Lieferanten zu einem Verhalten zwingen, das international zumindest compliant ist. Compliance bedeutet, dass die geltenden Gesetze eingehalten werden. Zusätzlich von Bedeutung ist hier die Roadmap des deutschen Maschinen- und Anlagenbaus, in der dieser seine Bereitschaft signalisiert, Ziele einer Nachhaltigen Entwicklung – hier Reduktion von Kohlendioxid-Emissionen – umzusetzen (Gerber et al. 2018): Das Dokument analysiert den Raum des Möglichen und der benötigten technischen Entwicklungen, also konkret den Anteil, den dieser Sektor liefern kann. Gleichzeitig formuliert der Bericht auch die benötigten Anforderungen an den regulatorischen Rahmen, also dem benötigten Engagement und den Verpflichtungen (commitment) der Gesellschaft, damit der Anlagenbau seinen Beitrag auch wirtschaftlich tragfähig liefern kann. Damit wird einerseits deutlich, dass die Ingenieurswissenschaften beitragen, wenn die Erwartungen ausreichend klar und nachdrücklich definiert und festgelegt sind, und andererseits dass die Ingenieurswissenschaften grundsätzlich einen Beitrag liefern müssen, um klar formulierten Erwartungen ausreichend gerecht zu werden.

Die Haltung, mit der Ziele einer nachhaltigen Entwicklung aus Ingenieurssicht angegangen werden, kann man charakterisieren. Seager et al. (2012) unterscheidet:

- *Business as usual:* Hier steht Technik-Optimismus im Vordergrund: Ausgangspunkt des Denkens ist die Annahme, dass es immer eine technische Lösung geben wird. Komplexe (boshafte) Probleme werden soweit reduziert und vereinfacht, bis sie sich als Aufgabe einer technischen Entwicklung darstellen. Im Hinblick auf digitale Werkzeuge als Lösungsansätze ist dies detailliert bei Morozov (2013) diskutiert: Aus dieser Haltung und Perspektive ist kein Beitrag zur Lösung boshafter Probleme möglich.
- *Systemisch:* Dies ist ein pragmatischer Ansatz, der grundsätzlich interdisziplinäre Herangehensweise erfordert. In diesem Ansatz eingeschlossen sind Herangehensweise, wie die von Elkington (1994) formulierte ‚Triple Bottom Line' (Profit, people, planet). Damit ist diese Methode voll anschlussfähig zu der aktuellen Herangehensweise der EU. Aufgaben sind dabei direkt als Probleme (im Sinne der VDI 2221-1:2018) verstanden, d. h. technische und gesellschaftliche Abwägungsprozesse sind vorzunehmen.
- *Sustainable engineering science:* Dieser Ansatz ist durch grundlegende Skepsis gegenüber technischen Lösungen geprägt. Transformation zu einer nachhaltigen Entwicklung ist grundsätzlich als boshaftes Problem verstanden, für das es selten technische Lösungen geben kann. Dieses Argument vertieft Huesemann (2011) pessimistisch in Bezug auf den Beitrag fortschrittlichster Technik, wie der Digitalisierung.

Unabhängig davon, welcher dieser Ansätze von angehenden Ingenieurinnen und Ingenieuren konkret bevorzugt wird, erscheint es wichtig, diese Unterscheidung selbst zu vermitteln. Zugleich muss angehenden Ingenieurinnen und Ingenieuren ermöglicht werden, die regulatorischen und gesellschaftlichen Anforderungen nachvollziehen und umsetzen zu können (compliance). Daher ist eine Lehre notwendig, die zumindest zu einem systemischen Handeln befähigt: Diese Herangehensweise stellt den aktuellen politischen Konsens dar, wie er in den oben angegebenen regulatorischen Beispielen dokumentiert ist. Außerdem kann erst auf dieser Ebene die Herangehensweise der Lösungsmethodik für Ingenieure nach VDI 2221-1:2018 wirklich verstanden werden.

Die Kernkritik von Seager et al. (2012) an der systemischen Herangehensweise ist nicht der methodische Rahmen, sondern sie bezieht sich auf die Umsetzung: Eine erste Variante der Herangehensweise ist, dass bisherige Ziele weiter verfolgt werden, diese aber zusätzlich innerhalb eines Nachhaltigkeits-Rahmens (sustainability constraint) verwirklicht werden. Damit sind auch weiterhin finanzielle Aspekte die Treiber der Entwicklung, nur dass jetzt weitere regulatorische Anforderungen durch die Lösung erfüllt werden. Eine weitergehende zweite Variante ist die Methodik unter dem Rahmen einer ‚Triple Bottom Line'; in diesem Rahmen werden neben den rein finanziellen Treibern explizit auch soziale Aspekte und Aspekte der Wechselwirkung mit der (natürlichen) Umwelt mit einbezogen. Dabei geht es hier im Kern um einen Aushandlungsprozess zwischen diesen drei Aspekten, der z. B. in Form einer Risikobetrachtung gestaltet werden kann. Im Ergebnis stehen dann Produkte, die effizienter hergestellt oder genutzt werden oder weniger schlecht im Hinblick auf ihre Umweltauswirkung sind und so einzeln sehr wohl einen Beitrag zu Zielen einer Nachhaltigen Entwicklung leisten, da sie weniger schädliche Umweltauswirkungen aufweisen. Skaleneffekte, die in der Betrachtung nicht berücksichtigt werden, können den Beitrag dann verringern oder sogar umkehren – als Stichwort ist hier der Jevons-Effekt zu nennen (Hall und Klitgaard 2018). Heute findet man in Ingenieurs-Fachbereichen alle drei Haltungen vertreten. Dadurch ist die Entwicklung eines konsistenten Curriculums durch die Fachbereiche allein, ohne Anstoß von außen und rein konsensbasiert selten möglich, da diese Haltungen sich z.T. diametral entgegenstehen.

Ingenieurs-Entscheidungen sind auch ethische Entscheidungen. Sie sind es dann, wenn die Sicherheit, die von einem Produkt ausgehenden Gefährdungen, das mit dem Produkt verbundene Risiko oder die Umweltauswirkung eines Produktes durch die Entscheidung beeinflusst werden. Als Umweltauswirkung verwenden wir hier die Definition der DIN EN ISO 14001:

> „jede Veränderung der Umwelt (Umgebung, in der eine Organisation tätig ist, dazu gehören Luft, Wasser, Boden, natürliche Ressourcen, Flora, Fauna, Menschen und deren wechselseitigen Beziehungen), ob ungünstig oder günstig, die sich ganz oder teilweise aus Umweltaspekten (Bestandteile der Tätigkeiten oder Produkte oder Dienstleistungen einer Organisation, der auf die Umwelt einwirken kann) einer Organisation ergibt."

Für Ingenieurinnen und Ingenieure verschaffen die vom VDI 2002 entwickelten Ethischen Grundsätze des Ingenieursberufs Klarheit. Diese definieren klar den Verantwortungsbereich der Ingenieurin und des Ingenieurs für seine eigenen Entscheidungen. Ergänzt werden muss, dass es hier in der Ingenieurs-Ethik ein klares Verständnis gibt, dass ethische Entscheidungen grundsätzlich nicht an Artefakte delegierbar sind (Jonas 2003), auch wenn dies offensichtlich in einigen Sektoren, wie der digitalen Plattform-Ökonomie und für autonome PKW gerade anders ausprobiert wird. Artefakte umfasst dabei natürlich auch Software einschließlich ‚lernfähiger' Systeme und KI. Zu untersuchen ist, inwieweit die Auseinandersetzung der angehenden Ingenieurinnen und Ingenieure mit Ethik, mit ihrer Rolle, mit ihrem Gestaltungsraum und ihrer Verantwortung in interdisziplinäre Begleitfächer ausgelagert werden kann, oder ob dies eines der Kernelemente einer Ingenieursausbildung ist (Linow 2019b).

Viele Aspekte moderner Technik sind sowohl von gesellschaftlicher, als auch von technischer Seite her zu betrachten: Technische Lösungen können aus rein technischer Sicht sinnvoll, machbar und gewollt sein. Die Lösungen können einen guten und klaren Beitrag zu Energiewende, zu Nachhaltiger Entwicklung, zur Ressourcenschonung, zur Vermeidung von Umweltauswirkungen haben. Zugleich können solche Lösungen aus gesellschaftlicher Sicht unerwünscht sein. Entweder, weil sie einen tatsächlichen und messbaren Nachteil für relevante Teile der Gesellschaft haben oder weil sie vielleicht diffusen oder unklaren Erwartungen an Technik nicht entsprechen. Ingenieurinnen und Ingenieure sollen in der Lage sein, technische Lösungen im Hinblick auf ihre gewollten und ungewollten Umweltauswirkungen hin zu bewerten – dies ist eine Kernkompetenz, die z. B. mit Konstruktionsmethodik erworben werden sollte. Andererseits sollen sie erkennen, wo organisatorische oder gesellschaftliche Aspekte von vorrangiger

Bedeutung sind, oder wo gar eine technisch basierte Entscheidung zu vermeiden ist. In welchem Maße digitale Lösungen dabei zur Nachhaltigen Entwicklung beitragen können, ist in der Abb. 9.2 illustriert. Die Kriterien und Argumente gehen aus der nachfolgenden Diskussion zu den Aspekten technischer Entwicklung hervor.

Die materielle Gestaltung einer Nachhaltigen Entwicklung innerhalb planetarer Grenzen (Steffen et al. 2016) basiert auf den drei miteinander verwobenen grundsätzlichen Paradigmen der Konsistenz, der Suffizienz und der Effizienz (Heyen et al. 2013). Diese Paradigmen sind aus der Ingenieursperspektive zu betrachten:

Effizienz hat als Kernfrage, wie kann ich ein Produkt so herstellen oder betreiben, dass ich dafür möglichst wenige Ressourcen benötige. Effizienz kann grundsätzlich als der Motor der Entwicklung des Maschinenbaus angesehen werden: Newcomens Dampfmaschine von 1712 war ökonomisch nur in einer Kohlemine tragbar, da sie dort direkt an ihrer Energiequelle arbeitete und die vergleichsweise hohen Kosten für Tierfutter vermied. Die Dampfmaschine musste viel effizienter werden, um sie überhaupt an anderen Orten und für andere Aufgaben einsetzen zu können. Dafür musste die Mechanik verstanden werden, es mussten Maschinenelemente entwickelt und zuverlässig gefertigt werden, Werkstoffe mussten verstanden und in ausreichender Qualität hergestellt werden. Die Wärmelehre entwickelte sich aus der Frage, wie die Dampfmaschine mit

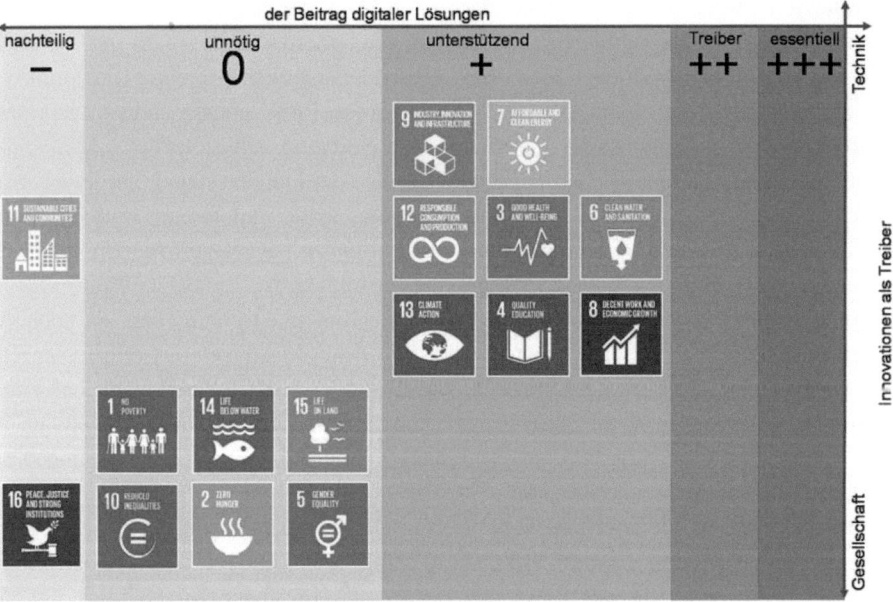

Abb. 9.2 Portfolio der SDGs: Bewertet ist, in welchem Maße digitale Lösungen zur Umsetzung der jeweiligen SDGs im Allgemeinen beitragen, sowie ob für die Umsetzung eher technische oder eher gesellschaftliche Innovationen benötigt werden

der maximal möglichen Effizienz zu konzipieren ist. Mit der Lösung dieser Fragen entstand unser heutiges Verständnis des Ingenieurs und aus einem Wirkungsgrad der ersten Dampfmaschine von 0,001 wurde der Wirkungsgrad aktueller Dampfkraftwerke von 0,40 und nahe am thermodynamisch möglichen Maximum. Für diese Effizienzsteigerung um den Faktor 400 wurden 270 Jahre benötigt, dies ist der übliche Entwicklungsrahmen von Technik außerhalb der Mikroelektronik. Nur in der Mikroelektronik wird schnelles exponentielles Wachstum der Leistung beobachtet (Moores Gesetz). Mit dem Erfolg der technischen Entwicklung durch die Dampfmaschine wurden aber in alle Segmenten der Technik zugleich Economies of Scale möglich, die erhebliche weitere Steigerungen der Effizienz der Prozesse erlauben – siehe Smil (2016). Damit ist die Kernaussage hier, dass Ingenieurinnen und Ingenieure Effizienz können. Effizienz muss nicht zusätzlich eingeführt werden, denn sie ist ein durchgängiges Leitthema ihrer Ausbildung. Heute ist Effizienz dabei zumeist bezogen auf finanzielle Kosten und benötigte Zeit, Zielvorgaben aus anderen Bereichen stellen jedoch keine Hürde im Sinne einer neuen oder anderen Kompetenz dar. Effizienzmaximierung ist sicher ein Problem im Sinne der VDI 2221-1, jedoch oft kein boshaftes Problem im eigentlichen Sinne. Abschließend wird deutlich, dass Effizienz alleine nicht die Probleme lösen wird, die sie erzeugt hat.

Konsistenz meint das Handeln in abgegrenzten Stoffströmen also die Frage: Wie kann ich dafür sorgen, dass ich stoffliche Ressourcen immer wieder verwenden kann, um letztendlich keine neuen extrahieren zu müssen? Biologische Stoffe können in ein Produkt integriert werden, sollen am Nutzungsende aber möglichst ohne Verluste zurück in die Biosphäre fließen. Technische Stoffe fließen in eigenen soweit möglich geschlossenen Kreisläufen: Das Vermischen der Ströme wird vermieden (um Kontamination und damit Verluste von Stoffen zu vermeiden) und eine möglichst vollständige Wiederverwendung von Komponenten oder Material am Lebensende gelingt (Exner et al. 2016). Dies ist das Ziel der EU-Initiative zur Circular Economy. Diese Denkmethode ist in den heutigen Curricula oft nicht verankert. Hinweise tauchen je nach Interesse des Lehrenden in einigen Modulen auf. Zu diesen Begriffen der Materialkreisläufe kommen weitere relevante methodische Anforderungen hinzu:

- Produkte sollen eine möglichst lange Lebensdauer aufweisen und dafür ausreichend robust ausgelegt werden.
- Um die Lebensdauer zu erhöhen, sollen sie (vollständig) reparierbar gestaltet werden.
- Aktualisierungen und Erweiterungen (Upgrades) für neue Funktionen sollen möglich sein.
- Das Produkt soll entweder als Ganzes oder seine Komponenten sollen soweit möglich am Nutzungsende einer neuen Nutzung zugeführt werden können.
- Produkte müssen dafür leicht zerlegbar gestaltet werden.
- Hierbei soll die Zerlegbarkeit nicht zerstörend erfolgen, damit Komponenten wiederverwendet werden können.

Am Ende der Zerlegung sollen wenn möglich Komponenten aus einem klar identifizierten Material stehen, das problemlos und verlustfrei stofflich wiederverwendet werden kann (Europäische Kommission 2015).

Auf den ersten Blick wirken diese Forderungen einfach und scheinen einfach methodisch in das üblich von Ingenieurinnen und Ingenieuren gekonnte zu integrieren sein. Dies ist nicht der Fall: Ernsthafte Konsistenz verlangt eine andere Herangehensweise bei der Materialauswahl, sie verlangt ein anderes Produktdesign, sie erfordert andere Geschäftsmodelle, die aktuell nur über regulatorische Vorgaben lebensfähig werden. Konsequent gedacht erfolgt eine durchgängige Standardisierung von vielen Komponenten und technischem Material, also die Reduktion der Materialvielfalt. Es entstehen neue Abwägungsprozesse, da die Ziele von Effizienz und Konsistenz sich widersprechen können. Hier wird für eine Umsetzung durch Ingenieure eine Methodik benötigt, die boshafte Probleme adressieren kann.

Suffizienz ist, wie Heyen et al. (2013) argumentieren, zuerst eine gesellschaftliche Frage, die wie Grunwald (2010) insistiert, nicht privat gelöst wird. Ihre Kernfrage ist: Welche Produkte werden wirklich benötigt? Die gesellschaftlich notwendige Rückführung auf eine viel kleinere Menge an Produkten, die tatsächlich für den Fortbestand der Gesellschaft, für materielles Auskommen und ein Gutes Leben benötigt werden – und damit die Ziele der SDGs wiederspiegelt, benötigt wieder Ingenieurinnen und Ingenieure, denn solche Produkte sind zu gestalten. Allerdings setzt dies weitere neue Denkmuster voraus, die so heute nicht vermittelt werden: Suffizienz führt direkt zu boshaften Problemen, bei denen gesellschaftliche und technische Ebenen tief ineinander greifen.

Wie bereits für die Diskussion zur Haltung argumentiert, so ist auch zu den Paradigmen einer nachhaltigen Entwicklung, bzw. zur Frage, in welchem Rahmen und in welcher Gewichtung diese Paradigmen in eine Ingenieursausbildung einfließen soll, in klassischen Fachbereichen kaum ein Konsens zu entwickeln. Die persönliche Haltung (s. o.) erlaubt vielen Akteuren nicht die Beschäftigung mit allen drei Paradigmen. Dies wäre aber die Grundvoraussetzung für eine Lehre. Gleichzeitig ist es eine Haltungsfrage des Einzelnen, ob Ingenieursaufgaben einfach interdisziplinär verstanden werden und der gesellschaftliche oder organisatorische Zusammenhang gerne hergestellt wird, oder ob eine andere als rein technische Betrachtung als dem Ingenieur nicht angemessen angesehen ist. Die zweite Position kann mit einer tiefen Skepsis gegenüber allen nicht-technischen Problembetrachtungen, Methoden oder Denkweisen verbunden sein.

In den SDGs 9 und 11 wird darüber hinaus konkret **Resilienz** als Ziel benannt: Es sollen Industrie, Infrastruktur, Städte und Siedlungen resilient gestaltet werden. Resilienz wird verstanden als eine Kombination aus unterschiedlichen Eigenschaften, die insgesamt dafür sorgen, dass ein Extremereignis nicht zu einem langanhaltenden Desaster wird. Technische Beiträge zu Resilienz sind (Linow 2020)

- die Auswirkungen eines Unglückes antizipieren und geeignet auf das Eintreten vorbereitet sein, sei es durch inhärent ausreichend widerstandsfähige Systeme oder durch flexible und nachgiebige Systeme,
- besonders verwundbare Elemente geeignet sichern, vorbereiten und außerhalb besonders gefährdeter Zonen platzieren,
- rechtzeitiges Ausweichen ermöglichen, Möglichkeiten für Schutz schaffen,
- die Fähigkeit, nach einem Unglück schnell essentielle Dienste und Handlungen wieder aufnehmen zu können,
- sowie schnelle notwendige Hilfe für alle Betroffenen ermöglichen.

Digitale Werkzeuge ermöglichen Monitoring, Vorhersagen und Abschätzungen, sie können Gemeinschaften schnell und genau warnen. Liegen Daten vor, so können digitale Werkzeuge bei der Verteilung und Zuordnung von Ressourcen für die Hilfe nach dem Unglück eingesetzt werden. In diesem Sinne sind digitale Werkzeuge wesentliche Elemente für Resilienz. Digitale Werkzeuge setzen eine ununterbrochene stabile und ausreichende Versorgung mit Elektrizität voraus, sie setzen Integrität der digitalen Kommunikationskanäle, der notwendigen Sensoren und Elemente des Systems voraus. Elektronische Infrastruktur muss dauerhaft trocken und in einem engen Temperaturbereich gehalten werden. Fallen Elemente aus, so muss zuerst die elektrische Infrastruktur wiederhergestellt werden, danach die digitale Infrastruktur neu in Betrieb gesetzt werden. Sind lernfähige Systeme betroffen, so müssen diese ggf. erst einmal nachtrainiert werden. Erst danach sind digitale Werkzeuge wieder handlungsfähig. Damit binden digitale Werkzeuge im entscheidenden Zeitraum direkt nach einem Unglück die Ressourcen, die eigentlich dringend für essentielle Handlungen und Dienste (Versorgung von Verletzten, Trinkwasser, Nahrung, Obdach, Ordnung) benötigt werden, ohne selbst zur direkten Versorgung beizutragen. Im Unglücksgebiet wird einfache, robuste, zuverlässige unabhängige Technik benötigt, die von Laien bedient werden kann. Wie Thierney (2014) darlegt, stellt es für Organisationen auch im technologischen Bereich eine große Herausforderung dar, sich geeignet mit relevanten Risiken oder Unglücken auseinanderzusetzen. Auch angehende Ingenieurinnen und Ingenieure beschäftigen sich im Bachelorstudium selten mit dem Antizipieren von grundlegenden Gefährdungen oder Risiken, die relevante oder große Teile einer Infrastruktur ausschalten können. Der Abwägungsprozess zwischen benötigter resilienter Infrastruktur und dem Maß an Digitalisierung stellt sich als ein boshaftes Problem dar, da hier widersprüchliche Ziele kollidieren.

Schnittmenge zwischen digitalen Werkzeugen und Ingenieurskompetenzen für NE

Heute ist ein heller, überbordender Optimismus im Hinblick auf das Lösungspotential von Digitalisierung für Nachhaltige Entwicklung zu beobachten – exemplarisch genannt sei BMWI (2015).

Üblich werden durch den Einsatz von Digitalisierung im aktuellen technischen Umfeld weitere Effizienzsteigerungen erwartet, siehe BMWI (2015) und IEC (2018a, b). Hierbei erfordert Digitalisierung durchaus eine Veränderung, diese ist jedoch nicht als eine Veränderung im Sinne der großen Transformation als Ausrichtung auf die SDGs verstanden, sondern als die totale Akzeptanz und Teilhabe in der mit der Digitalisierung üblichen Plattform-Ökonomie – zu diesem Gedanken, siehe Lange und Santarius (2018) oder auch Nachtwey und Seidl (2017). Auch der Ansatz einer Industrie 4.0 kann unter den drei Paradigmen nur in Effizienz-Steigerung eingeordnet werden: Erwartungen sind mit der Verringerung des spezifischen Energie- und Materialverbrauchs je gefertigter Einheit verbunden (IEC 2018a), wobei oft die gewählte Systemgrenze bereits die Aufwände für die digitalen Werkzeuge außen vor lässt. Die damit verbundenen digitalen Werkzeuge und ggf. zusätzlich benötigten Kompetenzen in der Lehre sind grundsätzlich im Hinblick auf ihre Aufnahme in ein Curriculum zu untersuchen, allerdings nicht im Rahmen der Fragestellung, die hier untersucht wird, da keine klare Verbindung zu einer Umsetzung der SDGs hergestellt werden kann – es ist Business as Usual.

Anders stellt sich dies im Hinblick auf die Energiewende dar: Energiewende ist grundsätzlich der Versuch einer konsistenten Gestaltung der Bereitstellung von Energie bei Minimierung der schädlichen Umweltauswirkungen und innerhalb planetarer Grenzen, also SDGs 7, 9, 13–15. Für die Steuerung der Nachfrage, die Optimierung des Angebotes oder die Verknüpfung der Akteure werden digitale Werkzeuge benötigt, die heute entwickelt und in unterschiedlichen Stadien der Erprobung oder Verwendung sind. Eine gestaltende Beschäftigung mit der Energiewende in einem konsistenten Sinne setzt in der Regel eine systemische Haltung voraus. Zur erfolgreichen Bewältigung der Energiewende geht es dabei weniger um den verstärkten Einsatz digitaler Werkzeuge zur technischen Problemlösung, diese sind vorhanden und genutzt. Im Fokus steht die Entwicklung von Werkzeugen, mit denen die zunehmende Komplexität der zunehmend kleinteiligen und lokalen Erzeugung, ggf. Speicherung, Umwandlung und ggf. erzeugungsorientierter Nutzung von Energie gesteuert werden kann. Digitale Werkzeuge unterstützen diesen Prozess als wesentliche Elemente.

Als Beispiel für ein weiteres unterstützendes Werkzeug, hier für SDGs 3, 6, 12, sowie 14 und 15, sind digital abgebildete Lieferketten anzusehen: Ausgehend von den Anforderungen der ReaCH Verordnung hat sich in der Automobil-Industrie das International Material Data System (IMDS) entwickelt. Dies ist ein Cloud-basiertes System, in dem fast alle Teilnehmer der gesamten internationalen automobilen Wertschöpfungskette zu allen Produkten im Sinne Art. 33 ReaCH die Inhaltsstoffe hinterlegen, so dass diese für jedes Zwischen- und Endprodukt aggregiert werden können. Dieses Big-Data System liefert zuerst einen Beitrag zu Risikominderung, in dem auf diesem Wege alle in der Global Automotive Declarable Substances List (GADSL) enthaltenen Stoffe erfasst werden und eindeutig Komponente und Hersteller zugeordnet werden können. Stoffe werden in der GADSL aufgenommen, wenn sie in einem Land regulatorisch betrachtet werden. Dieses System bietet zusätzlich zukünftig die Möglichkeit, die Materialverwendung in dem Sektor konsistent zu gestalten, sei es durch freiwillige Vereinbarungen der Teilnehmer oder durch regulatorischen Druck. Gleichzeitig ist das System im Kern-Handlungsbereich vieler Ingenieurinnen und Ingenieure angesiedelt. Andere Sektoren suchen zurzeit ähnliche digitale Lösungen. Im Hinblick auf die grundlegenden Methoden der Circular Economy können Sektor-übergreifende Datenbank-Systeme einen relevanten Beitrag liefern. Solche Datenbank-Systeme sollten aus Ingenieurssicht mit den üblichen heute im Studium vermittelten Kompetenzen weiterentwickelt oder verwendet werden können.

Von großer Bedeutung für viele Tätigkeiten der Abb. 9.1 sind digitale Kommunikationsmittel. Diese Werkzeuge ermöglichen im Projekte und Zusammenarbeit in einem internationalen Rahmen, sie sind inzwischen Voraussetzung für große technische Projekte und komplexe Abstimmungen über viele Partner hinweg. Daneben leisten sie im besten Falle einen wichtigen Beitrag zum interkulturellen und internationalen globalen Austausch – siehe aber Bridle (2018) für ungewollte Effekte. Diese Werkzeuge ermöglichen jedem Beteiligten einen direkteren unverstellten Blick in andere Regionen oder Kulturen, dies kann die Auseinandersetzung mit dem Zustand der Welt und den SDGs fördern. Ansätze zur Nutzung dieser Werkzeuge werden im Studium vermittelt. Kommunikationskompetenz ist ein Stück weit auch digitale Kompetenz. Die vermittelten Inhalte sind jedoch als stark vom jeweiligen Lehrpersonal, seinen Erfahrungen und seiner persönlichen Haltung abhängig einzuschätzen.

Konkrete Kompetenzen im Curriculum

Ausgehend von den Diskussionen des vorherigen Abschnittes lassen sich konkrete Kompetenzen im Schnittbereich zwischen nachhaltiger Entwicklung und der Verwendung digitaler Werkzeuge dafür entwickeln, die grundsätzlich in die Ingenieursausbildung zu integrieren sind. Diese lassen sich gliedern

- in konkrete Kompetenzen, die in einer Eingangsphase zu verankern sind, da sie durchgängig in der Ausbildung benötigt werden oder das Selbstverständnis von Ingenieurinnen und Ingenieuren definieren,
- Kompetenzen, die abhängig sind vom angestrebten Abschluss, also Bachelor oder Master, sowie
- Kompetenzen, die entweder klar einem Modul zugeordnet werden können oder die als Querschnittskompetenz sich durch das Studium ziehen sollen.

Durch die tiefgehende und feste Verankerung vieler digitaler Werkzeuge als Teil des rechnergestützten Entwickelns (CAx) im Studium erwerben Ingenieurinnen und Ingenieure bereits im Bachelor-Studium viele relevante digitale Kompetenzen. Diese digitalen Kompetenzen können sie dann für konkrete Probleme nachhaltiger Entwicklung, im Rahmen einer geeigneten Haltung und für die benötigten Paradigmen Konsistenz und Suffizienz übertragen und einsetzen.

Ein durchgehendes Thema im Umgang mit allen Methoden und Kompetenzen, die in einem Studium vermittelt werden, und damit auch für digitale Werkzeuge, ist die Frage, ob das konkrete Werkzeug für das Problem geeignet ist und ob die Möglichkeiten oder Ergebnisse zur Lösung beitragen. Aufgrund des kurzen Zeitrahmens eines Bachelor-Studiums und da oft konkrete Erfahrungen fehlen, können hier nur erste Ansätze vermittelt werden. Oft wird diese Auswahlkompetenz erst mit Lebenserfahrung verbunden erworben.

Aus diesen Argumenten folgt nun ein Katalog an konkreten Kompetenzen als Vorschlag. Dieser Katalog folgt dem Weg durch das Studium. In der Eingangsphase des Bachelorstudiums sollen Studentinnen und Studenten sich wichtige grundlegende Konzepte aneignen, Sie sollen

1. eine Aufgabenstellung als Aufgabe, Problem oder boshaftes Problem identifizieren können;
2. grundlegende Begriffe der nachhaltigen Entwicklung und relevante Ingenieurs-Konzepte selbst in Projekten anwenden können: Zentrale Begriffe umfassen Umweltauswirkung, gewollte Umweltauswirkung, ungewollte Umweltauswirkung, Risiko, Lebensweg, Vorsorgeprinzip und Risikobetrachtung, Lebenswegbetrachtung, Resilienz (SDG 9 und 11);
3. grundlegende Konzepte im Bereich Circular Economy (SDG 9 und 12) in eine Konstruktionsaufgabe mit einbeziehen können. Diese umfassen Lebensdauer, Reparierbarkeit, Upgrade, Wiederverwendung, Verwendung gebrauchter Komponenten, Wiederverwertung, Recycling;
4. Energiewende (SDG 7) und Klimaänderung (SDG 13) als technische und gesellschaftliche Herausforderung in die eigene Ingenieursverantwortung einbeziehen;
5. die ethischen Grundlagen des Ingenieursberufes für das eigenen Handeln anwenden, Verantwortung übernehmen, relevante Begriffe benutzen (alle SDGs).

Bis zum Ende des Bachelorstudiums sollen sie zusätzliche Kompetenzen erwerben. Diese sind

6. die Risikobetrachtung als Methode der sicheren Produktgestaltung anwenden (SDGs 6, 9 bis 15);
7. Energie als Grundlage unserer Zivilisation erkennen (SDG 7) und energetische Betrachtungen für die Analyse von boshaften Problemen anwenden können. Erfolgen kann dies z. B. in dem die Ingenieurs-Thermodynamik ergänzt wird um Grundlagen

zur Energiewandlung, zu Energierohstoffen, um eine Analyse des Systems Erde und eine tiefere Anwendung des zweiten Hauptsatzes. Dies wird vertieft in Linow (2019a).

Bis zum Ende des Master-Studiums sollen die oben bereits genannten vertieft werden. Zusätzlich sollen als weitere Kompetenzen vermittelt werden

8. die Lebenswegbetrachtung als systemische Methode anwenden: i) was ist der Lebensweg eines Produktes? ii) was sind relevante Systemgrenzen? iii) welche relevanten Kennzahlen helfen? Bewerten können, ob eine vorliegende Analyse geeignet, zielgerichtet und sinnvoll ist;
9. die Risikobetrachtung sicher anwenden und selbst bewerten können, ob eine vorliegende Risikobetrachtung vollständig und angemessen ist. Damit bewerten können, ob Produkte sicher im Hinblick auf Ziele und Umweltauswirkungen gestaltet sind;
10. relevante Regularien und insbesondere Normen anwenden können;
11. das methodische Einbeziehen von Anforderungen an umweltbewusstes Design in die Produktgestaltung können;
12. das Handeln als Ingenieurin und Ingenieur im globalen, interkulturellen Kontext und unter Verwendung von ökologischen und sozialen Aspekten sicher gestalten können.

Auslagern dieser Teile des Curriculums?

An der Hochschule Darmstadt besteht seit Langem das Darmstädter Modell, welches vorsieht, dass alle Studentinnen und Studenten zusätzlich zu ihrem fachlichen Curriculum Kurse in einem Sozial- und Kulturwissenschaftlichen Bereich absolvieren müssen. Diese Kurse finden bewusst außerhalb der technischen Fachbereiche statt. Sie sollen zur Persönlichkeitsbildung beitragen, allgemeine methodische Kompetenzen für den Berufsstart erfahrbar machen, aber auch einen reflektierten Umgang mit den kulturellen Normen der Gesellschaft bis hin zu den Anforderungen aus dem Leitbild der Nachhaltigen Entwicklung vermitteln.

Grundsätzlich könnte argumentiert werden, dass damit der Vermittlung gesellschaftlicher Aspekte, Grundlagen nachhaltiger Entwicklung, Ingenieursethik usw. genüge getan sei. Im besten Falle können diese sozial- und kulturwissenschaftlichen-Kurse (SuK) hier einen guten Beitrag leisten, insbesondere wenn diese Kurse mit einer offenen Haltung besucht werden. Auf der anderen Seite geht es bei den hier vorgestellten Kompetenzen eben nicht um ein Hinzufügen von Extracurricularem im Sinne einer Menschenbildung, sondern diese Kompetenzen sind als Kern der Ingenieursausbildung selbst zu verstehen. Damit diese Kompetenzen also bei angehenden Ingenieurinnen und Ingenieuren mit angemessener Bedeutung verortet werden, müssen sie im eigentlichen Kernstudium vermittelt werden. Ziel muss es sein, dass diese Kompetenzen im konkreten technischen Rahmen diskutiert und vermittelt werden und dies durch Personen, die selbst möglichst authentisch boshafte Probleme aus der gelebten Ingenieurspraxis darstellen können (Linow 2019b).

Zusammenfassung und Ausblick

Dieser Aufsatz diskutiert verschiedene Aspekte zum Stand der Vermittlung digitaler Kompetenzen im Ingenieurstudium im Zusammenhang mit den Zielen Nachhaltiger Entwicklung, wobei der implizite Schwerpunkt zwar im Maschinenbau liegt, dies aber für andere Ingenieurswissenschaften generalisiert werden kann. Als Schlussfolgerungen werden deutlich:

- In der Zukunft werden Ingenieurinnen und Ingenieure vor heute nicht absehbaren boshaften Problemen stehen. Sie sollen zumindest den technischen Teil von möglichen Lösungen entwickeln und bewerten können. Gleichzeitig müssen sie um ihre gesellschaftliche Verantwortung und damit um das Wirken Ihrer Arbeit in die Gesellschaft hinein wissen. Dafür müssen sie ausgebildet werden.
- Insbesondere in der Umsetzung der SDGs, der Verwirklichung der Energiewende oder dem Umgang mit der Erderwärmung wird ein bloßes ‚Weiter so' auch in der Ingenieurs-Ausbildung nicht möglich sein. Hierfür müssen diese Themen heute im Studium methodisch vorbereitet werden.
- Damit die jetzt Ausgebildeten zukünftig gut handeln können, darf es zugleich keine Abstriche in der fachlichen Ausbildung geben: Auch wenn rechnergestützte Methoden selbst eine große Arbeitserleichterung darstellen, so geht damit zugleich einher, dass Produkte komplexer geworden sind und die (technischen) Herausforderungen damit nicht geringer worden sind, die zukünftige Ingenieurinnen und Ingenieure bearbeiten werden. Sie setzen weiterhin ein sehr solides Fachwissen und hohe Methodenkompetenz voraus.
- Es wird deutlich, dass angehenden Ingenieurinnen und Ingenieuren seit Langem eine Vielzahl an digitalen Kompetenzen vermittelt werden und sie mit der aktuellen Ingenieursausbildung damit als zukunftsfähig angesehen werden können.
- Weiter wird jedoch auch klar, dass der Übergang zu einer Ausbildung, welche zukünftige Ingenieurinnen und Ingenieure dazu befähigt gesellschaftlich, technisch und ökologisch nachhaltig zu handeln, noch erheblicher Weiterentwicklungen bedarf und im Spannungsfeld von Politik, Wirtschaft und Gesellschaft nur gelöst werden kann, wenn dies als ganzheitliche, interdisziplinäre und gemeinschaftliche Aufgabe verstanden wird.
- Fachbereiche können aufgrund weit unterschiedlicher Haltungen selber nicht in der Lage sein, diese notwendige Veränderung umzusetzen, hier kann und soll die Gesellschaft von außen konkrete Erwartungen und Handlungsempfehlungen geben.

Die hier identifizierten Kompetenzen stellen daher einen Vorschlag zur Einbindung nachhaltiger Entwicklung, konkret gedacht als SDGs, in die Kern-Ingenieurs-Ausbildung dar. Das Profil der Ingenieurinnen und Ingenieure soll dabei im Hinblick auf den eigenen Gestaltungsraum, die eigene ethische Verantwortung und die mit den eigenen Entscheidungen verbundenen Umweltauswirkungen gestärkt werden.

Der Prozess und die Entwicklungen, die hierzu im Fachbereich Maschinenbau und Kunststofftechnik an der Hochschule Darmstadt aktuell vorangetrieben werden, sind aufgrund dieser Argumente nicht nur als sinnvoll, sondern auch als dringend notwendig einzuschätzen.

Literatur

Bizer, K., & Führ, M. (2014). *Praktisches Vorgehen in der interdisziplinären Institutionenanalyse – Ein Kompaktleitfaden. sofia-Diskussionsbeiträge zur Institutionenanalyse Nr. 14-7*. Darmstadt: Sonderforschungsgruppe Institutionenanalyse.

BMWI. (2015). Industrie 4.0 und Digitale Wirtschaft. Impulse für Wachstum, Beschäftigung und Innovation. Berlin. https://www.bmwi.de/Redaktion/DE/Publikationen/Industrie/industrie-4-0-und-digitale-wirtschaft.html.

Bridle, J. (2018). *New dark age. Technology and the end of the future*. London: Verso.

DIN EN ISO 14001:2009. Umweltmanagementsysteme – Anforderungen mit Anleitung zur Anwendung.

Elkington, J. (1994). Towards the sustainable corporation: Win-Win-Win business strategies for sustainable development. *California Management Review, 36*, 90–100.

Europäische Kommission. (2015). Den Kreislauf schließen – Ein Aktionsplan der EU für die Kreislaufwirtschaft. COM(2015) 614 final. Europäische Kommission, Brüssel. https://ec.europa.eu/transparency/regdoc/rep/1/2015/DE/1-2015-614-DE-F1-1.PDF.

Exner, A., Held, M., & Kümmerer, K. (2016). *Kritische Metalle in der Großen Transformation*. Berlin: Springer.

GADSL. https://www.gadsl.org/.

Gerbert, P., et al. (2018). Klimapfade für Deutschland. https://bdi.eu/publikation/news/klimapfade-fuer-deutschland/.

Grunwald, A. (2010). Wider die Privatisierung der Nachhaltigkeit. Warum ökologisch korrekter Konsum die Umwelt nicht retten kann. *Gaia, 19*, 178–182.

Hall, C. A. S., & Klitgaard, K. (2018). *Energy and the wealth of nations. An introduction to biophysical economics*. Cham: Springer.

Heyen, D. A., et al. (2013). *Mehr als nur weniger. Suffizienz: Notwendigkeit und Optionen politischer Gestaltung*. Öko Institut Working Paper 3/2013.

Hubig, C. (1993). *Technik- und Wissenschaftsethik: Ein Leitfaden*. Berlin: Springer.

Huesemann, M., & Huesemann, J. (2011). *Tech no-fix. Why technology won't save us or the environment*. Gabriola: New Society Publishers.

Jonas, H. (2003). *Das Prinzip Verantwortung*. Frankfurt: Suhrkamp.

IEC. (Hrsg.). (2018a). IEC white paper: Factory of the future. Geneva. https://basecamp.iec.ch/download/iec-white-paper-factory-of-the-future/.

IEC. (Hrsg.). (2018b). IEC white paper: IoT 2020: Smart and secure IoT platform. Geneva. https://basecamp.iec.ch/download/iec-white-paper-iot-2020-smart-and-secure-iot-platform/.

IMDS. https://www.mdsystem.com/.

Lange, S., & Santarius, T. (2018). *Smarte grüne Welt? Digitalisierung zwischen Überwachung, Konsum und Nachhaltigkeit*. München: Oekom.

Linow, S. (2019a). *Energie – Klima – Ressourcen. Quenatitative Methoden zur Lösungsbewertung von Energiesystemen*. München: Hanser.

Linow, S. (2019b). Integrating climate change competencies into mechanical engineering education. In W. Leal Filho & S. L. Hemstock (Hrsg.), *Climate change and the role of education*. Cham: Springer.

Linow, S. (2020). Creating resilience, minimizing vulnerability of communities. In W. Leal Filho et al. (Hrsg.), *Affordable and clean energy, encyclopedia of the UN sustainable development goals*. Cham: Springer.

Morozov, E. (2013). *To save everything, click here: The folly of technological solutionism*. PublicAffairs.

Nachtwey, O., & Seidl, T. (2017). *Die Ethik der Solution und der Geist des digitalen Kapitalismus*. IfS Working Paper #11. Frankfurt am Main: Institut für Sozialforschung. http://www.ifs.uni-frankfurt.de/wp-content/uploads/IfS-WP-11.pdf.

Orloff, M. A. (2006). *Grundlagen der klassischen TRIZ: Ein praktisches Lehrbuch des erfinderischen Denkens für Ingenieure*. Berlin: Springer.

Rittel, H. W. J., & Webber, M. M. (1973). Dilemmas in a general theory of planning. *Policy Sciences, 4,* 155–169.

Seager, T., Selinger, E., & Wiek, A. (2012). Sustainable engineering science for resolving wicked problems. *Journal of Agricultural and Environmental Ethics, 25,* 467–484.

Smil, V. (2016). *Still the iron age. Iron and steel in the modern world*. San Diego: Elsevier.

Smil, V. (2017). *Energy and civilization. A history*. Cambridge: MIT Press.

Steffen, W., et al. (2016). Planetary boundaries: Guiding human development on a changing planet. *Science, 347,* 736.

Thierney, K. (2014). *The social roots of risk, producing disasters, promoting resilience*. Stanford: Stanford University Press.

United Nations. (2015). Transforming our world: The 2030 agenda for sustainable development, (Agenda 2030). New York.

VDI. (Hrsg.). (2002). Ethische Grundsätze des Ingenieurberufs. Düsseldorf. https://www.vdi.de/fileadmin/media/content/hg/16.pdf.

VDI 2221-1:2018. Entwicklung technischer Produkte und Systeme – Modell der Produktentwicklung. Entwurf.

Wissenschaftlicher Beirat der Bundesregierung Globale Umweltveränderungen. (2011). *Hauptgutachten – Welt im Wandel Gesellschaftsvertrag für eine Große Transformation*. Berlin: Wissenschaftlicher Beirat der Bundesregierung Globale Umweltveränderungen.

10

Hochschule als digitale Heterotopie: (Organisations-)Bildung für nachhaltige Entwicklung

Susanne Maria Weber, Marc-André Heidelmann und Tobias Klös

Gestaltbare Digitalisierung als diskursives Projekt: Dem ‚Digitalen Momentum' auf der Spur

Das Verhältnis von Nachhaltigkeit und Digitalisierung wird zum diskursiven Projekt, insofern weder die 17 Sustainable Devolopment Goals (SDGs) noch die ‚Agenda 2030' (UN 2015) diesen Zusammenhang priorisieren (WBGU 2019a). Auch die im Hochschulbereich vorhandenen Potenziale einer Auseinandersetzung mit den SDGs wurden bis auf wenige Ausnahmen bisher nicht ausgeschöpft (Müller-Christ et al. 2017, S. 21).

Mit seiner programmatischen Schrift zur Bedeutung von Digitalisierung für Nachhaltigkeit diskursiviert der Wissenschaftliche Beirat der Bundesregierung (WBGU 2019a) die Verbindung, beziehungsweise das Zusammendenken von Digitalisierungs- und Nachhaltigkeitsbestrebungen, indem er digitalen Wandel als transformative Kraft mit disruptiver Wirkung auf alle wirtschaftlichen und gesellschaftlichen Systeme kennzeichnet (ebd., S. 5). Es sei essenziell, „die Digitalisierung mit Blick auf die notwendige Transformation zur Nachhaltigkeit zu gestalten" (WBGU 2018, S. 1) und die positiven wie auch negativen Effekte eines solchen „transformativen Innovationsdurchbruchs" einer politischen Steuerung zuzuführen.

S. Weber (✉) · M.-A. Heidelmann · T. Klös
Fachbereich Erziehungswissenschaften, Institut für Erziehungswissenschaft,
Philipps-Universität Marburg, Marburg, Deutschland
E-Mail: susanne.maria.weber@uni-marburg.de

M.-A. Heidelmann
E-Mail: marc-andre.heidelmann@uni-marburg.de

T. Klös
E-Mail: tobias.kloes@uni-marburg.de

© Springer-Verlag GmbH Deutschland, ein Teil von Springer Nature 2021
W. Leal Filho (Hrsg.), *Digitalisierung und Nachhaltigkeit,* Theorie und Praxis der Nachhaltigkeit, https://doi.org/10.1007/978-3-662-61534-8_10

Im Szenario globaler Risiken wird daher gefragt, welche Rahmenbedingungen künftig geschaffen werden müssen, damit die positiven Effekte der Digitalisierung auf Ressourcennutzung und Umweltschutz die negativen Effekte überwiegen (WBGU 2018, S. 2). Als mahnender Diskursakteur formuliert der WBGU das Desiderat der Gestaltung von Digitalisierung im Kontext nachhaltiger Entwicklung. Digitalisierung ist demnach kein „unaufhaltsamer sich beschleunigender Prozess" (ebd., S. 1), sondern muss gerade auch durch Politik und Gesellschaft mitgestaltet und auf ‚Nachhaltigkeit' hin ausgestaltet werden. Nachhaltigkeit verstanden als „eine Vision globalen, langfristigen Wohlergehens" zielt auf die „Sicherung natürlicher Lebensgrundlagen, menschlicher[r] Wohlfahrt und Lebensqualität sowie gesellschaftliche[r] Teilhabe" (ebd., S. 1). Auch für die Erreichung der Agenda 2030 sei Digitalisierung als „eine von Menschen vorangetriebene Entwicklung" zentral und gestaltungsbedürftig (WBGU 2019a, S. 3).

Die Zusammenhänge und Entwicklungswege selbst gilt es aus Sicht des WBGU (2018, S. 1) diskursiv einzuholen. Es müsse Räume geben für die „Diskussion darüber, wie die Digitalisierung mit gesellschaftlichen Zielen verbunden werden kann und welche Rollen öffentliche und private sowie lokale und globale Akteure dabei spielen sollten". Der WBGU (ebd., S. 1) positioniert sich hier eindeutig, wenn er fordert, dass Digitalisierung „ausdrücklich in den Dienst einer globalen Transformation zur Nachhaltigkeit" gestellt werden müsse. Auch können die Ziele der Agenda 2030 nur erreicht werden, wenn die Gesellschaft ihre „Art zu wirtschaften und zu konsumieren grundlegend veränder[t]" (ebd., S. 1).

Den Weg in die digitale Zukunft bahnen
Das Hauptgutachten ‚Unsere gemeinsame digitale Zukunft' konkretisiert vier Ziele (WBGU 2019a, S. 3–4). Diese betreffen die Etablierung einer digital gestützten Kreislaufwirtschaft (Ziel 1). Über digital unterstützte ressourcenschonende Prozessoptimierung solle der zügige Übergang von linearen und ressourcenintensiven Wertschöpfungsketten hin zu einer möglichst vollständigen Kreislaufwirtschaft realisiert werden. Außerdem sei eine „Modernisierung der Nachhaltigkeits-Governance" (Ziel 2) anzustreben, deren digitale Stützung mehr „Transparenz, Beteiligung, weltweite Vernetzung und Kohärenz in der inter- und transnationalen Nachhaltigkeitspolitik" hervorbringen solle. Auch müsse Nachhaltigkeit im Digitalen Zeitalter über 2030 hinaus konzipiert werden (Ziel 3), da viele SDGs auch über das Jahr 2030 hinaus relevant bleiben werden. Entscheidende Bedeutung komme nicht zuletzt der (Zukunfts) Bildung (Ziel 4) zu. Angesichts der sich beschleunigenden Erzeugung und Diffusion von Information ebenso wie postfaktischer Fehlinformation, Manipulation und Filterblasen (Pariser 2011) werde Medienkompetenz zur Schlüsselkompetenz (WBGU 2018, S. 2) und „hochwertige Bildung für das digitale Zeitalter" zentral zur Stärkung von Wissen und Partizipationsfähigkeit in und für Gesellschaft und Wirtschaft.

Das Potenzial von Welt(umwelt)bewusstsein und Zukunftsbildung

Die Entwicklung eines ‚Welt(umwelt)bewusstseins' und einer ‚Zukunftsbildung' werden als zentrale Aufgaben der Wissenschafts- und Bildungssysteme gesehen. Menschen zu proaktiven Akteuren des digitalen Wandels auszubilden stellt demnach die Programmatik für eine entsprechende Hochschulbildung dar, welche Wissen, Bildung und digitale Mündigkeit (ebd., S. 2) aufgreift und damit auch das Kernziel der Agenda 2030 einer „hochwertigen Bildung für alle Menschen" (UN 2015, S. 5) adressiert. Die Programmatiken und Inhalte einer Zukunftsbildung und des transformativen Lernens, also der Bildung für nachhaltige Entwicklung (BNE) und der ‚Global Citizen Education' sollen in schulischen und hochschulischen Programmen integriert werden. Digitalisierung wird dabei als Ressource und Potenzial gesehen, „menschliche Fähigkeiten zu erweitern" (WBGU 2018, S. 4) und eine Art globale Bildungsexpansion zu befördern. Bildung wird diskursiviert als gesellschaftlich „verantwortliche Bildung", die digitale Mündigkeit und wirtschaftliche Teilhabe unterstützen soll.

Gerade die Universitäten und Hochschulen werden als zentrale Akteure der Befähigung für Zukunftsgestaltung gesehen. Solche gestaltungsorientierten Teilhabefähigkeiten mündiger (Welt)bürger_innen umfassen menschenzentrierte, ökologie- und wirtschaftszentrierte sowie governancezentrierte Innovationen. Darüber hinaus geht es darum, gesellschaftliche und politische Akteure zu befähigen, eine digitale ‚Global Governance' konstruktiv mitzugestalten. Um Umweltbewusstseinsbildung und eine globale Kooperationskultur zu stärken wird daher auch die Demokratisierung und institutionelle Öffnung der Institutionen gefordert, so z. B. die weitere Öffnung von UN-Prozessen für transnational vernetzte bürgerwissenschaftliche Projekte (WBGU 2019, S. 3).

Die seitens des WBGU geforderten Ziele betten sich ein in die drei identifizierten Dynamiken des digitalen Zeitalters. Diese werden im Folgenden relevant, da sie diskursive Kontexte darstellen, in denen sich die hochschulischen Strategien bewegen. Auch wenn die verschiedenen hochschulbezogenen Strategien nicht explizit auf den WBGU und die von ihm diskutierten drei Dynamikendes digitalen Zeitalters Bezug nehmen, so knüpfen diese doch an verschiedenen Punkten im Diskursraum an. Sie stellen alternative bzw. sich ergänzende Pfade hochschulischer digitaler Strategien für nachhaltige Entwicklung bereit und verbinden sich mittels ihrer Handlungsrationalitäten insofern auch in unterschiedliche diskursive Felder und digitale Dynamiken hinein.

Sämtliche dieser hochschulischen Strategien lassen sich als Strategien einer Organisationsbildung für nachhaltige Entwicklung fassen, da sie auf der Ebene organisationalen Wandels und einer global vernetzten Transformation ansetzen (Weber und Heidelmann 2019a). Sie stellen damit im Foucaultschen Sinne ‚alternative Räume' zum Bestehenden, konkrete Utopien und insofern heterotopische Strategien dar (Foucault 1992).

Zukunftspfade einer Hochschulbildung für Nachhaltigkeit: Organisationale Strategien in drei diskursiven Dynamiken des digitalen Zeitalters

Die drei hochschulischen Strategien ‚Fair Trade', ‚Buen Vivir' und ‚Higher Education' verweisen bereits auf drei differente organisationale Pfade digitaler hochschulischer Nachhaltigkeitsstrategien. Die hier vorgestellten global oder weltregional ansetzenden Programme, Modelle und Prototypen digitaler Nachhaltigkeits-Hochschulen setzen auf den drei Ebenen achtsamkeitsbezogener, sozial-ökologischer und materieller Transformation an. So zielt das ‚U.Lab' des Presencing Institute als globaler blended MOOC auf die Ebene der digitalen Selbst-Bildung im globalen Kollektiv gesellschaftlicher Transformation. Achtsamkeitsbasierte Gestaltungsfähigkeit bezieht sich hier auf eine tiefenorientierte ‚Higher Education' und Bildung für nachhaltige Entwicklung. Mit dem digitalen Universitätsnetzwerk indigener Universitäten in Lateinamerika wird Nachhaltigkeit für Systembildung im tiefenökologischen Paradigma des ‚Buen Vivir' praktiziert (Weber und Tascón 2020). Der Prototyp einer digitalen und globalen ‚Fair-Trade-Universität' entwirft alternative, nachhaltige und faire Wirtschaftsstrukturen sowie (Organisations-)Bildungsprozesse globaler ökonomischer Nachhaltigkeit und damit einen Prototyp für eine digitale hochschulische und soziale Innovation.

Der WBGU schlägt „drei Dynamiken des Digitalen Zeitalters" (WBGU 2019a) als konzeptionelle Rahmung vor: „Digitalisierung für Nachhaltigkeit", „Nachhaltige digitalisierte Gesellschaften" und „Die Zukunft des Homo Sapiens". Diese drei Dynamiken lassen sich – wenn auch in unterschiedlicher Intensität – laut WBGU (ebd., S. 8) heute bereits parallel auffinden. Während die erste Dynamik sich der ‚digitalen Unterstützung der Nachhaltigkeit' widmet, geht es bei der zweiten Dynamik um einen ‚neuen Humanismus' einer vernetzten Weltgesellschaft. Eine dritte Dynamik wird gekennzeichnet als ‚Selbstbewusstsein des Homo Sapiens stärken' (ebd.). Die drei identifizierten Dynamiken bergen alle das Potenzial unterschiedlicher institutioneller Strategien, organisationaler Pfade und Handlungsprioritäten hochschulischer Bildungsprogramme, die auf Potenziale ebenso wie Risiken Bezug nehmen.

Die drei hier vorzustellenden hochschulischen Strategien gehen nicht vollständig in den seitens des WBGU gekennzeichneten Dynamiken auf. Sie setzen sie auch nicht vollständig organisational um. Vielmehr folgen die drei hochschulischen Strategien und Zukunftspfade einer digitalisierten Hochschulbildung für nachhaltige Entwicklung (hinsichtlich ihrer je spezifischen Rationalitäten, Perspektiven und Handlungsprioritäten) näherungsweise den in den drei diskursiven Dynamiken umrissenen unterschiedlichen Anliegen, Programmatiken und Zielen.

Im ersten Abschnitt des zweiten Kapitels wird der ‚blended-transformation-Ansatz' der ‚Vertikalen Literalität' als Vision einer ‚höheren Bildung' vorgestellt und mit dem diskursiven Raum der Dynamik des ‚Neuen Humanismus' in Verbindung gebracht. Die zweite digitale Hochschule für nachhaltige Entwicklung knüpft an den indigenen Universitäten Lateinamerikas an. Sie wird in den Diskursraum der digitalen Dynamik des

‚Selbstbewusstsein des Homo Sapiens' eingebettet. Die dritte Strategie der globalen ‚Fair-Trade'-Universität wird bezogen auf die Dynamik der ‚digitalen Unterstützung von Nachhaltigkeit'.

‚Vertical Literacy': ‚Higher' Education für Nachhaltigkeit als Strategie eines ‚neuen Humanismus'

In Übereinstimmung mit einer vom WBGU vertretenen „verantwortlichen Hochschullehre" fordern die – zusammen mit ihrem Team – treibenden Kräfte des ‚Presencing Institute', Katrin Käufer und Otto Scharmer (2000), hochschulische Lehre beziehungsweise Lernen ‚neu zu denken' und damit an die alte heraklitische Idee anzuknüpfen, in den Lernenden Begeisterung zu wecken und ‚eine Flamme' anzuzünden. Mit ihrem transformativen ‚blended-learning-Ansatz' setzen sie auf eine Bewusstseinsbildung, die die innere Haltung der Menschen adressiert.

Die Vision der ‚Universität des 21. Jahrhunderts'
In der hier aufgerufenen Vision einer ‚Universität des 21. Jahrhunderts' geht es um nichts Geringeres als die Erneuerung unserer Zivilisation durch die Modellierung einer transformativen Wissenschaft, wie sie auch von Schneidewind und Singer-Brodowski (2013) und der Debatte um transdisziplinäre Forschung (BMBF 2019) gefordert wird. In der Verbindung von Forschung, Lehre und Praxis (Käufer und Scharmer 2000) soll sich die heutige Universität hinsichtlich ihrer traditionellen, akademischen Praxis invertieren und ihre disziplinäre Struktur zugunsten einer neuen Verbindung von Innovation und Lernen aufgeben. Bewusstseinsbildung, verstanden als ‚Vertikale Literalität', soll die Fähigkeit ethisch bewusster Haltungen hervorbringen, mit denen die Gesellschaft ihre höchsten zukünftigen Möglichkeiten für Nachhaltigkeit zum Leben erwecken kann.

Ihre Vision einer globalen digitalen Nachhaltigkeitshochschule zielt darauf ab, in allen gesellschaftlichen, wirtschaftlichen und politischen Handlungsfeldern kollektive Handlungsfähigkeit hin zu Nachhaltigkeit und Demokratisierung entstehen zu lassen. In ganzheitlicher Perspektive sehen die Vertreter_innen dieses Ansatzes den Planeten als generatives Netzwerk. Universitäten und Hochschulen kommt hier die Aufgabe zu, sich nicht nur intellektuell, sondern auch auf ästhetische und ethische Weise mit der Welt zu verbinden (Senge et al. 2004).

Mit dem Ziel, ein globales und – wie Scharmer es nennt – ‚vertikales Bewusstsein' hervorzubringen, sollen Universitäten zu Lerngemeinschaften werden, die an ‚Ganzheit' im weltumspannenden Sinne ansetzen. Gemeinschaften in Praxisfeldern sollen dabei auch kollektive Bewusstseinsbildung unterstützen (Li und Ho 2010). Durch eine gestaltungsorientierte Bildungspraxis soll globale Nachhaltigkeit unterstützt werden.

‚Theory U' – das ‚höhere Selbst' des Subjekts als Ausgangspunkt des Wandels
Die Hervorbringung eben dieses ‚höheren Selbst' (Scharmer 2007) wird möglich mit und durch den Ansatz ‚Theory U', der dieser globalen digitalen Hochschule zugrunde

liegt. Als ‚Massive Open Online Course' (MOOC) handelt es sich nicht um das klassische Modell einer Hochschule. Das ‚Presencing Institute' möchte vielmehr eine globale Aktionsforschung und Nachhaltigkeit verbindende Hochschule hervorbringen und setzt dabei an der Mikropraxis und den inneren Dispositionen an. Es hinterfragt die habituell gebundenen Alltagsmuster, Orientierungsmuster und Aufmerksamkeitsstrukturen. Demnach bedingt unsere Art des Zuhörens und Sprechens, wie das Neue möglich wird (Weber 2014).

Entgegen vergangenheitsbezogener Lernmuster sollen die globalen Herausforderungen des Klimawandels durch Zukunftsnarrative adressiert werden. Indem eigene Wert- und Sinnbezüge imaginiert werden, entstehen starke Bilder, die in die Zukunft weisen (Scharmer und Käufer 2013). Die Aufmerksamkeit im Hören und Sprechen verschiebt sich damit in Richtung des Herzens, des Mitgefühls, der Lösung und Zukunftsgestaltung. Achtsamkeitsbasierte Methoden wirken unterstützend dabei, die Praktiken des Bewertens und Urteilens zurückstellen zu können. ‚Presencing', das Spüren der im Moment entstehenden Zukunft, lässt die innere Seite der Transformation bewusst werden. Es lässt Aufmerksamkeit dafür entstehen, wie soziale Realitäten hervorgebracht werden und wie Neues im Hören und Sprechen möglich wird. Eine solche konsequent reflexive und zugleich spürende Wahrnehmung stützt die Erneuerung der Beziehungen zwischen Selbst und Anderen, zwischen Vergangenheit und Zukunft. ‚Vertikale Literalität' wird so zum wichtigsten Ziel hochschulischer Bildung.

Individuelle und kollektive Bewusstseinsentwicklung bezieht sich auf drei ökologische Dimensionen: 1) die Verbindung zwischen dem Selbst und der Natur, 2) die Verbindung zwischen dem Selbst und den Anderen; 3) die Verbindung zwischen dem jetzigen und dem emergierenden zukünftigen Selbst (Scharmer 2007). Aufgabe der Hochschulen und Universitäten ist es dann, den Raum zu öffnen und zu einer neuen Plattform des Lernens zu werden. Jenseits einer rein technischen Infrastruktur geht es hier darum, die Aufmerksamkeitsstrukturen von „Ego-System" zur Perspektive des sozial-ökologischen „Eco-System" zu verschieben. Indem die beobachtende Person sich selbst observiert und tief systemisch reflektiert, wird Professionalisierung unterstützt und auch die Reflexivität von Institutionen gefördert (Weber und Heidelmann 2019a). Hochschulen werden dann zur Lernumgebung, in der generative Dialoge und Bildung in geteilter Aufmerksamkeit möglich werden. Menschen sollen in Kontakt und Verbindung zu sich selbst, zu Anderen, zum Kontext und ihren soziomateriellen und atmosphärischen Einbettungen kommen.

Das ‚U.Lab' als blended MOOC

Um dieses Bildungsprojekt zu realisieren, hat das Presencing Institute ein ‚U.Lab' aufgesetzt, das seit 2015 als MOOC arbeitet. So wurde bereits mit 50.000 Teilnehmenden aus 185 Staaten gearbeitet, um auf globaler Ebene und als digital vernetztes ‚Öko-System 4.0' Labs, lokale ‚Hubs', sogenannte ‚change maker communities' und Forschungsinitiativen aufzusetzen. Ebenso bilden sich Mediengruppen und Ökosystem-

Katalysten. Dieses ‚blended' Format, d. h. digitale und kopräsente Aktivitäten verschränkende Organisationsmodell, soll ein lebendes Ökosystem entstehen lassen, das kreative alternative Problemlösungen für die Herausforderungen unserer Zeit hervorbringen soll. Kollektive Tranformation ebenso wie die Entwicklung des Selbst werden aneinander zurückgebunden.

Das online-to-offline ‚blended learning' im MOOC verschiebt den Ort des Lernens vom Seminarraum zur Lebenswelt, vom Hirn zum Herzen und vom Herzen zur Hand. Diese Lernumgebung transformativen Lernens möchte so den Prototyp einer globalen und partizipativen Universität hervorbringen. Als digitale Hochschule kann sie mit begrenzten Mitteln hohe Wirkung erzeugen. Auch die Infrastruktur wird invertiert hin zu distribuiertem Organisieren und einem massiv dezentralisierten ‚peer-to-peer-learning'. Auf fünf Wegen soll sich die Universität invertieren und umstülpen: 1) der radikalen Dezentralisierung vom Seminarraum hin zur realen Lebenswelt der Lernenden. In ‚Hubs' als selbstorganisierten Orten engagieren sich die Teilnehmenden in den Laboren gemeinschaftlich. 2) Generative Dialoge verschieben das Gespräch vom Lehrenden zum Lernenden und bringen eine lernendenzentrierte Lernatmosphäre hervor. 3) Kollektive Steuerung wird unterstützt in live Sitzungen, die dazu beitragen, dass sich das System spüren und sehen lernt. 4) Der Zugang zielt darauf ab, die tieferen Quellen menschlicher Intelligenz zu öffnen. Das Lernarrangement arbeitet daher 5) auf den Ebenen der a) einzelnen Menschen und ihrer Art des Zuhörens, b) auf der Teamebene und mit den Qualitäten des Sprechens, c) der Organisation und den Arten des Organisierens und d) den Arten der Koordinationsmechanismen und als System. Reflektiert wird die generative Hervorbringung des sozialen Feldes. Gewohnheiten, Ängste, Urteile und Zynismus werden so als begrenzende und zurückhaltende Kräfte erfahrbar. Mut, Liebe und Vertrauen sollen wachsen als innere Landschaft, die in Transformation und Wandel führt.

Die Metastruktur der ‚transformation literacy'
Dieser Ansatz hochschulischer Bildung und Transformation verbindet digitale Settings mit lokalen Innovationslaboren und vernetzten Nachhaltigkeitsstrategien (Weber und Heidelmann 2019b). Hochschule zielt damit auf das Aktivieren generativer sozialer Felder. Sie trägt zur strukturellen Inversion der Institutionen in allen gesellschaftlichen Sektoren und Systemen bei. Sie führt in neue Formen direkten, distribuierten und demokratischen Engagements. Als digitale Universität für Nachhaltigkeit stellt sie die Metastruktur eines global vernetzten Ökosystems dar. Der hier zur Geltung kommende Ansatz ‚STEAM' steht für ‚Social Technologies', ‚Entrepreneurship', ‚Aesthetics' and ‚Mindfulness'. Damit zielt diese Variante einer digitalen Nachhaltigkeitshochschule insgesamt auf ‚transformation literacy' als Zukunftsweg studentischen Lernens und gesellschaftlicher Erneuerung für die Zukunft (Abb. 10.1).

Diskursive Einbettungen: Die digitale Dynamik des ‚neuen Humanismus'
Das hier vorgestellte Modell einer Hochschule für das 21. Jhdt. schließt sehr eindeutig an das durch den WBGU formulierte Ziel einer (Zukunfts-)Bildung (Ziel 4) an. Eine

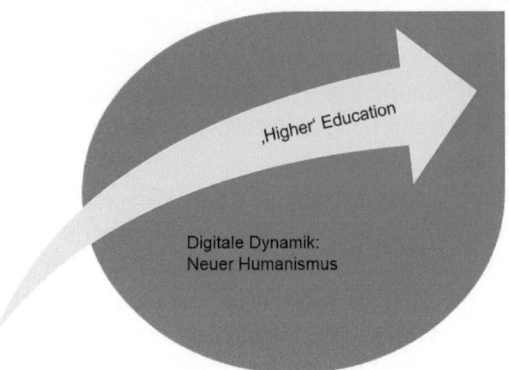

Abb. 10.1 ‚Higher' Education in der digitalen Dynamik des ‚neuen Humanismus'

„hochwertige Bildung für das digitale Zeitalter" (WBGU 2018, S. 2) stärkt demnach Wissen und Partizipationsfähigkeit in und für Gesellschaft und Wirtschaft, indem sie an Haltungen, an Subjektbildung und kollektiven digitalen Projekten einer transformativen Bildung ansetzt. Indem Kooperationskultur, Empathie und globale Solidarität gefördert werden, sollen Umweltzerstörung und der Verlust sozialer Kohäsion bekämpft werden können (WBGU 2019a, S. 8).

Zukunftspraktiken nachhaltiger Entwicklung sollen auch den bestehenden Digitalisierungsrisiken – der Steigerung massiver Ungleichheiten, der Elitenherrschaft, Totalüberwachung und steigender Freiheitsverluste – begegnen. Postdemokratische Tendenzen hin zu „ausgehöhlten Demokratien und digital ermächtigten Autokratien" (ebd., S. 9) soll mittels Bildung entgegengewirkt werden. Im hier vorgestellten Modell kann Digitalisierung transformativen Wandel auch mittels systemischer Innovationen unterstützen und durch Systeminnovationen vereinfachen.

Diese digitale Nachhaltigkeitsuniversität zielt darauf ab, ein vertieftes Verständnis der Problemzusammenhänge, eine ganzheitliche Problembeschreibung und die Zusammenarbeit über institutionelle und sektorale Grenzen hinweg zu unterstützen. Sie bündelt Ressourcen, Kompetenzen und Netzwerke neu (Eggers und McMillan 2013; Abercrombie et al. 2015).

Die Programmatik dieses Hochschulmodells verbindet sich mit der diskursiven Rationalität und digitalen Dynamik des ‚neuen Humanismus', da es hier im Kern um die Bildung gestaltungsorientierter Subjekte geht. Insoweit hier demokratisierende Bildung von Weltbürger_innen und Transformationsagent_innen Kernziel hochschulischer Interventionen ist, knüpft die Programmatik und Strategie der globalen ‚U.Labs' des im Umfeld des MIT Boston und der ‚Society for Organizational Learning' (SOL) aktiven ‚Presencing Institutes' diskursiv an die seitens des WBGU formulierten Dynamik des ‚neuen Humanismus' an.

Diese Dynamik einer vernetzten Weltgesellschaft und des digitalen Wandels entwickelt die Gedanken von Aufklärung und Humanismus weiter in ein Welt(umwelt) bewusstsein. In dieser Vision kann Digitalisierung neue Perspektiven für die Verbesserung des menschlichen Zusammenlebens sowie der menschlichen Selbstbestimmung und Würde hervorbringen. Sie kann auch die Wohlfahrtsentwicklung stärken und von Ressourcenverbrauch und Naturzerstörung entkoppeln. Diese heterotopische Strategie folgt einer humanistischen Rationalität.

‚Buen Vivir': Die Digitale Netzwerk-Universität als bewahrende Kraft

Eine zweite hochschulische Strategie setzt nicht am einzelnen Bildungssubjekt an, auch wenn dieses auch hier relevant werden wird. In Rückbezug auf andine Traditionen und Kosmologien geht es hier um die In-Frage-Stellung des Wirtschafts- und Lebensmodells westlicher Wachstumsorientierung. Die südamerikanischen digitalen Netzwerk-Universitäten knüpfen an der ‚Buen Vivir'-Bewegung an und werfen die Frage nach alternativen, traditional bereits gelebten Zukunftsmodellen auf, die auch im Kontext der Postwachstumsdebatten als heterotopische Strategien gelten und bekannt geworden sind.

Harmonie zwischen Mensch und Natur: Dem ‚Guten Leben' auf der Spur
‚Sumak kawsay' (Kechwa aus Peru oder Kichwa in Ecuador), ‚Suma qamaña' (Aymara in Bolivia), ‚ñande reko' (Guaraní aus Paraguay) sind die heute bekanntesten indigenen Konzepte des Ansatzes des ‚Wellbeing', des Wohlbefindens, Glücks oder des ‚Guten Lebens'. Das Konzept des ‚Buen Vivir' wurde zu Beginn des 21. Jahrhunderts vom Dachverband der sich im Andenraum organisierenden indigenen Organisationen entworfen, der ‚Coordinación Andina de Organización Indígenas' (CAOI). Das Konzept wurde formuliert, um die kollektive indigene Vorstellung des Wohlbefindens und ‚Guten Lebens' zu konkretisieren (Huanacuni Mamani 2010). Es knüpft an alte Traditionen und Lebensformen der indigenen Gemeinschaften und Völker Lateinamerikas an (Weber und Tascón 2020). Diese werden im Folgenden eingehender dargestellt, um dann die Ausgestaltung einer hochschulischen indigenen Nachhaltigkeitsstrategie vorzustellen und mit den Zielen einer nachhaltigen Governance zu verknüpfen.

Übereinstimmend bei den Mapuche (Chile und Argentina), den Kolla (Argentinien) und unterschiedlichen Nationen des Amazonas wird eine indigene Kosmologie tradiert, die auch seitens des Konsortiums indigener Organisationen des Amazonas COICA (‚Coordinadora de las Organizaciones Indígenas de la Cuenca Amazónica') formuliert wurde (Huanacuni Mamani 2010). Im Unterschied zu einem westlichen Welt- und Menschenbild wird Natur nicht als vom Menschen getrennt imaginiert. Stattdessen steht die Suche nach Harmonie im Zusammenleben zwischen menschlichen Wesen und der Natur im Mittelpunkt dieser ‚kosmologischen Ethik' und damit der Erhalt der kosmischen Ordnung und der Leben spendenden Beziehungen (Estermann 1999). Durch die sozialen und kulturellen Bewegungen und das Engagement der indigenen und zivilgesellschaftlichen Organisationen wurde der Begriff des ‚sumac kawsay' oder ‚Buen Vivir' (León 2008) durch die Gesetzgebung legitimiert und hat damit auch die rechtliche Position der indigenen Bevölkerung grundsätzlich gestärkt.

Die vielen Dimensionen des ‚Buen Vivir'
‚Buen Vivir' umfasst ökologische, soziokulturelle, spirituelle, kulturelle und politische Dimensionen, die Alternativen zu bestehenden Entwicklungsdebatten bieten (Cortez und Wagner 2010). Gegen utilitaristische Naturkonzepte, monokulturell-koloniale Staatsmodelle und asymmetrische Vorstellungen von Gesellschaft setzen die Konzepte des ‚Guten Lebens' an plurinationalen, Differenzen anerkennenden Staatskonzepten und interkulturellen Gesellschaften an. Plurinationalität und Interkulturalität (Walsh 2009) werden hier verstanden als komplementäre politische Prinzipien, die den postkolonialen Staat auf lokaler Ebene restrukturieren und dekolonisieren (Cortez und Wagner 2010). Für den Soziologen und Politikwissenschaftler Quijano (2000) spielt der Prozess der Dekolonisierung eine zentrale Rolle für die Entstehung einer nachhaltigen Gesellschaft. Hinter der kolonialen Macht steht aus seiner Sicht nicht nur eine strukturell rassistische Ideologie und Rationalität, sondern auch der Wille, die Natur zu dominieren.

Der Ökonom und indigene Aktivist Muruchi stellt vier Prinzipien des Ansatzes des ‚Buen Vivir' vor. 1) Reziprozität bedeutet, dass jedes Leben in Wechselseitigkeit existiert und kein Leben isoliert und in Opposition zur Welt existieren kann. 2) Pluralität bedeutet, dass das Leben Diversität hervorbringt und Varietät als Prozess des Lebens zu verstehen ist. 3) Entgegen eines linearen Modells wird Leben in zyklischen Mustern, invertierend und spiralförmig verstanden. Zukunft impliziert das Prinzip eines wiederkehrenden Gleichgewichts. 4) Gesundheit wird nicht verstanden als die Abwesenheit von Krankheit, sondern als kollektiver systemischer Zustand (Weber und Tascón 2020).

Das Prinzip des ‚Buen Vivir' lässt sich in einiger Hinsicht vergleichen mit dem Ansatz des ‚deep ecology' von Arne Naess oder Aldo Leopolds Nachhaltigkeitsethik, die er Mitte des 20. Jahrhunderts vertrat. Auch ökofeministische Ansätze knüpfen an ‚Buen Vivir' an, so z. B. Vandana Shiva, die dies als postkoloniales politisches Konzept diskutiert. ‚Sumak Kawsay' ist damit zu verstehen als gesellschaftliche Alternative, die die Welt der indigenen Menschen durchströmt und interkulturell bedeutsam ist (Cortez und Wagner 2010).

‚Buen Vivir' auf dem Weg in ein digitales Hochschulnetzwerk
Mit diesem einenden und gemeinsamen Konzept des ‚Buen Vivir' hat sich in Südamerika ein Hochschulnetzwerk formiert, das alternative und indigene Universitäten verbindet und als digitales Netzwerk etabliert. Seit den späten 1960er Jahren wurde Bewusstseinsbildung und Nachhaltigkeit zum Gegenstand der hochschulischen Bildung in Südamerika. So sind seit den 1990er Jahren südamerikanische Universitäten in Nachhaltigkeitsinitiativen involviert (ALBA 2006). Der Erziehungswissenschaftler Vargas (2014) diskutiert die Implementierung von Nachhaltigkeitskonzepten an bolivianischen Universitäten. An den drei Ebenen der Wissensproduktion, der Bewusstseinsbildung und der institutionellen Sensibilisierung ansetzend, soll Nachhaltigkeit in akademische Programme eingehen

und Partizipation ermöglichen. Vargas sieht sowohl lehr- wie auch verwaltungs- und organisationsbezogene Initiativen als erforderlich an, um verantwortlich mit den natürlichen Ressourcen umzugehen ebenso wie auch globale Risiken zu bearbeiten.

Im Rahmen des ALBA-Gipfels der ‚Bolivarischen Allianz der amerikanischen Völker' (2006) wurde ein multilateraler Vertrag entworfen, der akademisches Engagement zum leitenden Prinzip nachhaltiger Entwicklung der Hochschulbildung zum Gegenstand hatte. Die Forderungen nach einer neuen Hochschulbildung knüpfen an den Prinzipien gestaltungsorientierten und projektbasierten Lehrens und Lernens ebenso wie der gestaltungsorientierten Forschung an, ähnlich, wie dies auch im europäischen Kontext gefordert wird (WBGU 2011).

Die südamerikanischen Hochschulstrategien zielen dabei allerdings auf Inklusion, auf Empowerment der indigenen Völker, auf kulturelle ebenso wie politische interkulturelle Gerechtigkeit. Mato (2011) zeigt, dass die Integration der Wissensbestände, Sprachen, Lernmuster und der Kosmologie der indigenen Völker das Hochschulsystem durchaus bereichern. Kulturelle Diversität und die Debatten um ethische Interkulturalität erhalten so auch einen legitimen Ort.

Um kulturelle Diversität und Interkulturalität in der Hochschulbildung Südamerikas zu fördern, erklärte die UNESCO zusammen mit dem internationalen Hochschulbildungsinstitut für Südamerika und die Karibik ‚IESALC' (‚Instituto Internacional de la UNESCO para la Educación Superior en América Latina y el Caribe') im Jahre 2008, Hochschulbildungsinitiativen von, mit und für indigene Völker unterstützen zu wollen. Die Spiritualität indigener Völker stelle ein Potenzial dar, mit dem der Horizont institutioneller hochschulischer Bildungsvorstellungen geweitet und eine harmonische Balance gefördert werden könne (UNESCO 2008, S. 39). Die UN Deklaration von 2007 (UN 2007) legitimierte also die Rechte der indigenen Völker, ihr kulturelles Erbe und ihre Gebräuche zu leben, zu praktizieren und weiterzugeben.

Die Interkulturelle Indigene Universität
Im letzten Jahrzehnt sind vor diesem Hintergrund verschiedene indigene Universitäten entstanden. Im Jahre 2005 gründete der Entwicklungsfond der indigenen Völker Südamerikas und der Karibik eine erste interkulturelle Universität. Die ‚UII' (‚Universidad Indigena Intercultural') wurde als Netzwerk und als Verbindung von und für verschiedene indigene Universitäten tätig, in dem bis heute 26 Bildungszentren eingebunden sind. In diesem plural- institutionellen Setting finden sich sowohl konventionelle öffentliche und private Universitäten wie auch interkulturelle und indigene Universitäten, Studienzentren und Forschungsinstitutionen, die Erfahrung in der Entwicklung von Bildungsprogrammen für und mit indigenen Menschen und Völkern haben (Cunningham und Nucinkis 2010).

Die Bildungsprogramme dieser digital vernetzten Hochschullandschaft variieren von drei monatigen Programmen bis hin zu zweijährigen Abschlüssen. Thematische Felder beziehen sich auf mehrsprachige interkulturelle Bildung, interkulturelle Gesundheit, indigene Rechte, Steuerung und Governance, indigene Völker, Menschenrechte und internationale Kooperation, Entwicklung in Gemeinschaften, Identitätsbildung für ‚Buen Vivir', sprachliches und kulturelles Empowerment, Steuerung und öffentliche Verwaltung aus indigener Perspektive, Empowerment indigener Frauen und Leadership in Communities (Weber und Heidelmann 2019a).

Ein ‚Best-Practice-Report' der ‚Deutschen Gesellschaft für Internationale Zusammenarbeit' (GIZ) zum Thema des indigenen Wissens und der ‚Interkulturellen Indigenen Universitäten' hat die Rechte und das Potenzial der indigenen Völker anerkannt und unterstützt ihre Partizipation auf verschiedenen Wegen (Cunningham und Nucinkis 2010). Auf internationaler Ebene ist das Bewusstsein gewachsen, dass die aktive Beteiligung der indigenen Völker auch eine Frage der Menschenrechte ist und damit auch zentral ist, um eine globale und sozial kohärente Gesellschaft zu schaffen. Angesichts der wachsenden Konflikte um natürliche Ressourcen und ihre Verteilung können friedliche Lösungen lediglich gefunden werden auf der Basis egalitärer interkultureller Ansätze, die nachhaltige Entwicklung unterstützen und die globalen Entwicklungsziele für Zusammenarbeit und Kooperation verfolgen (BMZ 2006; Abb. 10.2).

‚Homo Sapiens' – Selbstbewusstsein oder Bescheidenheit stärken?

Das Netzwerk der indigenen Universitäten kann in vielerlei Weise dazu beitragen, nicht nur hochschulische Nachhaltigkeits-Governance zu modernisieren: So konstatiert der WBGU (2019, S. 15), dass es gelte, „lokale und kulturelle Wissensbestände zu schützen und systematisch in digitale Lerninhalte zu überführen", sodass die weltweite Verbreitung von Wissen nicht einer Uniformierung Vorschub leistet (Amsler und Facer 2017). Es unterstützt Transparenz hinsichtlich indigener Traditionen einer Tiefenö-

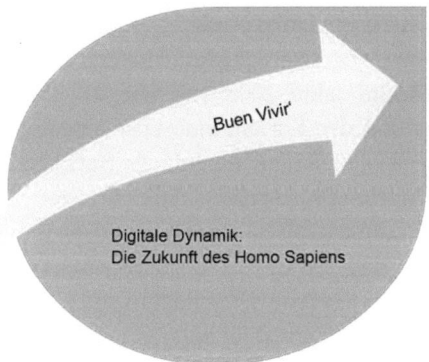

Abb. 10.2 ‚Buen Vivir' in der digitalen Dynamik der Zukunft des Homo Sapiens

kologie. Es unterstützt die philosophisch-ethische Reflexion der ontologischen Stellung des Menschen in der Natur. Jenseits einer partikularen Diversität geht es im Ansatz des ‚Buen Vivir' darüber hinaus um einen Postwachstumsdiskurs, der die „Weichenstellungen für eine Wirtschaftsweise, die die planetarischen Leitplanken des Erdsystems" angemessen berücksichtigt (WBGU 2019a, S. 7).

Das südamerikanische Hochschulnetzwerk kann Beteiligung, Vernetzung und Kohärenz bieten hinsichtlich der Repräsentation indigener Menschenrechte sowie politischer und kultureller Repräsentation. Es kann zudem aber auch den Postwachstumsdiskurs befördern, der für die inter- und transnationale Nachhaltigkeitspolitik eine Schlüsselstellung einnehmen kann. Wissensbasis, Prozessqualitäten ebenso wie Legitimationsbasis lassen sich so auf vielen Ebenen verbessern. Auch die – mittlerweile zwar entwickelten und systematisch erfassten (UNESCO 2014), aber noch immer unzureichend umgesetzten (World Future Council 2019) Anforderungen an eine ‚Bildung für Nachhaltige Entwicklung' und eine ‚Global Citizenship Education' können so weiter bearbeitet werden.

Diskursive Einbettungen: Die Dynamik des ‚Homo Sapiens'
Diese hier vorgestellte Strategie verbindet sich auch im Bildungskontext mit dem seitens des WBGU formulierten Ziel 2 der „Modernisierung der Nachhaltigkeits-Governance". Digitale Unterstützung bezieht sich hier auf mehr „Transparenz, Beteiligung, weltweite Vernetzung und Kohärenz in der inter- und transnationalen Nachhaltigkeitspolitik" und einer Konzipierung von Nachhaltigkeit im Digitalen Zeitalter auch langfristig und über das Jahr 2030 hinaus (Ziel 3) (WBGU 2019a, S. 8). Diese Perspektive zielt auf die Ideen der Postwachstumsgesellschaften und die Überlebensfähigkeit des Menschen auf dem Planeten.

Die Vision und die Rückwendung des ‚Buen Vivir' zu traditionalen Lebensweisen und Kosmologien wendet sich von einer künstlichen Evolution des Menschen ab, ebenso wie einer Superintelligenz oder der Entgrenzung von Mensch und Maschine. Insofern ist der Ansatz des ‚Buen Vivir' und das digitale Netzwerk der indigenen interkulturellen Hochschule in Bezug zu setzen zum diskursiven Strang der digitalen Dynamik, der mit der Bewahrung des biologischen Menschen in seiner natürlichen Umwelt befasst ist. Dieser Ansatz verschiebt die Position des Menschen wieder in Richtung Natur – anstatt in Richtung der Technik und wendet sich damit einer Dezentrierung des anthropozentrischen Weltbildes zu.

Damit steht das hier vorgestellte Organisationsmodell einer digital vernetzten Hochschule im diskursiven Raum der seitens des WBGU (2019b, S. 5) als „Selbstbewusstsein des Homo Sapiens stärken" formulierten Strategie. Bei dieser Dynamik geht es grundlegend um Perspektiven menschlicher Entwicklung, nämlich um die „Zukunft und Identität des Menschen selbst, das zukünftige Verhältnis technischer und gesellschaftlicher Systeme sowie die Beziehungen zwischen der menschlichen Spezies und dem

Erdsystem." (WBGU 2019a, S. 7). Die vom WBGU formulierten Fragen beziehen sich auf die Bewahrung des biologischen Menschen in seiner natürlichen Umwelt und auf die ethisch reflektierte Weiterentwicklung des Menschen. Es geht darum, Mensch-Maschine-Kollaboration zu gestalten und der Entgrenzung von Mensch und Maschine Einhalt zu gebieten.

Die Vision einer ‚Fair-Trade-Universität': Digitale Globale Kreislaufwirtschaft

Eine dritte organisationale Strategie der Digitalisierung knüpft an den globalen materiellen und ökonomischen Rahmenbedingungen an. Auch wenn hier durchaus positive Entwicklungen zu verzeichnen sind, so existieren bislang doch keine inter- und transkontinentalen digitalen Hochschulen und Universitäten, die das spezifische Ziel der Verbindung von Nachhaltiger Entwicklung, ‚Bildung für nachhaltige Entwicklung' (BNE) und fairem Handel verfolgen. Hier können global vernetzte Lernformate ansetzen, die eine gestaltungsorientierte und interkulturelle ‚Fair-Trade-Universität' im Kontext globaler Nachhaltigkeit hervorbringen, die sich auch dem ‚Buen Vivir'-Ansatz verpflichtet fühlen. Indigene und europäische Perspektiven können hier im egalitären Dialog anknüpfen an design-orientierte Forschungs- und Lehrkonzepte, die auch im Bereich einer (Organisations-)Bildung für nachhaltigen Entwicklung zentral sind (Weber 2019).

Digitale globale Kreislaufwirtschaft global interkulturell vernetzt lernen

Die Forderung nach einer ‚Fair-Trade-Universität' setzt an der grundlegenden Dynamik von linearen und ressourcenintensiven Wertschöpfungsketten hin zur weltweiten Etablierung einer digital gestützten Kreislaufwirtschaft an. Ein solches, gestaltungsorientiertes Modell der Hochschule haben indigene Gemeinschaften Südamerikas vorgeschlagen. So hat die indigene kolumbianische Bildungsorganisation ‚IDEBIC', die bereits Bildungsprogramme bis zur Hochschulreife im kolumbianischen Bildungssystem etabliert hat, empfohlen, Nachhaltigkeitsstrategien im Anschluss an das Konzept des ‚Buen Vivir' im Rahmen einer solchen ‚Fair-Trade-Universität' zu verankern.

Im Reservat der kolumbianischen Provinz Florida unterstützt die indigene Gemeinschaft der ‚NASA' eine internationale und interkulturelle Kooperation, um eine global vernetzte digitale Nachhaltigkeitshochschule zu etablieren. Sie vertreten eine demokratische Lebensform, ein indigenes Bildungskonzept und Schulmodell, das nach 18 Jahren des Kämpfens die Akzeptanz auf nationaler Ebene erreicht hat und national akkreditiert worden ist. Der Ansatz des projektbasierten Lernens ist hier bereits in den vorgelagerten Bildungsetappen verankert und wird daher auch für die aufzubauende interkulturelle ‚Fair-Trade-Universität' nahegelegt.

Als Methodik zielt diese digitale Vision auf ein projekt-basiertes transnationales und interkulturelles Lernsetting. Die kolumbianische Gemeinschaft der ‚NASA' möchte auch im Hochschulbereich ein Bildungssystem etablieren, das zu ihren indigenen und ökologischen Kriterien passt. Die indigene Organisationslogik des ‚Ayni' basiert auf Praktiken der kollektiven Entscheidungsfindung, des projektbasierten und problembasierten Lernens und der lebensweltlichen Relevanz der Bildung.

Da die Gemeinschaft der ‚NASA' auch bereits ihre Schulcurricula projektbasiert anlegt, sind auch für den Hochschulbereich Themen wie Wasserressourcen, Kaffee, nachhaltige Ernährung, Künste etc. entsprechend lernorientiert zu gestalten. Alle Themen werden als Lern- und Entwicklungsprojekte verknüpft mit den Prinzipien ökologischen Denkens und der Nachhaltigkeit. Landwirtschaftsprojekte arbeiten mit den eigenen Saatgutbanken und knüpfen an der Philosophie der Biodiversität an. Auch Kunst und indigene Kosmologie sind Teil des Curriculums ebenso wie die Kultivierung der eigenen Sprache und anderer ‚erster Völker' (Embera Badea & Nasa Yuwe). Diese Bildungsstrategie zielt insbesondere im generationalen Wandel darauf, den Verlust des kulturellen Erbes zu bekämpfen und dieses der jüngeren Generation zu vermitteln.

Die Vision der digitalen weltumspannenden ‚Fair-Trade-Universität' hat dabei nicht nur Potenzial für die Gemeinschaft der ‚NASA' selbst, sondern auch für den gesamten Kontinent und die indigenen Völker, die ‚Versammlung der ersten Völker (first nations)' wie auch für die Weltgesellschaft und Weltgemeinschaft. Das Bildungsnetzwerk der ‚NASA' möchte auch Impulse für die Bildungsansätze westlicher Universitäten bieten. Projekt- und problembasierte Lernansätze sind hier auch aus dem Kontext der Reformpädagogik, dem ‚Service Learning', Ansätzen des problem- und projektbasierten Lernens gerade auch im Nachhaltigkeitskontext vertraut (Bastenhorst 2005; Singer-Brodowski 2016). Solche inklusiven Strategien thematisieren organisationspädagogische Fragen der Kommunikation und Koordination zwischen Individuen, Gruppen, Organisationen und Netzwerken.

Solidarische Ökonomie als Hochschulmodell
Gegen das Primat privater ökonomischer Interessen oder Profitorientierung knüpfen sie an Debatten um Soziale und Solidarische Ökonomie an. Sie beziehen sich auf horizontale und demokratische Modelle kollektiver Aktion und Bürgerschaftlichkeit (UNRISD 2016, S. 17).

In den letzten Jahren sind Ansätze der nachhaltigen Entwicklung vorangetrieben worden (Michelsen 2000; Cortese 2003; de Haan 2008; Barnett 2012), die auch neue Möglichkeiten für die Hochschulbildung im internationalen und globalen Rahmen eröffnen. Neue ökosoziale Ansätze verbinden die Vision der Wissensgenese, der gemeinschaftsbasierten Sozialen und Solidarischen Ökonomie und regionaler Ökosystem-Innovationen.

Eine Universität, die Soziale und Solidarische Ökonomie unterstützt, trägt insofern zu einer veränderten Sicht auf und innerhalb von Ökonomie bei, da sie plurale Ökonomiken entwirft, die Bedürfnissen folgt und an lebensweltlicher Resilienz und Widerstandsfähigkeit der Communities anknüpft. Sie aktiviert Freiwilligenorganisationen und Kooperationen, demokratische Governance und Selbstorganisation, sie verknüpft soziale Landwirtschaft mit sozialer Entwicklung. Als Prototyp einer digitalen ökologischen ‚Fair-Trade-Universität' zielt eine solche Universität auf globale Solidarität für nachhaltige Entwicklung, auf solidarische Ökonomie, nachhaltige Ressourcennutzung und nachhaltige Bildung. Diese Hochschulbildung zielt auf Systeminnovation und solidarische Ökonomie und damit einer Ökonomie, die jeden ökonomischen Akteur als potenziell auch Beitragenden zum ökologisch und sozial ‚Guten Leben' sieht (Gibson-Graham et al. 2013, S. 3).

Insofern lassen sich auch Ansätze der ‚Sozialen Landwirtschaft', wie sie in der westlichen Welt diskutiert werden, mit dem Ansatz des ‚Buen Vivir' (Acosta 2017) verbinden. Hier kann Soziale Landwirtschaft durchaus Landflucht vermeiden, die Wiederansiedlung verwaister Regionen unterstützen und soziale Kohäsion in ländlichen Gemeinschaften unterstützen (Cervinka et al. 2010). Ebenso kann ‚Green Care' als integrales Konzept für sozialen und gesellschaftlichen Wandel zu sozialer Inklusion beitragen (Haubenhofer et al. 2012).

Im Zusammenspiel dieser Konzepte lassen sich soziale und ökonomische Potenziale erschließen und Synergien sowohl für Produzent_innen wie auch für die Gemeinschaften und Lernende herstellen. Soziale und faire Landwirtschaft fördert Strukturbildung, neue soziale, bildungs- und gesundheitsbezogene Unterstützung und Hilfe, unterstützt die Resilienz von Gemeinschaften auch in abgelegenen Gebieten. Sie trägt zur ‚Bildung für nachhaltige Entwicklung' auch in den Varianten einer natur- und tierbasierten Bildung bei. Im digitalen Ansatz werden globale Verbindungen und globale Wirtschaftskreisläufe durch ‚Fair Trade' gefördert.

Transkontinentales und interkulturelles Lernen
Ein solches transkontinentales und interkulturelles Lernen muss sich mit dem fairen Handel verknüpfen, um das ökonomische Überleben der Gemeinschaften zu sichern. Um die Entvölkerung des ländlichen Raumes zu verhindern und um eine Existenzbasis auch für die jüngeren Generationen zu schaffen, benötigen insbesondere jüngere Menschen Bildungs- und Handelsoptionen. ‚Fair Trade' als Kernelement der alternativen interkulturellen Universität kann als soziale Innovation gelten, insofern es solidarische Ökonomie, nachhaltige globale Wirtschaftskreisläufe und transformatorische Bildung anspricht. Hochschulbildung verknüpft mit fairem und nachhaltigem Handel innerhalb des globalen Wirtschaftskreislaufes auch transformative Bildung und projektbasiertes Lernen. Das Modell verstetigt programmförmig bereits erfolgreiche Einzelmodelle und Prototypen, wie die ‚Teekampagne', die seit den 1980 und 1990er Jahren an der Freien Universität Berlin praktiziert wird und die mit ihren Projektseminaren zum ‚Sozialen Unternehmertum' und zum ‚Social Entrepreneurship' bekannt und erfolgreich geworden ist (Faltin 2008).

Dieser Ansatz kann getestet werden als Prototyp hinsichtlich der Reproduzierbarkeit, aber auch hinsichtlich der Frage, ob er die Existenzmöglichkeiten indigener Völker unterstützt, nachhaltige Lebensweisen fördert und die Menschenrechte der bedrohten indigenen Völker sichert. Insbesondere im kolumbianischen Friedensprozess sind diese massiv bedroht. Angesichts der monopolistischen Marktstrukturen z. B. in Kolumbien und vielen anderen Ländern könnte der ‚Fair-Trade'-Ansatz als ein Bildungsansatz im Hochschulkontext Nachhaltigkeit fördern, materielle Existenzen unterstützen und die Entwicklung von Wertschöpfungskreisläufen in Nachhaltigkeitskreisläufen anlegen. Auf der Basis eines solchen Hochschulmodells könnten aber auch die Probleme der Armut, der Segregation und der Landflucht bearbeitet und bekämpft werden. Der Ansatz führt insofern durchaus transformatorisches Potenzial mit sich, globale Wirtschaftskreisläufe sind dann auch als pädagogische und organisationspädagogische Kreisläufe zu verstehen.

Komplexe Hochschulbildung digitaler Nachhaltigkeit: Der Anschluss an die SDG's
Die ganzheitliche Betrachtung des „Zusammenspiels zwischen neuen technologischen Möglichkeiten und bestehenden gesellschaftlichen Systemen" (WBGU 2019a, S. 7) kann das Potenzial einer digitalen Nachhaltigkeitsstrategie im hochschulischen Bildungskontext ausschöpfen. Diese digitale Vision unterstützt auch die ‚Agenda 2030' für nachhaltige Entwicklung. Die ‚Sustainable Development Goals' werden angesprochen z. B. auf der Ebene des SDG 2 ‚Nachhaltige Landnutzung und nachhaltige Landwirtschaft', SDG 3 ‚Gesundes Leben', SDG 4 ‚Bildung für nachhaltige Entwicklung', insofern Studierende international und global digital vernetzt in transnationalen Initiativen lernen und arbeiten. SDG 6 ist adressiert, insofern Landwirtschaft und ökonomische Zyklen sich mehr auf Nachhaltigkeit beziehen. SDG 8 thematisiert globale ökonomische Zyklen und SDG 12 spricht die Welt der nachhaltigen Produktion und nachhaltigen Konsumption an. Hier wird der globale ökonomische Zyklus zum pädagogischen Zyklus einer nachhaltigen Bildung. Nicht zuletzt ist auch SDG 17 wichtig, wenn es um Fragen nachhaltiger Wertschöpfungsketten geht. Insbesondere der ‚glokale' Ansatz einer transkontinentalen Solidarität eröffnet andere Bildungsperspektiven auf ein gutes und nachhaltiges Leben, das die Werte der indigenen Kulturen und ihrer Konzepte der Natur und Kosmologie unterstützt und zugleich auf der materiellen Ebene der Existenzbedingungen ansetzt.

Auch aus Sicht des WBGU (2016, S. 23, 453) „ist die Kombination von BNE und digitaler Bildung wichtige Grundlage, um die Menschen zur Umsetzung der SDGs zu befähigen". Demnach fordert die Transformation zur Nachhaltigkeit im Digitalen Zeitalter „ein ganzheitliches Wissen für alle zentralen Herausforderungen", ebenso wie „verantwortliches Handeln, individuelle und kollektive Kreativität und Innovativität". Ansätze wie die hier knapp vorgestellten würden einen Beitrag leisten können zu „Persönlichkeitsentwicklung, Kooperationskompetenzen und Mut zum Handeln" (UNESCO 2014; Rasfeld und Breidenbach 2014) Abb. 10.3.

Diskursive Einbettungen: Digital unterstützte Nachhaltigkeit
Die hier vorliegende Strategie knüpft an das seitens des WBGU formulierten Ziel einer digital gestützten Kreislaufökonomie an (Ziel 1). Dieses Ziel einer digital unterstützten ressourcenschonenden Prozessoptimierung soll eine vollständige Kreislaufwirtschaft hervorbringen. Digitalisierung bietet dann auch das Potenzial, Stoff- und Materialkreisläufe zu schließen und langfristig ökonomische Abhängigkeiten und ökologische Belastungen zu vermindern (WBGU 2019b, S. 128).

Abb. 10.3 Die ‚Fair-Trade-Universität' in der digitalen Dynamik der digitalen Unterstützung von Nachhaltigkeit

Damit steht der letztgenannte Prototyp diskursiv im Horizont der grundlegenden ‚Dynamik des digitalen Zeitalters', die sich um globale Gerechtigkeit, um globale Wirtschaftskreisläufe und soziale bzw. ökonomisch- ökologische Gerechtigkeit kümmert. Sie setzt an sozialer Kohäsion an und wendet sich gegen ein Mehr an Machtkonzentration. Sie widmet sich dem Anliegen, die planetarischen Leitplanken einzuhalten, die sich in Bezug auf Klima, Natur, Böden und Ozeane ergeben. Gerade auch Fragen der Vermeidung von Hunger, Armut, Ungleichheit, aber auch der Zugang zu Wasser, Gesundheit, Bildung und Energie stellen zentrale Anliegen dieses Diskursstranges dar. Disruptive Risiken stellen sich hier hinsichtlich der Emissionen und Ressourcennutzung, der Steigerung von Ungleichheit und Machtkonzentration, der Erosion von Bürgerrechten und Privatheit sowie der Erosion von Steuerungsfähigkeit des Staates (WBGU 2019, S. 8).

Digitale Commons

Hybride Plattformstrategien, wie die hier angedachten digitalen Universitäten, könnten zu digitalen Gütern der Allmende, zu ‚Commons' und zum globalen Allgemeingut werden. Alle drei vorgestellten Dynamiken und Strategien können von ‚Digitaler Nachhaltigkeit' profitieren, d. h. von frei verfügbarer Software (Open Source Lizenzen) oder urheberrechtsfreien Werken (Creative Commons Lizenzen; Martens 2013, S. 304). Während kulturelles Wissen und kulturelle Praxis ebenso einerseits „unerschöpfliches und öffentliches Gut" (ebd., S. 305) sein kann, sich in ihrer ästhetischen Reflexivierung auf das Selbst hinwenden und sich in materielle Kreislaufstrategien einbetten, stehen hier andererseits auch Herausforderungen einer ‚digital Divide' (Busch 2008, S. 115) im Raum. Wird Wissen als ‚menschliche Aktivität' gedacht (Innerarity 2014, S. 57), dann sind Zukunftskonzepte einer digitalen Hochschulbildung auch vom Arrangement, von den mögli werdenden Öffnungen und nicht nur vom Inhalt her zu denken. Alle drei Strategien der mentalen, sozialen und ökonomischen Transformation stellen organisationspädagogische Strategien und Strategien einer hochschulischen Organisations-Bildung für nachhaltige Entwicklung dar.

Hochschulische Organisations-Bildung für nachhaltige Entwicklung

Wie deutlich wurde, stehen die drei hochschulischen Strategien in ihren Programmatiken und Rationalitäten im diskursiven Kontext der drei seitens des WBGU identifizierten Dynamiken des Digitalen Zeitalters. Sie eröffnen verschiedene Varianten, wie Hochschule zum digital inklusiven und nachhaltigkeitsorientierten Raum werden kann. Die Ebenen des Bewusstseins, der soziokulturellen und spirituellen sowie der ökonomischen Inklusion und Fairness lässt sie in verschiedener Weise zu einem globalen Ort der Zusammenarbeit werden. Während die erste und zweite Organisationsstrategie bereits gelebte Praxis sind, gilt es den dritten Prototypen erst noch weiterzuentwickeln und umzusetzen. Im Unterschied zu einer am Subjekt ansetzenden Perspektive der Bildung für nachhaltige Entwicklung bedarf es hier einer Erweiterung auf die wichtige Dimension der Organisation und des Organisierens hin. Aus organisationspädagogischer Perspektive geht es hier also nicht nur um Bildung, sondern um Organisationsbildung für nachhaltige Entwicklung.

Aus einer organisationspädagogischen Perspektive geht es um Strukturaufbau und gerade im digitalen Kontext um den Aufbau hybrider Plattformstrategien (Weber 2014). Das Spektrum der digitalen Plattformstrategien ist breit und eröffnet ganz unterschiedliche Varianten. Entgegen klassisch vermittlungsorientierter, zeitlich begrenzter Ausnahmemodelle digitaler Angebotsstrukturen sind die drei hier vorgestellten Varianten alle auf eine überzeitliche Institutionalisierung hin abgestellt. Entgegen einer volldigitalisierten Universität und entgegen rein projektförmig zeitlich begrenzter Plattformstrategien kombinieren alle drei Varianten offline und online Elemente auf zugleich institutionalisierte und projektförmige Weise. Insbesondere das globale ‚U.Lab' und die ‚Fair-Trade-Universität' setzen an der ‚peer-to peer'-Bearbeitung an, die zu gemeinsamen Lösungen führen soll (Weber 2020). Entgegen eines ‚Service Learning'-Ansatzes geht es hier weit mehr um ‚Innovation Learning', das Zukunfts- und Nachhaltigkeitslösungen ermöglichen soll (Weber et al. 2019). Das Ziel ist hier, dass Aktionsgruppen entstehen, die gesellschaftliche Transformation auf einer tiefen Ebene unterstützen.

Der hier angesprochene Lernmodus bezieht sich auf radikal transdisziplinäre Kooperationen und Lernarrangements und das Interventionsniveau zielt auf starke und strategische Bande. Der hier angesprochene Zeitrahmen zielt auf hochstrukturierte und projektbasierte Organisations- und Netzwerkentwicklung. Digitalisierung bezieht sich auf regional bzw. global verschränkende ‚blended' Initiativen des Wandels. Der transformative Raum ist im Falle der globalen Bewusstseinsuniversität der mentale und innere Raum des Wandels, die eigene Haltung und das ermöglichende Selbst.

Der Prototyp einer ‚Fair-Trade-Universität' dagegen adressiert darüber hinaus auch die materielle Ebene des Wandels in globalen Wirtschaftskreisläufen. Während im ersten Modell der digitalen Universität das ethische Subjekt als Ausgangspunkt angesprochen wird, das vom bestmöglich Entstehenden aus spricht und auf ‚tiefe' Führung von innen verweist, adressiert die ‚Fair-Trade-Universität' auch die Veränderung der Lebensbedingungen. Beide Modelle verstehen sich nicht als exklusiv nach innen oder außen gerichtet, vielmehr folgen sie der Bewegung von innen nach außen oder von außen nach innen. Beide Varianten der digitalen Universität setzen auf Bildung durch Differenzerfahrung, durch Scheitern, durch organisationale, institutionelle, globale Grenz- und Überschreitungserfahrungen. Das Organisieren bezieht sich auf soziale Netzwerke, auf Gemeinschaftsbildung, auf die Ausbildung der Wahrnehmung, die Ausbildung des Bewusstseins und der Achtsamkeit.

Gerade bedingt auch durch den globalen Charakter kommt der Vorstellung der Übersetzung hier eine zentrale Stellung zu (Weber 2020). Sie bezieht sich nicht nur auf die Überschreitung unmittelbar sprachlicher, sozialer und institutioneller Barrieren, sondern bezieht sich auch darauf, die inneren Grenzen zu überwinden und sich transzendierend und nicht nur übersetzend mit Welt in Verbindung zu bringen. Die hier angesprochene Ebene des Wandels und der Transformation referiert auf eine ästhetische und metaphysische Ebene der Transzendenz. Insbesondere die Strategie des ‚U-Lab' zielt darauf ab, eine globale soziale Bewegung von Professionellen entstehen zu lassen. Das Spüren der verkörperten Wahrnehmungen in der Gegenwart zielt auf die Hervorbringung des ‚Höheren Selbst'. Jeder Mensch wird hier als Agent des Wandels in einem vielfältigen ‚Polylog' verstanden. Alle drei vorgestellten Varianten der digitalen Nachhaltigkeitshochschule stellen heterotopische Orte dar, in denen die Zukunft bereits in der Gegenwart leben und die als digitale Heterotopien (Foucault 2015) verstanden werden können.

Fazit: Die Digitale Nachhaltigkeitsuniversität als heterotopischer Ort und Strategie

Die Diskursintervention des WBGU, den Nachhaltigkeitsdiskurs mit dem Digitalisierungsdiskurs zu verknüpfen, wird wirksam und greift um sich. Auch die Kultusministerkonferenz (2019) sieht Digitalisierung als ‚dauerhafte Aufgabe' der Hochschullehre und als Potenzial der Entwicklung, des Austauschs und der Vernetzung von Lehrangeboten. In ihrer Empfehlung ‚Kultur der Nachhaltigkeit' sieht die Hochschulrektorenkonferenz (2018) Hochschulen als ‚Zukunftswerkstätten der Gesellschaft'. Als Bildungsorte zukünftiger Professioneller können sie zur ‚Persönlichkeitsbildung' und zu ‚gesellschaftlichem Engagement' hinsichtlich Nachhaltigkeit anregen. In der Lehre sollen „individuelle Fähigkeiten und Denkweisen, die im Zusammenhang mit den Herausforderungen gesellschaftlicher Nachhaltigkeit entscheidend sind, gezielt gefördert werden." (HRK 2018, S. 5). Der WBGU (2019b, S. 17) fordert die Förderung von Transformations-, Nachhaltigkeits- und Umweltkompetenzen sowie Antizipations- und Digitalkompetenzen.

Die Digitale Nachhaltigkeitshochschule als Ort der Subjektivierung
Damit wird die digitale Nachhaltigkeits-Hochschule auch ein Ort der Subjektivierung im Sinne Foucaults (2015). Paulitz und Carstensen (2014) analysieren die Muster der Konstruktionen des Selbst in sozialen Medien und in technologischen Settings im Zusammenhang mit dem ‚Web 2.0'. Das Selbst wird in seiner Bezugnahme auf neue soziale Technologien in diskursanalytischer Perspektive als subjektiviertes Selbst verstanden. Digitale Räume verändern auch die Rahmenbedingungen der Einbettung und Präsentation des Selbst. In den liminalen Räumen zwischen öffentlichen und privaten Sphären kommen alte und neue Praktiken in den Blick, die im Spektrum von Bekenntnis und Selbst-Artikulation in Grenzräumen liegen. Hier werden Fragen der Identität, der Authentizität, der Anonymität ebenso wie der Modi der Subjektivierung adressiert. Zwischen zeitlich begrenzten digitalen Engagements, institutionalisierten Netzwerkakteuren, unternehmerischen Agenten des Wandels, Innovatoren und langfristig angelegten Transformationsprojekten changiert das Feld der Subjektpositionen in der digitalen Universität (Weber 2020).

Clifford Geertz schlägt hier nicht nur den Begriff der ‚dichten Beschreibung' vor, sondern auch den Begriff der ‚dichten Praxis', die an den kontextuellen, impliziten Ebenen ansetzt, an der Bedeutung der kulturellen Einbettungen und den Bedingungen des Übersetzens. Übersetzung wird relevant im dritten Raum zwischen Kulturen (Bhabha 1994) und neuen emergierenden hybriden Kulturen. In den hier vorgestellten digitalen Plattformstrategien wird Heterogenität und Differenz zu einer reflexiven Praxis, in der Übersetzung zur konstanten Aktivität wird. Reflexivität bezieht sich hierbei nicht nur auf den Intellekt, sondern auch auf die Achtsamkeit und das spürende Selbst. In diesem Sinne unterstützen die jeweiligen digitalen Konzeptionen der Hochschule auch unterschiedliche Konzeptualisierungen des Übersetzens und auch des Selbst (Weber 2020).

Die drei vorgestellten Strategien folgen unterschiedlich facettierten Ethiken und Diskurslinien der nachhaltigen Entwicklung und des gesellschaftlichen Wandels. Während die klassisch indigene Strategie sich von einem Entwicklungsmodell abwendet und die lokalen und regionalen Kreisläufe aktiviert, knüpft eine ‚Fair-Trade-Universität' an materiellen Existenzbedingungen, am Markt und an globalen Wirtschaftskreisläufen an. Diese hier eingelagerten unterschiedlichen Transformationsstrategien implizieren demnach auch verschiedene Muster der Subjektivierung für Studierende, Professionelle und Intellektuelle ebenso wie Bauern und alle Lernenden. Alle drei eröffnen einen Zukunftsort in der Gegenwart, alle drei können insofern als konkrete und gegenwärtig bereits gelebte Heterotopien gelten.

Die digitale Nachhaltigkeitshochschule als Heterotopie
In Abgrenzung zu Utopien als „wesentlich unwirkliche Räume" (Foucault 1992, S. 39), also Entitäten der Vorstellungswelt, die in der materiellen Welt „keinen Ort haben" (ebd., S. 11), sieht Foucault Heterotopien als identifizierbare und lokalisierte Orte der realen Welt, die sich als „vollkommen andere Räume" (ebd., S. 9) in relationaler Weise von normierten Räumen des Alltaglebens abgrenzen. Die in allen Gesellschaften vorkommenden Heterotopien sind strukturell vielfältig. Sie können sich auf widersprüchliche oder illusionäre Räume beziehen und markieren häufig auch zeitliche Brüche, Öffnungen oder Schließungen von Räumen und Zugänglichkeiten. Heterotopien stellen normierte Räume in Frage oder stellen wohlgeordnete Gegenräume zur Unordnung des Realen dar.

Digitale Hochschularrangements und virtuelle Räume stellen heterotopische Strategien dar (Dander 2014). Indem sie mehrere Räume zusammenbringen und ineinander schachteln, integrieren sie physische und mediale Räume, konstituieren neue Räume auch mit „visuellen Artefakten" (Löw et al. 2007, S. 78) und entgrenzten Räumen bis hin zur Projektion. Gleichzeitig können sie panoptisch werden – hier jedoch nicht im Sinne einer Kontrollstrategie, sondern im Sinne eines Freiraums, „der eine Überschreitung von Grenzen erlaubt, die aus der Ausübung von Macht resultieren, als ein Raum der Suspendierung und Dispersion der selbstidentischen Subjektivität, als ein Raum, schließlich, der es erlaubt, die gegebenen Denkstrukturen hinter sich zu lassen und anders zu denken" (Wunderlich 1999, S. 364).

Als eigene Interaktions- und Kommunikationsräume fungieren digitale Hochschulen für Nachhaltigkeit im Sinne einer solchen erweiterten Wirklichkeit. Als virtuelle Heterotopien eröffnen sie Erfahrungsmöglichkeiten auch für marginalisierte Gruppen im globalen Diskursraum. Hochschulen können so ihre eigene Verfasstheit problematisieren, ihre Identifikationen und Strategien der Subjektivierung reflektieren (vgl. Levys Konzept der Virtualisierung, nach Dander 2014) und das Übergehen in ‚neue Wirklichkeiten' ermöglichen. Als „gelebte Utopie" (Chlada 2005, S. 9) kann die Hochschule dann aus sich heraus auch neue Räume kreieren und gesellschaftliche Veränderungsimpulse setzen.

Hochschule wird so zum Ort der Kultivierung und Entwicklung sozialer Felder der Nachhaltigkeit. In diesen heterotopischen Strategien sind Studierende, Professionelle, indigene Gemeinschaften ebenso wie alle relevanten Akteure zu verstehen als aktive Diskurs- und Diffusionsagent_innen des Neuen (Rogers 1962). Indem sie z.B. die Genese zyklischer Modelle des Wirtschaftens zu ihrem Projekt machen (Weber et al. 2019a) ist es an ihnen, heterotopische Räume zu schaffen, in denen der „utopische Impuls […] das Terrain für eine radikal neue Entwicklung" (Moylan 1990, S. 175) bereitet. Diese Räume konstruieren keine Mono-Utopien (Welsch 1991, S. 184), sondern konstituieren sich und schaffen gleichzeitig als ‚vollkommen andere Orte' Pluralität, Viel- und Verschiedenheit. Sie eröffnen Lern-Arrangements der Digitalisierung und damit einen hybriden Raum (Haraway 1995). Die erwartbar differenten digitalen ‚Kulturen' dreier digitaler Nachhaltigkeitshochschulen verweisen auf die Diskurslinien des Digitalen Zeitalters ebenso wie auf „Bildung in einer Kultur der Digitalität" (Allert und Asmussen 2017, S. 31). Auf diese Weise ist die digitale Universität der Nachhaltigkeit nicht nur ein heterodoxer Ort, wie Schneidewind und Singer-Brodowski (2013) diesen im Band ‚Transformative Wissenschaft' gefasst haben, sondern auch ein heterotopischer Ort, der verschiedene Pfade und Strategien in den Dynamiken des digitalen Zeitalters eröffnet.

Für die Zukunft wird es darum gehen, diese drei Strategien weiter hervorzubringen und zu stärken, aber auch, sie miteinander zu verbinden und zu integrieren. Hier liegen Potenziale für die Bearbeitung der Herausforderungen der ‚Great Transformation' (WBGU 2011) ebenso wie mögliche Grenzen. Ob es gelingen kann, die differenten Stränge digitaler Hochschulkulturen miteinander zu verbinden, stellt eine offene Frage dar. Letztlich werden diese Fragen in Zukunft mittels empirischer Studien verfolgt werden müssen. Diese werden nach den sprachlichen, kulturellen, organisationalen etc. Möglichkeiten und Grenzen hochschulischer Strategien und Kulturen der Digitalität für Nachhaltigkeit zu fragen haben. In jedem Fall aber werden sie sich mit dem Grundwiderspruch digitaler hochschulischer Strategien der Nachhaltigkeit befassen müssen – der exponentiell steigenden Energiekosten im Zusammenhang mit der globalen Digitalisierung, die strukturell dem Nachhaltigkeitsgedanken zuwiderläuft, solange Energie nicht auf nachhaltige Weise gewonnen wird.

Literatur

Abercrombie, N., Hill, S., & Turner, B. S. (2015). *Sovereign individuals of capitalism. Sovereign individuals of capitalism*. Abington: Routledge.
Acosta, A. (2017). *Buen Vivir. Vom Recht auf ein gutes Leben*. München: Oekom.
ALBA. (2006). Cumbre de la Alianza Bolivariana para América; III Cumbre La Habana, Cuba. https://albatcp.cubaminrex.cu/page/iii-cumbre-la-habana-cuba-28-y-29-de-abril-de-2006. Zugegriffen: 27. Aug. 2019.
Amsler, S., & Facer, K. (2017). Contesting anticipatory regimes in education: Exploring alternative educational orientations to the future. *Futures, 94*, 6–14.
Allert, H., & Asmussen, M. (2017). Bildung als produktive Verwicklung. In H. Allert, M. Asmussen, & C. Richter (Hrsg.), *Digitalität und Selbst. Interdisziplinäre Perspektiven auf Subjektivierungs- und Bildungsprozesse* (S. 27–69). Bielefeld: transcript.
Apprich, C. (2009). Urban heterotopia: Zoning digital space. Institut für die Wissenschaft vom Menschen. https://www.iwm.at/publications/5-junior-visiting-fellows-conferences/vol-xxvi/urban-heterotopia/. Zugegriffen: 31. Juli 2019.
Barnett, R. (2012). *Imagining the university*. Oxford: Routledge.
Bastenhorst, K.-O. (2005). Die Sustainable University aus der Ressourcenperspektive. Der Sustainability-Modus der Wissensproduktion und die nachhaltige Entwicklung der Ressource Wissen. In Reihe Nachhaltigkeit und Management, Hamburg.
Bhabha, H. K. (1994). *The location of culture*. London: Routledge.
BMBF – Bundesministerium für Bildung und Forschung (2019). Richtlinie zur Förderung von Projekten für inter- und transdisziplinär arbeitende Nachwuchsgruppen in der Sozial-ökologischen Forschung. https://www.bmbf.de/foerderungen/bekanntmachung-2346.html (abgerufen am 03.09.2019).

BMZ – Bundesministerium für wirtschaftliche Zusammenarbeit und Entwicklung. (2006). Evaluierungskriterien für die deutsche bilaterale Entwicklungszusammenarbeit. https://www.bmz.de/de/zentrales_downloadarchiv/erfolg_und_kontrolle/evaluierungskriterien.pdf. Zugegriffen: 2. Sept. 2019.
Busch, T. (2008). Open Source und Nachhaltigkeit. In B. Lutterbeck, M. Bärwolff, & R. A. Gehring (Hrsg.), *Open source jahrbuch 2008* (S. 111–122). Berlin: Lehmans Media.
Cervinka, R., Haubenhofer, D., Schlieber, H., Schwab, M., Steininger, B., & Wolf, R. (2010). *Gesundheitsfördernde Wirkung von Gärten*. Wien: Zentrum für Weiterbildung und Drittmittelprojekte.
Chlada, M. (2005). *Heterotopie und Erfahrung: Abriss der Heterotopologie nach Michel Foucault*. Aschaffenburg: Alibri.
Cortese, A. D. (2003). The critical role of higher education in creating a sustainable future. Higher education can serve as a model of sustainability by fully integrating all aspects of campus life. *Planning for Higher Education, 31*(3), 15–22.
Cortez, D., & Wagner, H. (2010). Zur Genealogie des indigenen „guten Lebens" („sumak kawsay") in Ecuador. In L. Gabriel & H. Berger (Hrsg.), *Lateinamerikas Demokratien im Umbruch* (S. 167–200). Wien: Mandelbaum.
Cunningham, M., & Nucinkis, N. (2010). *Buenas Prácticas Sabidurías y conocimientos indígenas en la Universidad Indígena Intercultural – La Cátedra Indígena Itinerante Registro de una buena práctica de la Cooperación Técnica Alemana. Deutsche Gesellschaft für Technische Zusammenarbeit. Unidad Coordinadora Pueblos Indígenas en América Latina y el Caribe Programa 'Fortalecimiento de Organizaciones Indígenas en América Latina, PROINDIGENA'*. Hofheim-Wallau: RMG Druck.
Dander, V. (2014). *Zones Virtopiques. Die Virtualisierung der Heterotopien und eine mediale Dispositivanalyse am Beispiel des Medienkunstprojekts Zone*Interdite*. Innbruck: Innsbruck University Press.
Estermann, J. (1999). *Andine Philosophie: Eine interkulturelle Studie zur autochthonen andinen Weisheit*. Frankfurt a. M.: IKO.
Faltin, G. (2008). Social Entrepreneurship: Definitionen, Inhalte, Perspektiven. In G. Braun & M. French (Hrsg.), *Social Entrepreneurship – Unternehmerische Ideen für eine bessere Gesellschaft* (S. 25–46). Rostock: HIE.
Foucault, M. (1992). Andere Räume. In K. Barck, P. Gente, H. Paris, & S. Richters (Hrsg.), *Aisthesis. Wahrnehmung heute oder Perspektiven einer anderen Ästhetik; Essais* (S. 34–46). Leipzig: Reclam.
Foucault, M. (2015). *Analytik der Macht* (6. Aufl.). Frankfurt a. M.: Suhrkamp.
Gibson-Graham, J. K., Cameron, J., & Healy, S. (2013). *Take back the economy: An ethical guide for transforming our communities*. Minneapolis: University of Minnesota Press.
de Haan, G. (2008). Gestaltungskompetenz als Kompetenzkonzept für Bildung für nachhaltige Entwicklung. In I. Bormann & G. de Haan (Hrsg.), *Kompetenzen der Bildung für nachhaltige Entwicklung* (S. 23–44). Wiesbaden: Springer.
Eggers, W. D., & Macmillan, P. (2013). *The solution revolution: How business, government, and social enterprises are teaming up to solve society's toughest problems*. Watertown: Harvard Business Review Press.
Haraway, D. (1995). *Die Neuerfindung der Natur. Primaten, Cyborgs und Frauen*. New York: Routledge.
Haubenhofer, D., Demattio, L., & Geber, S. (2012). *Wirkung und Nutzen von Green Care: Eine Recherche und Analyse fachbezogener Artikel*. Wien: Landwirtschaftskammer.
Hochschulrektorenkonferenz (HRK). (2018). Für eine Kultur der Nachhaltigkeit. Empfehlungen der 25. Mitgliederversammlung der HRK am 06. November 2018 in Lüneburg. https://www.

hrk.de/fileadmin/redaktion/hrk/02-Dokumente/02-01-Beschluesse/HRK_MV_Empfehlung_ Nachhaltigkeit_06112018.pdf. Zugegriffen: 31.Juli. 2019.

Huanacuni Mamani, F. (2010). *Buen Vivir/Vivir Bien. Filosofía, políticas, estrategias y experiencias regionales andinas. Investigación: Coordinadora Andina de Organizaciones Indígenas – CAOI*. Oxfam América y Solidaridad Suecia América Latina (SAL).

Innerarity, D. (2014). *Demokratie des Wissens*. Bielefeld: transcript.

Käufer, K., & Scharmer, C. O. (2000). Universität als Schauplatz für den unternehmenden Menschen Hochschulen als ‚Landestationen' für das In-die-Welt-Kommen des Neuen. In S. Laske, T. Scheytt, C. Meister-Scheytt, & C. O. Scharmer (Hrsg.), *Universität im 21. Jahrhundert. Zur Interdependenz von Begriff und Organisation der Wissenschaft* (S. 109–134). München: Rainer-Hampp.

Kultusministerkonferenz. (2019). Empfehlungen zur Digitalisierung in der Hochschullehre. https://www.kmk.org/fileadmin/Dateien/veroeffentlichungen_beschluesse/2019/2019_03_14-Digitalisierung-Hochschullehre.pdf. Zugegriffen: 2. Sept. 2019.

León, M. (2008). *El buen vivir: objetivo y camino para otro modelo* (S. 136–151). En La Tendencia, Quito: ILDIS.

Lin, C., & Ho, Y. (2010). The influences of environmental uncertainty on corporate green behavior: An empirical study with small and medium-size enterprises. *Social Behavior and Personality: An International Journal, 38,* 691–696.

Löw, M., Steets, S., & Stötzer, S. (2007). *Einführung in die Stadt- und Raumsoziologie*. Opladen: Budrich.

Martens, K.-U. (2013). Digitale Nachhaltigkeit. In J. Kegelmann & K.-U. Martens (Hrsg.), *Kommunale Nachhaltigkeit* (S. 300–314). Baden-Baden: Nomos.

Mato, D. (2011). Universidades indigenas de America Latina: Logros, problemas y desafios. In Revista andaluza de Antropologia. 1 (2011), Antropologias del Sur. Buenos Aires.

Michelsen, G. (2000). *Sustainable University. Auf dem Weg zu einem universitären Agendaprozess. In Innovationen in den Hochschulen, 1*. Frankfurt a. M.: VAS.

Moylan, T. (1990). *Das Unmögliche Verlangen: Science-fiction als kritische Utopie*. Hamburg: Argument.

Müller-Christ, G., Giesenbauer, B., & Tegeler, M. K. (2017). Studie zur Umsetzung der SDG im deutschen Bildungssystem. Universität Bremen. https://www.globaleslernen.de/sites/default/files/files/pages/mueller-christ_giesenbauer_tegeler_2017-10_studie_zur_umsetzung_der_sdg_im_deutschen_bildungssystem.pdf. Zugegriffen: 16. Juli 2019.

Paulitz, T., & Carstensen, T. (2014). *Subjektivierung 2.0: Machtverhältnisse digitaler Öffentlichkeiten*. Wiesbaden: Springer.

Pariser, E. (2011). *The filter bubble*. New York: Penguin Press.

Quijano, A. (2000). Colonialidad del Poder, eurocentrismo y América Latina. In E. Lander (Hrsg.), *La colonialidad del saber: Eurocentrismo y ciencia sociales. Perspectivas latinoamericanas* (S. 201–246). Buenos Aires: CLACSO.

Rasfeld, M., & Breidenbach, S. (2014). *Schulen im Aufbruch – Eine Anstiftung*. München: Kösel.

Rogers, E. M. (1962). *Diffusion of innovations*. New York: Free Press.

Scharmer, C. O. (2007). *Theory U: Leading from the emerging future*. San Francisco: Berrett-Koehler.

Scharmer, C. O., & Käufer, K. (2013). *Leading from the emergingfuture: From ego-system to eco-system economies*. San Francisco: Berrett-Koehler.

Schneidewind, U., & Singer-Brodowski, M. (2013). *Transformative Wissenschaft. Klimawandel im deutschen Wissenschafts- und Hochschulsystem*. Marburg: Metropolis.

Senge, P. M., Scharmer, C. O., Jaworski, J., & Flowers, B. S. (2004). *Presence: Exploring profound change in people, organizations and society*. Boston: Nicholas Brealey.

Singer-Brodowski, M. (2016). *Studierende als GestalterInnen einer Hochschulbildung für nachhaltige Entwicklung. Selbstorganisierte und problembasierte Nachhaltigkeitskurse und ihr Beitrag zur überfachlichen Kompetenzentwicklung Studierender*. Berlin: BWV.

UNESCO IESALC – Instituto Internacional de la UNESCO para la Educación Superior en América latina y el Caribe. (2008). Diversidad Cultural e interculturalidad en educación superior. In FI (2009). Brochure informativo (2015). Transforming our world: The 2030 Agenda for sustainable development. https://sustainabledevelopment.un.org/content/documents/21252030%20Agenda%20for%20Sustainable%20Development%20web.pdf. Zugegriffen: 15. Juli 2019.

UN – United Nations. (2007). United nations declaration on the rights of indigenous peoples. https://www.un.org/development/desa/indigenouspeoples/wp-content/uploads/sites/19/2018/11/UNDRIP_E_web.pdf. Zugegriffen: 2. Sept. 2019.

UN – United Nations. (2015). Transforming our world: The 2030 Agenda for sustainable development. https://sustainabledevelopment.un.org/content/documents/21252030%20Agenda%20for%20Sustainable%20Development%20web.pdf. Zugegriffen: 2. Sept. 2019.

UNRISD – United Nations Research Institute for social Development. Flagship report. (2016). Policy innovations for transformative change. https://www.unrisd.org/UNRISD/website/projects.nsf/(httpProjects)/AC3E80757E7BD4E9C1257F310050863D?OpenDocument. Zugegriffen: 28. Sept. 2019.

Vargas Callejas, G. (2014). Visión e integración de la perspectiva ambiental en la Universidad Indígena de Bolivia – UNIBOL. *Educar en Revista, spe3*, 89–108.

Walsh, C. (2009). *Interculturalidad, Estado, Sociedad. Luchas (de)coloniales de nuestra época*. Quito: Universidad Andina Simón Bolívar.

WBGU. (2011). *Welt im Wandel. Gesellschaftsvertrag für eine Große Transformation*. Berlin: WBGU.

WBGU. (2016). *Der Umzug der Menschheit: Die transformative Kraft der Städte. Hauptgutachten*. Berlin: WBGU. https://www.wbgu.de/fileadmin/user_upload/wbgu/publikationen/hauptgutachten/hg2016/pdf/wbgu_hg2016.pdf. Zugegriffen: 2. Sept. 2019.

WBGU. (2018). *Digitalisierung: Worüber wir jetzt reden müssen* (1. Aufl.). Berlin: WBGU. https://naturwissenschaften.ch/uuid/d8718828-85a6-52e9-a4d2-be6639c4823a?r=20190205110021_1549333836_8353e0cb-31dd-5486-9492-e5c9758d5148. Zugegriffen: 2. Sept. 2019.

WBGU. (2019a). Digitales Momentum für die UN-Nachhaltigkeitsagenda im 21. Jahrhundert. Politikpapier 10. https://www.wbgu.de/fileadmin/user_upload/wbgu/publikationen/politikpapiere/pp10_2019/pdf/WBGU_PP10_DT.pdf. Zugegriffen: 16. Juli 2019.

WBGU. (2019b). *Unsere gemeinsame digitale Zukunft*. Berlin: WBGU.

Weber, S. M. (2014). Change by Design!? Wissenskulturen des „Design" und organisationale Strategien der Gestaltung. In S. M. Weber, M. Göhlich, A. Schröer, & J. Schwarz (Hrsg.), *Organisation und das Neue* (S. 27–48). Wiesbaden: Springer.

Weber, S.M. (2019). Educating 'Future Professionals' for sustainable development: Piloting a radical nutshell strategy for organizational change in higher education. In W. Leal Filho, et al. (Hrsg.), *Universities as living labs for sustainable development. Supporting the implementation of the sustainable development goals* (S. 605–618). Cham: Springer.

Weber, S. M. (2020). Moocs, caps, U-Labs & Co. transnational settings and translation strategies in global digital temporary organisations. In S. Köngeter, & N. Engel (Hrsg), *Transwissen. Wissen in der Transnationalisierung. Zur Ubiquität und Krise der Übersetzung*. Bielefeld: transcript.

Weber, S. M., & Heidelmann, M.-A. (2019a). Towards regional circular economies. 'Greening the University Canteen' by sustainability innovation labs. In W. Leal Filho, & U. Bardi (Hrsg.), *Sustainability in university campuses: Learning, skills building and best practice* (S. 415–436). Cham: Springer.

Weber, S. M., & Heidelmann, M.-A. (2019b). Mindfulness in sustainability: Creating capacity for social renewal from within. In W. Leal Filho (Hrsg.), *Encyclopedia of sustainability in higher education*. Cham: Springer.

Weber, S. M., & Tascón, M. (2020). Pachamama – La Universidad del „Buen Vivir": A first nations sustainability university in latin America. In W. Leal Filho, et al. (Hrsg.), *Universities as living labs for sustainable development. Supporting the implementation of the sustainable development goals* (S. 849–862). Cham: Springer.

Weber, S. M., Heidelmann, M. A., & Adler, A. (2019). Mit der Engagementwerkstatt Studierende und Freiwilligenorganisationen vereinen. Organisationspädagogische Professionalisierung in der Organisations- und Netzwerkberatung. In C. Möller & H. Rundnagel (Hrsg.), *Freiwilliges Engagement von Studierenden* (S. 131–152). Wiesbaden: Springer.

Welsch, W. (1991). *Unsere postmoderne Moderne*. Weinheim: VCH.

World Future Council. (2019). Advancing education for sustainable development. https://www.worldfuturecouncil.org/wp-content/uploads/2019/01/Handbook-ADVANCING-EDUCATION-FOR-SUSTAINABLE-DEVELOPMENT-by-Alistair-Whitby-WFC_2019.pdf. Zugegriffen: 12. Sept. 2019.

Wunderlich, S. (1999). Vom digitalen Panopticon zur elektrischen Heterotopie. In R. Maresch & N. Werber (Hrsg.), *Kommunikation, Medien, Macht* (S. 342–367). Frankfurt a. M.: Suhrkamp.

If you have any concerns about our products,
you can contact us on
ProductSafety@springernature.com

In case Publisher is established outside the EU,
the EU authorized representative is:
**Springer Nature Customer Service Center GmbH
Europaplatz 3, 69115 Heidelberg, Germany**

Printed by Libri Plureos GmbH
in Hamburg, Germany